**权威·前沿·原创**

皮书系列为

“十二五”“十三五”“十四五”时期国家重点出版物出版专项规划项目

智库成果出版与传播平台

# 福建碳达峰碳中和报告（2023）

ANNUAL REPORT ON FUJIAN CARBON PEAK AND CARBON NEUTRALITY (2023)

国网福建省电力有限公司经济技术研究院 / 著

社会科学文献出版社
SOCIAL SCIENCES ACADEMIC PRESS (CHINA)

图书在版编目（CIP）数据

福建碳达峰碳中和报告．2023／国网福建省电力有限公司经济技术研究院著．--北京：社会科学文献出版社，2023.12
（低碳发展蓝皮书）
ISBN 978-7-5228-2709-4

Ⅰ．①福… Ⅱ．①国… Ⅲ．①二氧化碳-排气-研究报告-福建-2023 Ⅳ．①X511

中国国家版本馆 CIP 数据核字（2023）第 205164 号

低碳发展蓝皮书
福建碳达峰碳中和报告（2023）

著　　者／国网福建省电力有限公司经济技术研究院

出 版 人／冀祥德
责任编辑／陈凤玲
文稿编辑／白　银
责任印制／王京美

出　　版／社会科学文献出版社·经济与管理分社（010）59367226
地址：北京市北三环中路甲 29 号院华龙大厦　邮编：100029
网址：www.ssap.com.cn
发　　行／社会科学文献出版社（010）59367028
印　　装／天津千鹤文化传播有限公司

规　　格／开　本：787mm×1092mm　1/16
印　张：17.75　字　数：261 千字
版　　次／2023 年 12 月第 1 版　2023 年 12 月第 1 次印刷
书　　号／ISBN 978-7-5228-2709-4
定　　价／128.00 元

读者服务电话：4008918866

# 《福建碳达峰碳中和报告（2023）》
# 编　委　会

# 编写单位简介

**国网福建省电力有限公司经济技术研究院**　成立于2012年，是福建省首批重点智库，2022年入选中国智库索引（CTTI），长期承担能源转型、电力发展、公司经营、电网建设等研究工作，内设政策与发展研究中心（碳中和研究中心）、项目策划与交流中心、能源发展研究中心、电网发展规划中心、设计评审中心、技术经济与资产研究中心、市场与价格研究中心、变电设计室、线路设计室等专业研究中心，拥有“福建能源经济与绿色智慧发展实验室［福建省首批哲学社会科学重点实验室（培育）］”“多灾害地区配电网规划与运行控制技术实验室（国网公司实验室）”等省部级实验平台，研究人员硕博占比达77%。自成立以来，在能源转型、电力发展、公司经营、电网建设等方面形成了一系列有深度、有价值、有影响力的决策咨询成果，相关成果获得中央领导同志的批示肯定，累计获得中国智库索引年度优秀成果特等奖、国网公司软科学成果一等奖等行业内具有重要影响力的奖励33项，牵头和参与制定技术标准71项，承担省部级及以上能源电力重大规划项目超20项，申请国家发明专利300余项，公开发表学术论文200余篇。

# 序1
# 探索省级“双碳”实践道路 打造低碳转型福建样板

王成山*

“双碳”目标是我国对世界做出的庄严承诺。自2020年首次提出该目标以来，习近平总书记多次在重大会议活动中强调了我国实现这一目标的决心。2023年7月全国生态环境保护大会上，习近平总书记明确提出，我们承诺的“双碳”目标是确定不移的；在2023年8月15日首个全国生态日，习近平总书记再次强调要以“双碳”工作为引领，全面推进美丽中国建设。“双碳”目标的提出，势必推动各领域生产模式发生深刻变革，带来产业、能源、交通等多领域结构的调整，特别是能源领域，面临生产、消费、技术、机制等方面的全面转变。

当前，我国经济社会的发展极大程度依赖化石能源消费，2022年我国能源消费总量中化石能源占比高达83.4%，每年二氧化碳排放总量超过100亿吨，是全球碳排放体量最大的国家，且我国仍处于工业化和城市化的快速发展进程中，能源的消费量仍在上升阶段。但从降碳目标看，我国碳达峰到碳中和之间的时间跨度为30年，仅仅为欧盟、美国等发达经济体的一半。相较而言，我国能源结构更高碳、减排总量更大、时间更紧、压力更大，面

* 王成山，中国工程院院士，天津大学国家储能产教融合创新平台主任、教授，智能电网教育部重点实验室主任。

临的挑战将更为棘手，任务也更加紧迫。如何在经济社会高质量发展的同时，稳妥有序推动减排进程，是我国现阶段社会发展亟需解决的问题。其中，能源发展路径选择是全社会碳达峰碳中和目标实现的关键，也是值得各界着重研究探讨的综合性课题。

从全球视角看，欧盟、美国等发达经济体是全球较早开展低碳减排的经济体，减碳路径已经进行了多年的探索，特别是欧盟地区先后发布了《绿色欧洲协议》《欧洲气候法》等多项法案，在能源、工业、交通等多个领域已经形成了一系列碳减排政策。但随着减排进程的不断深入，清洁转型与经济平稳发展间的矛盾仍然存在，特别是2022年以来，受新冠疫情、俄乌冲突、极端天气等多重因素冲击，全球能源供给形势紧张，多个国家出现能源供应短缺等问题，对正常的经济生产活动产生了较大影响，其中，欧盟不得不通过增加煤炭等化石能源使用量来保障能源供给安全，德国、法国等国家重启了多座已关停的煤电厂，全球煤炭消费总量重回历史高位，一定程度上减缓了碳减排进程。德国、法国等发达国家减排进程的波折，深刻说明了“双碳”目标实现的复杂性，尤其是在推进能源结构稳妥有序转型方面，还有许多问题留待我们解决，也为我国“双碳”工作的开展提供了警示。

“双碳”目标提出后，我国稳步开展各项工作部署，先后印发了《关于完整准确全面贯彻新发展理念做好碳达峰碳中和工作的意见》《2030年前碳达峰行动方案》等数十项顶层设计政策文件，形成了“1+N”政策体系。习近平总书记提出要提高战略思维能力，把系统观念贯穿“双碳”工作全过程，在实现“双碳”目标过程中注重处理好发展和减排、整体和局部、长远目标和短期目标、政府和市场的四对关系，为各领域、各主体推进落实“双碳”目标提供了行动指南。福建省是全国首个生态文明试验区，也是习近平生态文明思想的重要孕育地和实践地，2021年3月，习近平总书记在考察福建期间提出“要把碳达峰、碳中和纳入生态省建设布局”，对福建省“双碳”工作寄予厚望。福建省生态环境和绿色资源优越，具备在全国“双碳”布局中走在前列的发展基础和潜力，能源转型现状方面，福建省非化石能源消费占比达 24.5%、较全国高 7.9 个百分点，电源结构品类齐全、占比合理，有利于打造清洁低碳、安全高效的新型能源体系；同时，福建省地处东南沿海风带，受台湾海峡“狭管效应”影响，海上风电资源丰富，已勘探储量超过7000 万千瓦，海上风电利用小时数全国领先；沿海核电场址资源优势明显，已开发核电装机容量位居全国第二、装机占比位居全国第一，在福建省率先开展“双碳”工作探索，具备良好的基础和有利条件。

据我所知，福建自“双碳”目标提出以来，政府、企业、社会等各层面开展了一系列先行先试。福建省先后发布了《关于完整准确全面贯彻新发展理念做好碳达峰碳中和工作的实施意见》《福建省碳达峰实施方案》等减碳控碳政策，涵盖产业升级、能源转型、计量监测、生态碳汇、市场机制、低碳生活等方面，已经形成了从顶层推动减碳工作的发展格局。同时，福建正加快建设新型电力系统，提出以打造东南清洁能源大枢纽、高能级配电网大平台、“数字闽电”大生态来推动新型能源体系建设的发展道路，在社会各界获得了广泛认同。此外，福建在建设现代化经济体系、巩固提升碳汇能力等多方面开展了诸多探索，逐步走出省级“双碳”实践的福建道路。

自 2021 年起，国网福建省电力有限公司经济技术研究院便围绕福建碳达峰碳中和关键问题开展持续性研究，已连续两年发布福建低碳发展蓝皮书。2023 年，《福建碳达峰碳中和报告（2023）》如约而至，全书从总体情况、碳源碳汇、低碳技术、市场价格、低碳政策、能源转型等方面全方位介绍了福建低碳实践路径，通过大量的案例、数据来向社会、行业、公众阐述福建省低碳发展故事，全书凝结了编写组对福建低碳实践的思考，对双控制度转变、海上风电发展、电-碳市场协同、能源转型等发展问题的思考，并对政府部门制定“双碳”相关政策制度、行业开展减排路径研究等提出了路径建议，可为各省份、各行业低碳转型提供一定参考。

实现碳达峰碳中和是一场广泛而深刻的经济社会系统性变革，作为一名能源电力领域的研究者，我很希望继续看到福建新型能源体系和新型电力系统的新实践、新探索，也衷心期待福建省能够发挥能源转型、生态资源、低碳技术、地理区位等优势，在全国范围内走出低碳转型的“福建样板”。

王成山

2023年11月3日

# 序2
# 推进“双碳”目标
# 智库决策支撑任重道远

李　刚*

决策咨询是新型智库的首要功能。2015 年 1 月，中共中央办公厅、国务院办公厅印发的《关于加强中国特色新型智库建设的意见》指出，“中国特色新型智库是党和政府科学民主依法决策的重要支撑”。智库作为一种重要的研究咨询机构和知识服务机构，在现代社会的决策过程中发挥着不可替代的作用。在复杂多变的社会环境中，决策者面临的问题越来越复杂，需要依赖专业知识和深入分析来做出正确的决策。智库通过对相关领域的深入研究，能够提供符合实际需要的决策咨询服务，可以帮助决策者识别问题、分析原因、预测趋势并提出解决方案，从而提高决策的科学性和有效性。

2023 年 5 月，国务院国资委印发的《关于中央企业新型智库建设的意见》同样强调，要“构建上下贯通、横向协同的决策支撑体系。主动围绕党和国家重大战略决策需求开展咨询研究，切实提高服务科学决策咨询的能力水平，推出成体系、有价值、树旗帜的智库成果”。智库的决策咨询服务主要依赖其研究成果。通过对特定问题的深入研究，智库能够形成一系列高质量的研究报告和政策建议，这些成果是智库提供决策咨询服务的重要基

---

* 李刚，南京大学中国智库研究与评价中心主任、首席专家，南京大学信息管理学院教授、博导，主持开发“中国智库索引”系统（CTTI），“中国智库治理论坛”的联合创始人之一。

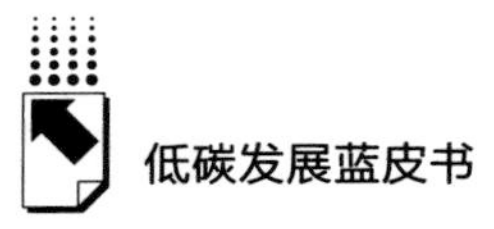


础。同时，智库的研究成果还可为社会公众提供参考，增强公众对相关问题的认识和了解，促进社会的知识传播和文化建设。

智库研究报告作为智库产出的重要研究成果，是其提供决策服务的关键。智库研究报告是针对某一问题、某一现状或某一政策进行研究，根据研究过程中收集、产生的数据资料分析研判，得到最终成果，并将整个研究过程都呈现出来的报告。一份优秀的智库研究报告必须兼具以科学知识为基础的专业性，面向特定领域、特定问题、特定受众的针对性，基于事实、基于证据研究的准确性，求实效、讲实际、重实用的可操作性，以及紧扣时代发展脉搏的时效性。作为研究的最终表现形式，研究报告是翔实、系统、可靠的总结和表述，是研究成果的结晶和贮存，是智库提供智力服务的最后一环。

智库连续性旗舰报告的作用更加凸显。连续性旗舰报告通过对特定主题的长期跟踪和深入研究，通常包含大量的数据分析、案例研究和专家意见，能够揭示问题的根本原因和长期趋势，为政府和决策者提供深度的分析和建议。政策的连续性和稳定性对于社会的长期发展至关重要。在服务决策的过程中，连续性旗舰报告通过提供一系列基于事实和深度分析的政策建议，有助于保障政策的连续性和稳定性，避免因短视和急功近利导致的政策反复和混乱。连续性旗舰报告由于其深度和广度，通常能够吸引广泛的关注和讨论，成为相关领域内的权威参考资料。连续性旗舰报告通过长期的数据积累和分析，对相关领域问题的发展形成全程全景式记录，为未来的研究和政策制定提供了宝贵的历史资料。连续性旗舰报告也是塑造智库影响力的重要载体，是评价智库影响力的重要指标，优秀的智库都有自己的连续性旗舰报告。

2012 年 3 月，国网福建省电力有限公司经济技术研究院（以下简称“国网福建经研院”）正式成立，性质明确为国网福建省电力有限公司（以下简称“国网福建电力”）的分公司，是国网福建电力电网发展建设技术经济支撑单位，经营范围包含企业战略、经营管理研究与咨询等业务。2020 年 9 月，福建省委公布了首批 15 家省重点智库建设试点单位名单，国网福建经研院成功入选，是当时福建省仅有的3家企业特色专业智库之一，也是国网系统内首家入选政府智库的省级直属单位。次年，国网福建电力明确以经研院为核心，构建“1+5”智库体系。2022年，国网福建经研院入选中国智库索引（CTTI），是国网系统内第三家、福建省唯一入选的企业智库。2023年9月，国网福建经研院经过三年试点，成功获评福建省重点智库。经过十余年的发展，国网福建经研院已然构筑了“四梁八柱”的业务布局，即能源转型、电力发展、公司经营、电网建设四大研究高地，电网规划、技经评价、评审咨询、工程设计、战略研究、政策分析、能源供需、价格研究八大支撑业务。

作为一所特色鲜明的能源企业智库，国网福建经研院始终以服务党和国家重大战略部署、推动经济社会发展为宗旨。党的二十大报告指出，要推进生态优先、节约集约、绿色低碳发展，积极稳妥推进碳达峰碳中和，加快规划建设新型能源体系，完善碳排放统计核算制度，健全碳排放权市场交易制度，提升生态系统碳汇能力。习近平总书记在主持中共中央十九届政治局第三十六次集体学习时强调：“实现‘双碳’目标是一场广泛而深刻的变革，不是轻轻松松就能实现的。”推进碳达峰碳中和是党和国家的重大战略决策，是破解环境资源约束突出问题的迫切需要，更是实现高质量发展的内在要求。

近年来，国网福建经研院针对碳达峰碳中和这一议题开展了持续研究。2021年，《福建“碳达峰、碳中和”报告（2021）》正式出版，列入社会科学文献出版社低碳发展蓝皮书系列，成为全国首部省级“双碳”蓝皮书。后续《福建碳达峰碳中和报告（2022）》的出版，标志着国网福建经研院在“双碳”领域已然形成了体系化、连续性的分析与研究成果，对能源治理等问题进行了深入探讨，一定程度上构建了“双碳”政策研究与能源治理的话语体系。

《福建碳达峰碳中和报告（2023）》是国网福建经研院撰写的第三部关于福建“双碳”分析的蓝皮书。报告体例总体沿袭了前两部的结构和布局，并进行了一定的调整和创新。全书包括总报告、碳源碳汇篇、低碳技术篇、市场价格篇、低碳政策篇、能源转型篇、国际借鉴篇等七个部分。总报告分析了2022~2023年国内外“双碳”发展态势，结合福建“双碳”形势，从能源供给、能源消费、核心技术、市场机制、协同合作等五个方面提出了积极稳妥推进“双碳”目标的对策建议。

碳源碳汇篇梳理了福建省的碳排放来源，并从碳汇试点、碳汇改革、碳汇交易等方面分析提升生态系统碳汇能力的路径，预测福建省最快将于2026年实现碳达峰。低碳技术篇指出低碳技术是推进碳达峰碳中和的关键手段，阐述了目前CCUS、氢能、绿色低碳建筑等低碳技术发展面临的困境。市场价格篇着重介绍碳市场这一激活市场主体降碳积极性的重要机制在福建的建设情况。低碳政策篇针对2022年以来福建省出台的系列控碳减碳政策进行分析，强调应当推动能耗双控向碳排放双控转变。能源转型篇认为福建能源领域低碳转型，需要推动风光核协同发展和“电动福建”建设。国际借鉴篇则梳理了国际能源强国在碳达峰进程中推进能源安全与能源转型的有效方法，以期实现高质量平稳达峰。

《福建碳达峰碳中和报告》作为国网福建经研院打造的连续性旗舰报告，深刻聚焦福建省实现碳达峰碳中和目标的发展态势和策略，呈现了福建省在低碳发展方面的显著特色和未来方向，为政府部门、行业企业、研究机构和社会公众提供了翔实准确的一手数据和宝贵的参考资料，为我国其他地区的能源转型与治理提供了借鉴思路。

总体而言，《福建碳达峰碳中和报告》不仅体现国网福建经研院作为能源行业智库的翘楚，具备了相当的行业影响力，也展示了国网福建经研院数据收集、深度分析和战略研判的强大专业能力。国网福建经研院通过理论与实际的有机结合，为福建省在低碳发展道路上提供了科学、系统和具有针对性的建议，对于推动福建省实现碳达峰碳中和目标，构建绿色低碳、可持续的发展模式具有重要的意义和价值。

福建是习近平生态文明思想的重要孕育地和践行地，是全国首个国家生态文明试验区。福建省的低碳发展和碳达峰碳中和进程已经走在前列，这离不开福建省委、省政府的顶层设计与规划，也离不开国网福建经研院等智库

的决策支撑。未来，在稳妥推进碳达峰碳中和工作的进程中，国网福建经研院定会进一步根植能源电力独特优势，锻造全链条服务工作体系，为福建省乃至全国范围碳达峰碳中和目标的实现，提供全方位、全过程的支撑，为推动绿色发展和建设美丽中国做出更大贡献，走在一流央企智库建设的前列。

李　刚

2023年10月30日

# 摘　要

2022~2023年，我国“双碳”目标已从顶层设计逐步深化为各行各业的落地举措，国家及部委层面密集出台各领域“双碳”政策文件，并对实现碳达峰碳中和目标多次做出重要部署。2022年1月，中共中央政治局就努力实现碳达峰碳中和目标开展集体学习，习近平总书记强调必须深入分析推进碳达峰碳中和工作面临的形势任务，扎扎实实把党中央决策部署落到实处；10月，习近平总书记在党的二十大报告中再次强调，要积极稳妥推进碳达峰碳中和，有计划分步骤实施碳达峰行动，加快规划建设新型能源体系。2023年7月11日，中央深改委审议通过《关于推动能耗双控逐步转向碳排放双控的意见》；7月18日，习近平总书记在全国生态环境保护大会重申“我们承诺的‘双碳’目标是确定不移的，但达到这一目标的路径和方式、节奏和力度则应该而且必须由我们自己作主，决不受他人左右”；8月15日，习近平总书记在全国首个生态环境日再次指出，要以“双碳”工作为引领，全面推进美丽中国建设。

《福建碳达峰碳中和报告（2023）》是国网福建省电力有限公司经济技术研究院开展碳达峰碳中和研究的系列成果。全书聚焦碳达峰碳中和发展目标，总结梳理了2022~2023年福建省“双碳”工作面临的总体形势，分析研究了福建省碳排放和碳汇发展现状及趋势，梳理了福建省低碳技术、碳市场机制、控碳政策、能源低碳转型的情况，探讨了能耗双控向碳排放双控机制转变的影响、电-碳市场协同发展策略、海上风电高质量发展对策等热点难点问题，从国际视角分析典型能源强国建设经验，分析了典型国家碳达峰进程中经济发展和电力消费特点及相关启示，为福建省推进碳达峰碳中和目标提供支撑。全书分为总报告、碳源碳汇篇、低碳技术篇、市场价格篇、低碳政策篇、能源转型篇和国际借鉴篇共7个部分。

本书指出，2021年福建省碳排放总量快速攀升、同比增长8.2%，其中电力热力生产、制造业、居民生活和交通运输4个领域是全省最大的碳排放来源，在基准场景、加速转型场景和深度优化场景下，福建省分别于2030年、2028年和2026年实现碳达峰，排放峰值分别为3.45亿吨、3.29亿吨和3.19亿吨。2022年，福建省各城市以林业碳汇与海洋碳汇为抓手，从碳汇试点、碳汇改革、碳汇交易新场景等多方面发力，巩固提升生态系统碳汇能力，3个城市入选国家林业碳汇试点城市，实现全国首宗海洋渔业碳汇交易，试点发放农业碳票、落地农业碳汇保险，以实际行动提升碳汇发展水平。

低碳技术是推进碳达峰碳中和的关键手段。本书重点分析了CCUS、氢能、绿色低碳建筑及输变电工程全生命周期减排等技术发展情况。本书指出，CCUS技术是实现以煤炭为主的能源体系低碳化发展的重要战略性技术之一，但当前CCUS技术仍面临经济成本高、配套政策不足、环境成本较高、技术瓶颈尚未突破等挑战。福建省海上风电制氢潜力巨大，工业副产品制氢资源丰富，氢燃料电池专用车市场占有率居全国前列，氢能技术研究和应用积累了一定的经验，但相较于全国其他省份，仍需加快完善顶层宏观设计，从氢能制备、储运、应用全环节着手，推动氢能产业高质量发展。福建省输变电工程全生命周期的碳排放量均在万吨数量级，并且运行维护阶段的碳排放占比超过90%，目前变电站工程通过减煤技术可实现“站用负荷”零碳，全生命周期零碳仍需探索和研究。

碳市场是激发市场主体降碳积极性的重要机制。本书指出，2022年，福建试点碳市场调整了市场准入标准，控排企业由284家增加至296家，全年累计成交量达2124万吨，累计成交额达4.5亿元，均较上一年有大幅增长，但是仍存在碳金融产品法律依据不足、碳市场信息披露制度不完善等问题。电-碳市场在参与主体、交易价格、交易产品间存在耦合关系，通过市场交易品种协同、电-碳市场数据协同、价格传导空间协同“三个协同”可以有效推动电-碳市场有效协同。福建省已逐步构建电力现货市场、绿电绿证交易市场等电力交易市场，市场规则体系逐渐完备，为“双碳”目标下推动能源转型成本疏导奠定了基础。

碳达峰碳中和政策体系逐步完善。本书指出，2022 年以来福建省进一步出台控碳减碳系列政策，提出持续推动产业结构优化升级、加强能源转型顶层设计、加强能耗双控监测保障、巩固提升生态系统碳汇能力、深化省内环境权益交易与绿色金融体系机制建设等一系列实招硬招。福建省能耗双控和碳排放双控机制均采用“抓大放小”原则，其中能耗双控考核目标较为明确、分解机制健全，碳排放双控约束目标仅明确强度下降值，分解机制尚未建立，能耗双控向碳排放双控机制转变将推动福建省经济发展空间进一步打开、可再生能源发展进一步提速、终端电气化率加速提升，但也对碳排放数据提出更高要求。

能源是降碳的主战场。本书指出，福建省能源领域呈现碳排放总量增长、能源供给结构不断优化、能源消费总量控制较好、能耗强度明显下降的特点。2021 年，福建省各类能源燃烧产生的碳排放总量约 2.63 亿吨，在基准、加速转型和深度优化三个场景下，福建省能源领域分别于 2030 年、2028 年和 2026 年实现碳达峰。截至 2022 年底，福建省海上风电累计装机 321 万千瓦，仅为江苏的 27%、广东的 41%，海上风电平均利用小时数为 3617 小时，位居全国第一，但海上风电发展面临资源开发不够快、产业发展不够强、服务保障不到位等制约因素，需进一步推进海上风电资源开发、壮大海上风电产业集群、优化政策服务保障、加强消纳能力建设。2021 年，福建省电气化率达 32.9%，已超过日本、韩国、美国等发达国家电气化水平，新能源汽车、电动船舶、锂电新能源等电动产业发展基础较好，“电动福建”正持续蓄力发展。

国际关于碳达峰碳中和及能源强国建设已积累了丰富经验。本书指出，美国、沙特阿拉伯等资源型强国依托丰富的油气资源获得较强的国际能源影响力，德国、日本等非资源型强国以科技创新引领能源清洁低碳转型、抑制

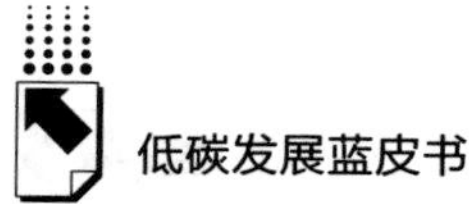



能源对外依存度上升趋势，福建省可借鉴相关做法推进能源安全转型。截至2022年底，全球已有54个国家实现碳达峰，美国、日本、德国、韩国、英国、法国、意大利、巴西8个典型国家在碳达峰进程中呈现经济增长与碳排放脱钩、平台期长度与人均碳排放相关性较强等特点，且分析发现提高城镇化率对实现碳达峰存在“效益递减”作用，典型工业强国分经济服务化和新型工业化两条路径控碳，各国推进碳达峰做法为福建省降碳工作带来了丰富的经验启示。

本书建议，处理好能源转型与能源安全的关系，加快规划建设新型能源体系，是现阶段稳妥推进“双碳”工作的关键。福建省应统筹考虑经济社会发展需求，坚持能源供给、消费两手抓，强化技术创新，完善市场机制，加强多方合作，重点做到“五个着力”。一是统筹传统能源与新能源，助力煤电平稳转型，推动大型核电建设，引导新能源有序发展，推进调节资源建设，着力优化供给结构。二是重视结构优化和效率提升，推动终端电能占比稳步上升，加强能源综合利用和生产生活能效挖潜，着力改善消费质量。三是围绕源头消减和末端捕集，抢占新能源技术高地，加强新型电力系统关键技术研究和CCUS技术攻克，着力实现技术突破。四是聚焦清洁消纳和综合利用，重点构建完善清洁能源发电消纳机制、灵活资源协同调控机制、碳市场和电力市场协同机制，着力完善市场建设。五是加强资源共享与产业合作，加快形成联结长三角、对接粤港澳、辐射华中腹地的东南清洁能源大枢纽，促进省际互济，发挥福建省厦门金砖创新基地建设基础优势，加强国际合作，着力实现协作共赢。

**关键词：** 福建省　碳达峰　碳中和

# 目 录

## I 总报告



## II 碳源碳汇篇



## III 低碳技术篇

## Ⅳ　市场价格篇



## Ⅴ　低碳政策篇



## Ⅵ　能源转型篇

## Ⅶ 国际借鉴篇



皮书数据库阅读**使用指南**

# 总报告

General Report

## B.1

# 2023年福建省碳达峰碳中和发展报告

## ——加快规划建设新型能源体系，积极稳妥推进碳达峰碳中和

陈 彬*

**摘 要：** 2022年以来，受地缘政治、新冠疫情、极端天气等多重因素叠加影响，全球能源供需形势复杂严峻，部分国家碳达峰碳中和进程放缓，我国关于“双碳”的工作部署更加强调安全、有序。党的二十大报告强调，要积极稳妥推进碳达峰碳中和，深入推进能源革命，加快规划建设新型能源体系，确保能源安全。福建省在能源清洁供给、绿色消费、高效利用等方面取得了良好进展，但同时面临新的问题和挑战。下一步，福建省应统筹考虑经济社会发展需求，加快规划建设新型能源体系，做到能源供给、消费两手抓，强化技术创新，完善市场机制，加强多方合作，重点做到“五个着力”，助力福建省“双碳”目标落地实现。

* 陈彬，工学博士，教授级高级工程师，国网福建省电力有限公司经济技术研究院，研究方向为能源战略与政策、电网防灾减灾。

**关键词：** 碳达峰 碳中和 绿色转型 新型能源体系

## 一 国际碳达峰碳中和情况

### （一）全球碳达峰碳中和总体进程

2022年以来，受地缘政治冲突、新冠疫情、极端天气频发等因素叠加影响，国际能源供需形势复杂严峻，多国出现能源供应紧张甚至短缺情况，全球碳达峰碳中和进程面临更多风险及不确定性。

**1. 全球能源相关碳排放量维持高位**

2022年，全球能源燃烧和工业过程二氧化碳排放量创下历史新高，全年排放368.1亿吨，同比增长0.9%。在世界经济复苏进程中，化石能源消费增加将导致全球碳排放量持续走高，但可再生能源广泛利用、电动汽车持续推广等节能减碳手段普及，一定程度上减缓了碳排放量增长（减少5.5亿吨碳排放[①]），2019~2022年，全球碳排放量年均增速为0.5%，较2014~2019年年均增速下降0.3个百分点。

煤炭、石油、天然气消耗依然是全球碳排放的主体，分别占碳排放总量的42.0%、30.3%、19.9%。其中，由于俄乌冲突爆发后欧洲多国通过重启煤电等举措减少天然气消耗（-13.5%），部分天然气消耗已向煤炭消耗逆向转移，煤炭碳排放量连续两年创历史新高，2022年达到154.6亿吨，同比增长1.6%；石油碳排放量回升但尚未超过历史最高水平，达到111.7亿吨，同比增长2.5%；天然气碳排放量小幅跌落，同比下降1.6%（见表1）。

① *$CO_2$ Emissions in 2022*，IEA，2023年3月，https：//www.iea.org/reports/co2-emissions-in-2022。

**表 1　2014~2022 年全球能源相关碳排放量情况**

单位：亿吨

| | 2014 年 | 2019 年 | 2020 年 | 2021 年 | 2022 年 |
|---|---|---|---|---|---|
| 碳排放量总计 | 348.5 | 362.4 | 343.1 | 364.9 | 368.1 |
| 其中:煤炭 | 151.0 | 147.6 | 142.3 | 152.2 | 154.6 |
| 石油 | 108.7 | 113.8 | 101.2 | 109.0 | 111.7 |
| 天然气 | 63.2 | 72.0 | 70.8 | 74.5 | 73.3 |
| 工业生产过程 | 23.7 | 26.7 | 26.4 | 26.7 | 25.7 |
| 其他 | 1.9 | 2.3 | 2.4 | 2.5 | 2.8 |

资料来源：国际能源署（IEA）。

### 2. 承诺碳中和目标国家数量增长缓慢

截至 2022 年底，全球已有 148 个国家提出碳中和目标，覆盖全球 88%的碳排放量、92%的 GDP 和 85%的人口。其中，明确立法的国家共 25 个，较上一年度增加 3 个，如澳大利亚出台《2022 年气候变化法案》，首次立法规定到 2050 年实现温室气体净零排放目标；发布政策宣示的国家达 57 个，较上一年度增加 10 个，如新加坡宣布新的长期低排放发展战略目标，提出最迟在 2050 年达到净零排放；无国家延迟或取消已公布的碳中和目标（见表 2）。

**表 2　2022 年世界承诺碳中和目标年份国家变化情况**

| 进展变化情况 | 国家及碳中和目标年份 |
|---|---|
| 新增立法国家(3 个) | 冰岛(2040)、希腊(2050)、澳大利亚(2050) |
| 新增发布政策宣示国家(10 个) | 图瓦卢(2050)、乌拉圭(2050)、瓦努阿图(2050)、阿联酋(2050)、阿曼(2050)、突尼斯(2050)、越南(2050)、新加坡(2050)、加纳(2070)、印度(2070) |

资料来源：能源与气候智库（ECIU）。

从所属区域和国家属性看，2022 年新增立法国家主要集中于欧洲和大洋洲，全部属于以第三产业为主导产业的发达国家；新增发布政策宣示国家主要集中于亚洲和非洲，除新加坡外全部属于发展中国家。

俄乌冲突引发的能源危机严重削减了世界各国推进碳达峰碳中和目标的积极性，作为减碳先锋的欧洲仅冰岛和希腊将已发布的碳中和目标政策宣示付诸立法，且并无任何国家新发布政策宣示，目前欧洲仍有超过1/4的国家未提出碳中和目标。亚洲和非洲虽然有少数国家（7个）于2022年将碳中和目标以政策宣示形式公布，但是大多数国家碳中和目标仍处于提议讨论阶段，部分国家无碳中和目标。

3. 国际共同应对气候变化行动持续推进

2022年以来，世界各国就碳达峰碳中和相关问题多次召开国际会议，主要聚焦适应气候变化、减缓碳排放、推进能源转型等议题，旨在深化全球性合作，共同应对气候危机（见表3）。

**表3　2022年至2023年8月国际碳达峰碳中和会议情况**

| 召开时间 | 会议名称 | 会议议题或声明 |
| --- | --- | --- |
| 2022年5月 | 金砖国家应对气候变化高级别会议 | 发布《金砖国家应对气候变化高级别会议联合声明》，加强应对气候变化合作 |
| 2022年9月 | 第七十七届联合国大会一般性辩论 | 形成世界联盟，在实现与保持和平、应对气候危机以及促进可持续发展方面共同行动 |
| 2022年11月 | 《联合国气候变化框架公约》第二十七次缔约方大会（COP27） | 发布《沙姆沙伊赫实施计划》协议，设立"损失与损害"基金，致力于帮助易受气候变化影响的发展中国家 |
| 2022年11月 | 二十国集团（G20）领导人第十七次峰会 | 通过《二十国集团领导人巴厘岛峰会宣言》，提出迫切需要动员资金以应对气候变化，并大幅提高对发展中国家的资金支持 |
| 2023年5月 | 世界气象大会 | 建立新的全球温室气体监测计划，将所有天基和地基观测系统、建模和数据同化能力集中在一起，为《巴黎协定》实施提供信息支持 |

2022年5月13日，金砖国家应对气候变化高级别会议以视频形式召开。会议由中国主办，巴西、俄罗斯、印度和南非高级代表出席参加。会议审议并通过《金砖国家应对气候变化高级别会议联合声明》，提出按照国家

自主决定贡献的制度安排，增强互信，加强合作，准确、平衡和全面实施《联合国气候变化框架公约》及《巴黎协定》。中国声明已完成碳达峰碳中和顶层设计，碳达峰碳中和“1+N”政策体系基本建立；同时，提出全球发展倡议，将气候变化及绿色发展作为 8 个优先合作领域之一。

2022 年 9 月 20~26 日，第七十七届联合国大会一般性辩论在美国纽约举行。会议围绕主题“分水岭时刻：以变革方案应对相互交织的挑战”展开，来自联合国 193 个会员国的国家元首、政府首脑及高级代表就乌克兰局势、气候变化等国际社会共同关注的重大问题与挑战探讨应对之策。在会议期间举行的气候变化高级别会议上，中国提出将广泛开展应对气候变化“南南合作”，落实全球发展倡议，与各方共建绿色丝绸之路。

2022 年 11 月 6~20 日，《联合国气候变化框架公约》第二十七次缔约方大会（COP27）在埃及沙姆沙伊赫举行。会议吸引近 200 个国家超 35000 名注册与会者，包括各国政府代表、观察员和民间社会人士。会议最终形成并发布《沙姆沙伊赫实施计划》协议，在国家自主贡献目标方面，强烈敦促尚未通报更新目标的《巴黎协定》缔约方尽快通报，并在 COP28 前提交；在节能减排方面，逐步减少未采用捕集与封存措施的煤电，逐步淘汰低效化石能源的补贴，发展低排放和可再生能源；在国际基金机制方面，首次建立“损失与损害”基金，针对发展中国家在极端气候事件中遭受的损失与损害，提供资金补助和支持，但该基金的资金安排及运作机制将在 COP28 才开始审议。中国宣布编制完成《甲烷国家行动计划》，提出将主要推动能源、农业、垃圾处理三大重要领域的甲烷减排，并初步确定减排目标。

2022 年 11 月 15~16 日，二十国集团（G20）领导人第十七次峰会在印度尼西亚巴厘岛举行。G20 领导人参会，就可持续的能源转型等优先议题开展讨论。会议通过《二十国集团领导人巴厘岛峰会宣言》，重申将通过《巴黎协定》及其温度目标的全面有效实施来应对气候变化，并大幅提高对发展中国家的资金支持，进一步敦促发达国家履行“到 2025 年，每年向发展中国家提供 1000 亿美元气候资金”的承诺。会议期间，中美两国领导人达成重启气候对话的共识，同意恢复在气候变化问题上的合作。中国提出应对气候变化挑战、向绿色低碳发展转型，必须本着共同但有区别的责任原则，呼吁世界在资金、技术、能力建设等方面为发展中国家提供支持。

2023 年 5 月 22 日至 6 月 2 日，世界气象大会在瑞士日内瓦召开，世界气象组织 193 个国家会员和地区会员共同出席。会议上全票通过建立新的全球温室气体监测计划的决议，为《巴黎协定》的实施提供信息支持。

## （二）主要国家和地区典型举措

### 1. 被迫重启煤电及核电

随着多轮能源“去俄化”制裁措施推进，欧盟自身陷入日益严重的能源短缺，重启煤电及核电成为欧洲各国对冲天然气断供风险、快速缓解供电紧张的唯一手段，从而严重减缓退煤和减排进程。

煤电方面，德国联邦政府于 2022 年 7 月颁布法令，允许部分已关闭的燃煤电厂重新投入使用至次年 4 月；8 月，德国将首座重启的梅尔鲁姆燃煤电厂重新连接至电网，后又重启欧洲单机容量最大的海登 4 号燃煤电厂；截至 11 月，德国煤电装机容量已增加 6 吉瓦，占德国总发电装机容量的 2.6%。法国于 2022 年 9 月被迫重启已关停半年的圣阿沃尔德燃煤电厂，并在 11 月将其正式投入生产发电。英国、芬兰、奥地利等国家均重启燃煤电厂或延长运营时间，意大利、荷兰等国家表明将增加燃煤发电产量。

核电方面，德国联邦议院于 2022 年 11 月通过《核能法》修正案，允许原定于同年底关停的最后 3 座核电站延长运营至次年 4 月。在上述背景下，德国最新能源一揽子法律修订案已经放弃先前提交草案中“2035 年实现 100%可再生能源供电”目标。法国政府于 2022 年 9 月要求法国电力公司在冬季前重启 32 座核反应堆。

### 2. 加速可再生能源开发

为做好长远的能源绿色转型，越来越多国家实施更为积极的可再生能源发展战略，力求通过加速可再生能源发展对化石能源形成减量替代。截至

2022 年底，国际可再生能源总装机容量达到 3372 吉瓦，同比增长 9.6%；2022 年新增可再生能源装机容量占新增装机容量的 83%，新增可再生能源装机主要集中在亚洲、欧洲和北美洲。[①]

欧盟于 2022 年 5 月正式公布“REPowerEU”计划，开始全面加速清洁能源转型，力争在发电、工业等领域大规模扩大可再生能源使用。该计划提出在“减碳 55”（“Fit for 55”）一揽子气候计划基础上，将 2030 年可再生能源占欧盟能源比重的总体目标从 40%提高到 45%。光伏方面，欧洲通过太阳能屋顶计划实施大规模光伏部署，同时逐步强制要求新建住宅及工商业建筑安装光伏，以期达成 2030 年 600 吉瓦的并网装机容量目标。风电方面，丹麦等 4 个国家承诺到 2050 年海上风电累计装机容量增加 10 倍，合计达到 150 吉瓦。2023 年 3 月，欧洲议会和各成员国就《可再生能源指令》的修订达成临时协议，明确提出了 2030 年，交通、工业、建筑及供暖制冷等领域可再生能源在终端用能中的占比目标，从消费侧促进可再生能源的开发利用。

美国总统拜登于 2022 年 8 月签署《通胀削减法案》，对美国清洁能源发展给予政策支持。该法案将拨款 3690 亿美元用于能源安全和气候投资，从而成为美国历史上规模最大的气候投资法案。在能源设备方面，为太阳能电池板、风力涡轮机、电池的加快生产提供税收抵免；在能源技术方面，为加速清洁能源技术开发推广，联邦政府将购置在美国制造的清洁技术产品；在能源消费方面，着力降低节能和使用清洁能源成本，并为购买新能源汽车的消费者提供补贴。

### 3. 健全碳排放交易体系

国际经验表明，碳排放交易体系可引导推进能源结构转型和碳减排，是实现碳达峰碳中和目标的重要政策工具。[②] 世界各国碳排放交易体系建设和

① *Renewable Capacity Statistics 2023*，IRENA，2023 年 3 月，https：//www.irena.org/Publications/2023/Mar/Renewable-capacity-statistics-2023。

② 《生态环境部召开 9 月例行新闻发布会》，生态环境部网站，2022 年 9 月 29 日，https：//www.mee.gov.cn/ywdt/xwfb/202209/t20220929_995277.shtml。

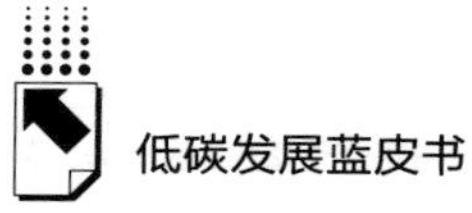


规划工作正在深化推进，截至2023年1月，国际已有28个碳排放交易体系正式运行，同比增长12%，覆盖国际55%的GDP、17%的温室气体排放量。① 2022年，欧盟及韩国作为全球交易规模第一、第三的碳市场，先后提出了碳市场改革方案，对未来全球碳市场的发展具有借鉴意义。

韩国政府于2022年11月宣布启动对韩国碳排放交易体系（K-ETS）的改革。改革措施主要包含对减排成效显著的交易主体发放更多的免费碳配额，增加交易主体的碳配额持有限制条件，降低金融公司参与碳排放交易体系的准入门槛，加强建设碳排放监测、报告、核查体系等。

欧洲议会和欧盟理事会于2022年12月就欧盟碳排放交易体系（EU-ETS）的重大改革达成协议，并确定碳边境调节机制（CBAM）的实施细节。改革措施主要包含对现有电力、工业、航空领域的排放交易体系设置更严格的碳排放上限，逐步取消部分工业部门的免费碳配额。2023年4月，欧洲议会正式投票通过了欧洲碳边境调节机制，覆盖钢、铁、水泥、铝、化肥、电力等产品。

此外，日本正在开展碳排放量交易实证，预计将在2023年正式建立全国性碳排放交易体系并全面投入运营；尼日利亚、马来西亚等发展中国家也已陆续着手部署国家碳排放交易体系相关工作。

## 二　中国碳达峰碳中和情况

### （一）全国碳排放情况

2021年，全国30个省份（不含西藏、香港、澳门和台湾，下同）碳排放总量达105亿吨②，同比增长5.5%（见图1），2020年、2021年两年平均

① *Emissions Trading Worldwide*: *2023 ICAP Status Report*, ICAP，2023年3月22日，https://icapcarbonaction.com/en/publications/emissions-trading-worldwide-2023-icap-status-report。

② 本报告全国碳排放数据均来自BP《世界能源统计年鉴2022》，截至2023年8月，中国碳排放数据仅更新至2021年。

增速为3.3%，较2019年提升1.3个百分点。主要由于2021年我国新冠疫情防控有力，经济活动快速恢复，能源消费需求大幅提升。2021年，全国能源消费总量达52.4亿吨标准煤①，同比增长5.2%（见图2），2020年、2021年两年平均增速达3.7%，较2019年高0.4个百分点，推动碳排放总量快速攀升。

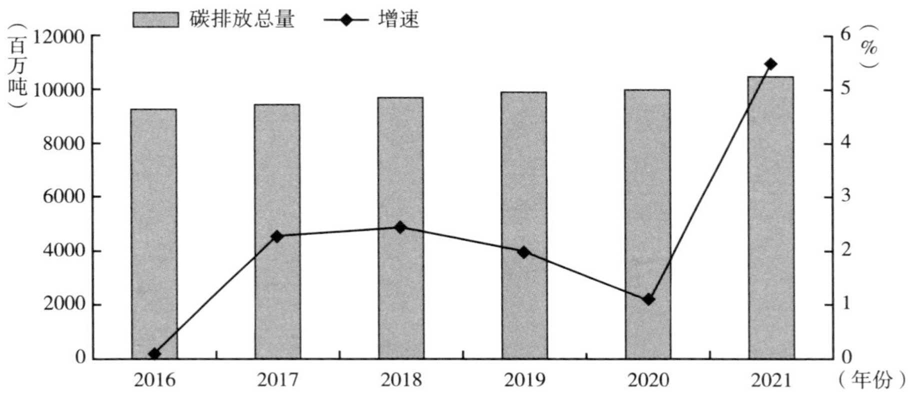


**图1 2016~2021年全国碳排放总量变化趋势**

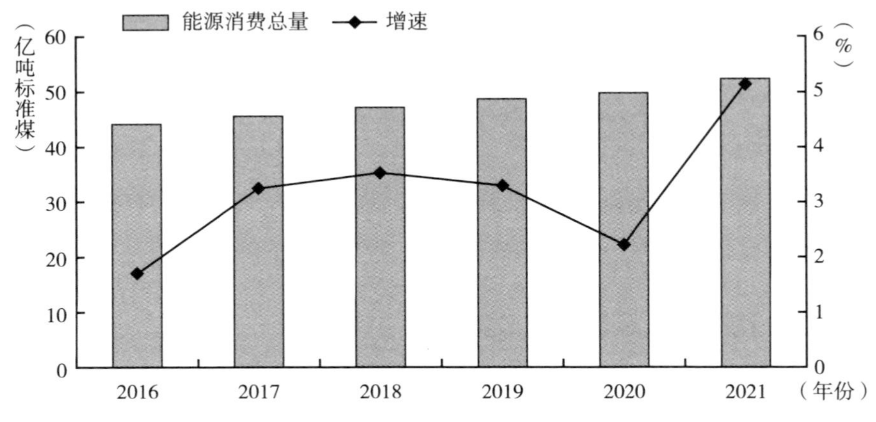


**图2 2016~2021年全国能源消费总量变化趋势**

① 本报告2021年全国能源消费总量、经济数据来源于《中国统计年鉴（2022）》，中国统计出版社，2022。

碳排放强度方面，2021 年全国碳排放强度为 1069 千克/万元[①]，同比下降 2.3%（见图 3），2020 年、2021 年两年平均降幅为 1.8%，较 2019 年收窄 0.7 个百分点。主要由于第三产业受疫情影响较大，2020 年、2021 年第三产业 GDP 贡献率分别为 46.3%、54.9%，分别较 2019 年下降 17.2 个、8.6 个百分点；同时，新冠疫情引起海外制造业订单回流，有效支撑第二产业增长，2021 年我国第二产业增加值占 GDP 比重达 39.3%，较 2019 年提升 0.7 个百分点，碳排放强度下降趋势变缓。但从能源消费结构看，我国能源低碳转型持续推进，2021 年非化石能源消费占比达 16.6%，较 2020 年提升 0.7 个百分点，保障全国碳排放强度持续下降。

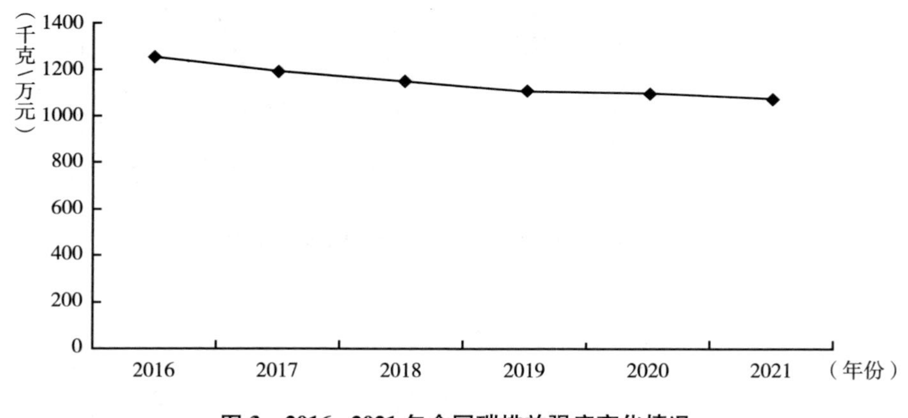


**图 3　2016~2021 年全国碳排放强度变化情况**

综合来看，尽管受新冠疫情带来的基数效应影响，2021 年我国碳排放总量增速出现较大幅度跃升，但碳排放强度仍呈现下降趋势。

## （二）我国碳达峰碳中和政策情况

### 1. 中央决策部署

2022 年以来，中央层面关于“双碳”的工作部署，更加强调安全、有

---

① GDP 采用 2015 年可比价计算。

序、稳妥推进，对“运动式”减碳现象进行持续纠偏。2022 年 1 月，习近平总书记在中共中央政治局第三十六次集体学习中明确，必须深入分析推进碳达峰碳中和工作面临的形势任务，并将“加强统筹协调”放在“双碳”工作之首，要求各地区各部门要有全局观念，科学把握碳达峰节奏，更加强调“双碳”工作的系统性；3 月，《国务院政府工作报告》继续提及“双碳”工作，表述上较 2021 年更加强调“有序推进”；10 月，习近平总书记在党的二十大报告中提出，要积极稳妥推进碳达峰碳中和，再次强调要坚持先立后破，有计划分步骤实施碳达峰行动，并在碳达峰碳中和目标任务中明确要“加快规划建设新型能源体系”。2023 年 7 月 11 日，习近平总书记在中央全面深化改革委员会第二次会议中明确“我国生态文明建设已进入以降碳为重点战略方向的关键时期”，强调要把稳工作节奏，统筹好发展和减排关系，实事求是、量力而行，科学调整优化政策举措。

2. 国家部委重大政策

2022 年至 2023 年 8 月，国家各部委围绕《2030 年前碳达峰行动方案》中提出的“碳达峰十大行动”密集出台了相关政策，各领域、各行业实施方案和支撑保障体系加快建立健全，为“双碳”工作推进明确了具体实施路径。

从政策出台情况看，2022 年以来，国家各部委密集出台了一系列政策文件，包括能源、工业、交通、城乡建设、农业农村等重点领域实施方案及科技支撑、财政支持等相关支撑保障方案（见表 4）。例如，国家能源局、国家发改委出台了《关于完善能源绿色低碳转型体制机制和政策措施的意见》；工信部、国家发改委、生态环境部联合发布《工业领域碳达峰实施方案》；农业农村部、国家发改委出台了《农业农村减排固碳实施方案》；科技部、国家发改委、工信部等 9 部门发布了《科技支撑碳达峰碳中和实施方案（2022—2030 年）》等。总体来看，我国碳达峰碳中和“1+N”政策体系已基本建立。

从政策主要内容看，能源领域和工业领域出台的相关政策较多，低碳减排路径更加清晰。其中，能源领域现有政策重点强调了传统能源在调峰、应急方面的兜底作用，明确要在保障能源安全前提下向新能源平稳过渡；工业领域现有政策指出，要在确保产业链供应链安全、满足合理消费需求的同时，统筹推进各行业绿色低碳转型，重点在钢铁、建材、石化等7个重点行业开展行业达峰行动。此外，支撑保障体系的构建也是当前政策的主要发力点，如国家发改委提出了构建碳排放统计核算体系、标准计量体系的实施方案，并出台了碳达峰碳中和标准体系的建设指南，为“双碳”工作提供全面科学可靠的数据支撑；科技部围绕基础研究、技术研发、应用示范、成果推广、人才培养、国际合作等方面提出10项科技支撑碳达峰碳中和的具体行动；财政部明确财政资金重点支持的8个碳达峰碳中和重点方向和领域。

**表4　2022年至2023年8月国家各部委“双碳”相关政策**

| 政策文件 | 发布时间 |
| --- | --- |
| 《关于完善能源绿色低碳转型体制机制和政策措施的意见》 | 2022年1月 |
| 《“十四五”现代能源体系规划》 | 2022年1月 |
| 《以沙漠、戈壁、荒漠地区为重点的大型风电光伏基地规划布局方案》 | 2022年2月 |
| 《高耗能行业重点领域节能降碳改造升级实施指南(2022年版)》 | 2022年2月 |
| 《氢能产业发展中长期规划(2021—2035年)》 | 2022年3月 |
| 《加强碳达峰碳中和高等教育人才培养体系建设工作方案》 | 2022年4月 |
| 《煤炭清洁高效利用重点领域标杆水平和基准水平(2022年版)》 | 2022年4月 |
| 《交通运输部、国家铁路局、中国民用航空局、国家邮政局贯彻落实〈中共中央 国务院关于完整准确全面贯彻新发展理念做好碳达峰碳中和工作的意见〉的实施意见》 | 2022年4月 |
| 《关于促进新时代新能源高质量发展的实施方案》 | 2022年5月 |
| 《财政支持做好碳达峰碳中和工作的意见》 | 2022年5月 |
| 《农业农村减排固碳实施方案》 | 2022年5月 |
| 《科技支撑碳达峰碳中和实施方案(2022—2030年)》 | 2022年6月 |
| 《减污降碳协同增效实施方案》 | 2022年6月 |
| 《城乡建设领域碳达峰实施方案的通知》 | 2022年6月 |
| 《工业领域碳达峰实施方案》 | 2022年7月 |
| 《关于加快建立统一规范的碳排放统计核算体系实施方案》 | 2022年8月 |
| 《关于进一步做好新增可再生能源消费不纳入能源消费总量控制有关工作的通知》 | 2022年8月 |
| 《能源碳达峰碳中和标准化提升行动计划》 | 2022年9月 |
| 《建立健全碳达峰碳中和标准计量体系实施方案》 | 2022年10月 |
| 《关于进一步做好原料用能不纳入能源消费总量控制有关工作的通知》 | 2022年10月 |

续表

| 政策文件 | 发布时间 |
| --- | --- |
| 《建材行业碳达峰实施方案》 | 2022 年 11 月 |
| 《有色金属行业碳达峰实施方案》 | 2022 年 11 月 |
| 《关于进一步完善市场导向的绿色技术创新体系实施方案(2023—2025 年)》 | 2022 年 12 月 |
| 《2021 年碳达峰碳中和专项行业标准制修订项目计划》 | 2022 年 12 月 |
| 《最高人民法院关于完整准确贯彻新发展理念 为积极稳妥推进碳达峰碳中和提供司法服务的意见》 | 2023 年 2 月 |
| 《加快油气勘探开发与新能源融合发展行动方案(2023—2025 年)》 | 2023 年 2 月 |
| 《关于加快能源数字化智能化发展的若干意见》 | 2023 年 3 月 |
| 《碳达峰碳中和标准体系建设指南》 | 2023 年 4 月 |
| 《绿色低碳先进技术示范工程实施方案》 | 2023 年 8 月 |

## 三　福建省碳达峰碳中和态势分析

从近期全球“双碳”进程及我国的政策部署来看，推动能源领域低碳转型、加快新型能源体系建设是推动经济社会深度减碳的关键点和破局点。为此，重点围绕能源领域，对福建省“双碳”工作的推进情况进行深入分析，并对福建能源转型的发展形势进行研判，为福建省深化碳达峰碳中和提供基础支撑。

### （一）碳达峰碳中和推进情况

2022 年以来，福建省委、省政府认真贯彻落实党的二十大提出的“积极稳妥推进碳达峰碳中和”要求，印发《关于完整准确全面贯彻新发展理念做好碳达峰碳中和工作的实施意见》《福建省碳达峰实施方案》《关于完善能源绿色低碳转型体制机制和政策措施的意见》《福建省工业领域碳达峰实施方案》等政策文件，以经济社会全面绿色转型为引领，以能源绿色低碳发展为关键，有序推进全社会低碳减排，实现碳达峰碳中和工作的良好开局。

1. 能源清洁供给稳妥推进

化石能源生产进一步压减。2022 年，福建省继续贯彻落实供给侧结构性改革，深入实施煤炭去产能和减量化生产政策措施，全省规模以上原煤生产企业数量同比减少 23.8%，原煤产量同比下降 17%；全省规模以上工业原油加工量同比下降 9.1%。清洁能源发电占比显著提升。2022 年，全省电力装机量达 7531 万千瓦，其中清洁能源装机量占比达 60.3%；全社会发电量 3074.0 亿千瓦时，同比增长 4.9%，其中，水力发电量同比增长 41.1%，风力发电量同比增长 51.9%，太阳能发电量同比增长 52.4%，核能发电量同比增长 7.0%，火力发电量同比下降 6.9%。①

2. 能源绿色消费加速推广

绿色交通持续深化。大力推广新能源汽车，截至 2022 年底，福建城市公交新增更新车辆中新能源车辆占比 100%，全省新能源汽车保有量达 40 万辆，全省公共充电桩达 4.6 万个；深入推进港口岸电等基础设施建设，截至 2022 年 11 月底，全省具备岸电设施船舶泊位达 180 个。② 绿色建筑逐步推广。持续推进绿色建筑创建行动，2022 年，全省城镇新建民用建筑中绿色建筑面积占比超 90%；通过政府采购政策大力发展装配式建筑，积极推广绿色建材，福州市、龙岩市入选“政府采购支持绿色建材促进建筑品质提升”国家试点城市。③

3. 能源利用效率稳步提高

能源系统效率逐步提高。2022 年，全省统调燃煤电厂平均供电标准煤耗 295.9 克/千瓦时，同比下降 0.21 克/千瓦时。能源经济效率显著提升。2022 年，福建省单位工业增加值能耗下降 5%，降幅较 2021 年扩大 0.4 个

---

① 本报告涉及的电力数据均来自国网福建省电力有限公司。

② 《我省一批港口码头岸电设施顺利启用》，福建省交通运输厅网站，2022 年 11 月 22 日，http：//jtyst. fj. gov. cn/zwgk/jtyw/gzdt/202211/t20221122_ 6059182. htm。

③ 《关于扩大政府采购支持绿色建材促进建筑品质提升政策实施范围的通知》，中国政府网，2022 年 10 月 12 日，https：//www. gov. cn/zhengce/zhengceku/2022-10/25/content_ 5721569. htm？ Eqid＝824daf2a00000b7c0000000664897c9d。

百分点。[①] 全省规模以上工业所涉及38个大类行业中，能效提升行业覆盖率为78.9%，较上年提高23.6个百分点。

## （二）碳达峰碳中和发展形势

### 1.能源安全优先原则更加明确

从政策要求看，能源安全和电力保供要求更高、措辞更严。2021年，受“运动式”减碳、能耗双控等多重因素影响，煤炭供应紧张、电力供需紧平衡等状况的影响范围波及民生，成为全社会关注的焦点。为避免类似情况再次发生，2022年国家多次就能源安全保供做出重要部署。党的二十大报告把总体国家安全观放在突出位置，强调要加强能源等重点领域安全保障体系和安全能力建设；党的二十大首场记者招待会上，国家能源局提出确保能源安全始终是做好能源工作的首要任务。2022年以来，中央反复强调要健全产供储销体系，促进能源电力充足供应；福建也明确提出，要守住民生用电底线，做好电力保供工作。

从发展形势看，能源安全形势仍然严峻，尤其是电力系统仍将面临供需紧平衡、调峰压力大、稳定运行难三大难题。一是供需形势复杂严峻。2022年迎峰度夏期间，福建电力最高负荷三创新高、日用电量两创新高、月用电量首破300亿千瓦时，其中，8月23日最高用电负荷达4882万千瓦，同比增长3.8%，扣除旋转备用后仅余19万千瓦平衡裕度，电力供需总体紧平衡。2023年度夏期间，福建省用电负荷在2022年高基数的情况下再次三创新高，叠加来水偏枯导致水电出力减少影响，煤电机组负荷率超85%的天数达到28天，发电能力已接近饱和。《福建省“十四五”能源发展专项规划》显示，福建电源装机增速为5.6%，略低于负荷（5.8%~6.6%）、电量（5.9%~6.7%）增速，电力供需形势依然紧张。与此同时，福建是“贫煤无油无气”的一次能源匮乏省份，电煤进口约占五成，化石能源供应极易

① 《福建省工业能效指南（2023年版）》，福建省节能中心，2023年6月27日，http://gxt.fujian.gov.cn/zwgk/zfxxgk/fdzdgknr/gzdt/202306/P020230710585795767205.pdf。

受国际形势影响，供需平衡不确定性进一步增加。二是短时顶峰压力更大。《福建省“十四五”能源发展专项规划》明确新增风电、光伏装机 710 万千瓦，占新增总装机比重 35.3%，新能源占比持续提高。但新能源“靠天吃饭”特征突出，随机性、波动性明显，且存在“极热无风、晚峰无光”的反调峰特性，负荷高峰时段对电力平衡贡献小。例如，2022 年 8 月福建出现持续性极端高温天气，全月早高峰时段风电平均出力仅为装机容量的 6.4%，其中最大负荷日早高峰时段风电出力仅 1.3 万千瓦，不足装机容量的 1%。三是稳定运行挑战突出。在未来一段时间内，电力系统仍将以交流同步技术为主导，随着新能源和多种用能形式出现，电力电子设备大量替代旋转同步电源，维持交流电网安全稳定的物理基础被不断削弱，功角、频率、电压等传统稳定问题呈恶化趋势，安全运行风险加大。以频率稳定为例，2020 年福建风光等新能源占比约 11%，冬季系统等效时间常数约为 4.67 秒，系统惯量充足，频率稳定性好；至福建碳中和时新能源装机占比将接近 50%，系统惯性时间常数将降至 1.95 秒，跌破 2 秒底线，系统惯量不足。

### 2. 能源消费控碳导向更加突出

从政策要求看，能源消费管控重点将逐步从“节约能源总量”向“降低碳排放总量”迈进。2021 年 12 月，中央经济工作会议首次提出，要科学考核，新增可再生能源和原料用能不纳入能源消费总量控制，创造条件尽早实现能耗双控向碳排放总量和强度双控转变。2021 年 12 月，国务院印发《“十四五”节能减排综合工作方案》，明确新增可再生能源电力消费量不纳入地方能源消费总量考核，原料用能不纳入全国及地方能耗双控考核。2022 年 6 月，福建省人民政府印发《福建省“十四五”节能减排综合工作实施方案》，提出“十四五”时期地区新增可再生能源电力消费量不纳入设区市和平潭综合实验区能源消费总量考核，原料用能不纳入设区市和平潭综合实验区能耗双控考核，全面承接中央要求。2023 年 7 月，中央深改委会议审议通过了《关于推动能耗双控逐步转向碳排放双控的意见》，能源消费控碳导向进一步明确。

从发展形势看，能耗与碳排放管控将逐步脱钩，能源电力需求将进一步提高。一是可再生能源开发利用迎来政策利好。新增可再生能源电力消费量不纳入能源消费总量考核的主要目的，是持续优化能源消费结构，推动各地进一步挖掘可再生能源电量消纳潜力；原料用能不纳入能耗双控考核的主要目的，是还原能源的双重属性，把燃料和原料区分开，不再对不产生碳排放的原料用能进行管控，避免企业对能源原料的正常需求因能耗双控受到影响。新能耗双控制度更加鲜明地突出控制化石能源消费的政策导向，在此背景下，为满足新增用能需求，政府必将加速推进可再生能源发展，电能作为可再生能源利用的最佳载体，也将成为企业扩大用能空间的首选。二是经济高质量发展获得更大用能空间。为统筹减排与发展，新能耗双控制度更强调能效的提升，对能源消费总量控制给予更大弹性空间。随着能源消费总量控制的“松绑”，能源电力需求将进一步提高。

3. 能源清洁转型步伐更加坚定

从政策要求看，能源清洁替代加速推进是大势所趋。党的二十大报告提出，实现碳达峰碳中和是一场广泛而深刻的经济社会系统性变革，要立足我国能源资源禀赋，坚持先立后破，重点控制化石能源消费，加快规划建设新型能源体系；党的二十大首场记者招待会上，国家能源局进一步明确要大力发展清洁能源，稳步推进大型风电光伏基地和海上风电基地建设。《福建省“十四五”能源发展专项规划》明确，2025 年清洁能源消费占比将达 33.6%，较 2020 年提高 5.5 个百分点，清洁能源将在新型能源体系中占据重要地位。

从发展形势看，能源清洁转型空间巨大。一是新能源开发规模小。福建地处我国东南沿海风带，台湾海峡的“狭管效应”明显，是我国风能资源最丰富的地区之一，海上风电理论蕴藏量达 1.2 亿千瓦，发电平均利用小时数可达近 4000 小时。但受军事、航道、技术、生态等多重因素制约，截至 2022 年底，全省并网海上风电仅 321 万千瓦。此外，福建风光合计装机占比 16.0%，位列全国第 26，低于全国水平 13.6 个百分点，新能源开发蓄势待发。二是电能替代挖潜空间大。近年来，福建电气化率[①]快速提升，根据最新可比年份数据，2020年达30.5%，高于全国2.3个百分点，但与浙江（36%）等领先省份相比仍有差距。此外，福建重点领域电气化率仍有提升空间，其中，交通运输、建筑业及农业生产电气化率分别为4.1%、14.7%、20.6%，分别低于全社会平均水平26.4个、15.8个、9.9个百分点。

## 四　积极稳妥推进“双碳”目标的对策建议

总体来看，处理好能源转型与能源安全的关系，加快建设新型能源体系，是现阶段稳妥推进“双碳”工作的关键。2022年以来，福建省在能源低碳转型方面持续发力，但也存在许多新的困难挑战。为此，应统筹考虑经济社会发展需求，以新型电力系统省级示范区建设为抓手，优化能源结构，强化技术创新，完善市场机制，加强多方合作，重点做到“五个着力”，推动福建省新型能源体系建设，助力“双碳”目标加快落地。

### （一）供给方面：统筹传统能源与新能源，着力优化供给结构

传统以化石能源为主导的供能体系是造成碳排放居高不下的主要原因，加强传统能源与新能源统筹规划，实现能源供给结构的有序更替，是实现“双碳”目标的必要措施。

一是引导煤电平稳转型。近中期强化煤电托底保障作用，统筹能源绿色发展与电力安全保供需求，按照“增容减量”原则，科学规划新增先进煤电机组，有序推动现役机组灵活性改造，降低煤电机组利用小时数；将退役机组延寿改造转成备用电源，提高“退而不拆”的应急备用煤电规模，确保必要时刻顶得上。远期综合考虑技术突破和成本下降情况，逐步加装碳捕集、利用与封存（CCUS）设施，推动煤电提供清洁电力电量。

① 如无特别说明，本书电气化率数据为笔者据相关资料测算。

二是推动大型核电建设。紧抓核电厂址优势，将核电作为煤电的主要替代电源，扎实推进已核准机组建设，确保“十四五”能上尽上；加快推进规模项目报批和新增布点论证，争取新增大规模机组列入国家规划；同时，统筹考虑核电参与调峰的经济性与安全性，适当引导核电承担调节功能。

三是引导新能源有序发展。发挥福建省海上风电资源优势，以“立足全省、面向华东和粤港澳、辐射全国”的发展定位，全面梳理可开发建设的近海、中远海风电场址，开展深远海海上风电基地规划，积极推进规模化集中连片海上风电开发，争取平潭、漳州等优质资源区海上风电项目纳入国家发改委、国家能源局重点大型风光基地建设项目。倡导“集中开发、汇集接入、全额上网、就近消纳”的原则，推进“整县光伏”科学有序开发，及时做好配套电网等基础设施建设。

四是推进调节资源建设。加快抽水蓄能电站建设，尽可能提高抽水蓄能电站蓄能库容，优先开发大库容抽水蓄能电站。因地制宜发展电化学储能、压缩空气储能、飞轮储能等新型储能，深入研究关键场景储能配置模式，落实新能源配建储能要求，实施鼓励用户侧特别是大型保电需求公共场所配置电化学储能的政策。

五是深化新型电力系统建设。持续迭代完善福建省新型电力系统省级示范区建设工作方案，将福建省新型电力系统省级示范区建设上升为省级战略。统筹考虑未来大规模清洁电力外送场景，加强清洁能源外送、海电登陆输电项目的论证和储备，为区域电网互联、海上风电规模化发展等做好支撑。统筹谋划一批新型电力系统示范应用项目，以点带面推动配电网智慧化全面升级，加强电力系统全息感知、灵活控制、系统平衡能力建设，为清洁能源消纳提供保障。

### （二）消费方面：重视结构优化和效率提升，着力改善消费质量

终端能源消费结构和能耗水平是影响碳排放的重要因素，构建以电等清洁能源为核心的终端用能体系，全面提升能效水平，是推动能源消费减排的重要抓手。

一是提升终端电能占比。聚焦重点领域因业施策开展电能替代，在工业领域鼓励电气化设备研发、制造和应用，交通领域加快电动船舶、电动汽车、智慧车联网等相关技术发展应用，商业领域围绕全电厨房、全电景区、全电商业街等特色项目开展落地示范，并逐步实现商业化应用。大力实施乡村电气化提升工程，探索构建农村现代化能源体系，打造一批乡村电气化示范项目。

二是加强能源综合利用。以福州都市圈、厦漳泉都市圈的新建经济开发区、大型公用设施、产业园区为试点，探索实施传统能源与风能、太阳能、地热能、生物质能等能源的协同开发利用，优化布局电力、燃气、热力、供冷、供水管廊等基础设施，建设一批天然气热电冷三联供、分布式可再生能源利用和能源智能微网等能源一体化综合开发利用示范工程。

三是提高生产生活能效。加强生产节能改造，推动工业领域实现智能化用能监测诊断技术全覆盖，引导企业开展节能工艺改造和用能设备升级。提升生活能效水平，通过经济补贴、技术支持等手段推广智慧建筑、智能家居，试点建设社区能源综合管理系统，配套出台居民能效管控机制，引导居民形成绿色生活习惯。

### （三）技术方面：围绕源头消减和末端捕集，着力实现技术突破

加强能源减排技术和碳捕集等核心技术攻关，既是推动能源系统低碳转型的重要动力，也是实现新型能源系统既保安全又控排放的关键要素。

一是抢占新能源技术高地。加紧研究制定新能源各细分领域技术路线图，依托福清国家级海上风电研究与试验检测基地、宁德时代电化学储能技术国家工程研究中心、金石能源高效太阳电池装备与技术国家工程研究中心等平台，广泛吸引省外知名高校、龙头企业等优势资源参与技术研发，联合申报新能源领域重大项目，提升科技创新效能。

二是加强新型电力系统关键技术研究。把新型电力系统建设关键技术列为省级重点科技研究课题方向，并给予经费支持。强化“大云物移智链”等数字技术在能源电力领域的融合创新和应用，创新突破数字孪生电网、新

能源发电实时监测、综合能源协同控制、能源需求精准预测等技术，加快建成电网一体化智能调度体系。

三是攻克 CCUS 技术。统筹开展 CCUS 全环节技术布局，重点加快煤电 CCUS 技术研发，大幅提升捕集效率，有效降低能耗和成本；深化 CCUS 技术应用，鼓励支持大型能源企业建设煤电 CCUS 一体化项目。

### （四）机制方面：聚焦清洁消纳和综合利用，着力完善市场机制

市场机制是有效引导电力能源发展方向、合理疏导转型伴生成本、提升资源优化配置水平的关键手段。

一是完善清洁能源发电消纳机制。积极融入全国统一电力市场，创新推进跨省和省内电力交易，加快完善绿电交易机制，提升清洁能源市场化消纳比例。探索建立与新能源发电特性相匹配的峰谷分时电价机制，考虑地区、季节差异，分类设置峰谷电价时段和价差，进一步促进新能源消纳。

二是健全灵活资源协同调控机制。按照“谁受益、谁承担”的原则，完善辅助服务市场和容量补偿市场，合理疏导清洁能源大规模并网产生的系统保障与调控成本。推广需求侧资源参与调峰、调频的市场机制，加紧建成大规模可调负荷资源库，促进用户侧资源高效聚合和主动响应，提高资源综合利用效率。

三是推动碳市场和电力市场协同发展。统筹考虑碳市场和电力市场在参与主体、交易价格、交易产品等方面的相互影响，优化机制设计，加强碳市场和电力市场间的衔接与协调，推动电能价格与碳排放成本有机结合，促进清洁能源消纳、产业结构调整。

### （五）合作方面：加强资源共享与产业合作，着力实现协作共赢

促进多类型能源主体协同合作、优势互补，有助于凝聚发展合力、实现综合效益最大化。

一是促进省际互济。加快打造与周边区域互联互通的清洁能源电力大通道，积极推进闽赣联网工程纳入国家电力规划，加快形成联结长三角、对接

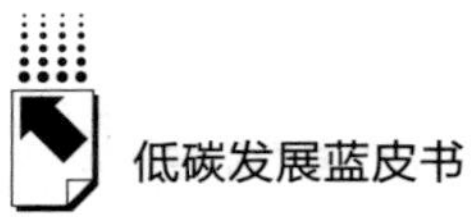


粤港澳、辐射华中腹地的东南能源大枢纽，开拓海上风电、核电等清洁能源大规模外送的新局面，促进省际能源余缺互济、高效共享，推动清洁能源在更大范围实现优化配置。

二是推动闽台融合。承接好中央建设两岸融合发展示范区的重大利好政策，超前开展向台湾本岛供电的方案论证，加强外送通道、清洁能源通道建设，尽快具备向台湾大规模输送清洁电力的硬性条件。深化与台湾能源技术的交流合作，重点围绕大容量海上风电机组、大容量电化学储能、高效率分布式光伏技术等方面，争取两岸共建国家级、省级实验室，开展前瞻性技术、关键共性技术和工程应用技术联合攻关。依托海峡两岸产业合作区等加强对能源领域“专精特新”台企的招商引资，促进两岸能源电力产业融合发展，加强两岸优势互补。

三是加强国际合作。充分发挥福建省厦门金砖创新基地建设基础优势，以清洁能源开发利用等大型项目为抓手，积极争取金砖银行贷款项目，有针对性地进行招商，形成“高端产业建链、优势产业补链、既有产业强链”的引资格局。用好“21 世纪海上丝绸之路”核心区等优势，引进日韩在氢能、能效管理等领域的先进技术和经验，推动福建省新能源、节能环保等战略性新兴产业提档升级，为能源低碳转型提供有力支撑。

# 碳源碳汇篇

Carbon Source Carbon Sinks

## B.2 2023年福建省碳排放分析报告

项康利　陈　彬　郑　楠　陈津莼*

**摘　要：** 2021年福建省碳排放总量快速攀升、同比增长8.2%，其中电力热力生产、制造业、交通运输和居民生活4个领域是全省最大的碳排放来源，占全省碳排放比重分别为49.0%、37.7%、8.6%和2.5%。考虑未来能源转型的不确定性，本报告对福建省碳排放变化趋势进行预测，在基准场景、加速转型场景和深度优化场景下，福建省分别于2030年、2028年和2026年实现碳达峰，排放峰值分别为3.45亿吨、3.29亿吨和3.19亿吨。此外，为助力碳中和远景目标实现，本报告总结了当前福建省在旅游海岛、工业园区、大型活动及会议、建筑等领域开展的碳中和试点举措，并就电力热力生产、制造业、交通运输、居民生活等重点领域提出减碳建议。

* 项康利，工学硕士，国网福建省电力有限公司经济技术研究院，研究方向为能源经济、战略与政策；陈彬，工学博士，教授级高级工程师，国网福建省电力有限公司经济技术研究院，研究方向为能源战略与政策、电网防灾减灾；郑楠，工学硕士，国网福建省电力有限公司经济技术研究院，研究方向为战略与政策、能源经济；陈津莼，工学硕士，国网福建省电力有限公司经济技术研究院，研究方向为综合能源、战略与政策。

**关键词：** 碳排放 碳达峰预测 碳中和试点

## 一 福建省碳排放主要情况

### （一）全省碳排放整体情况

碳排放总量方面，2021 年福建省碳排放总量为 2.93 亿吨①（见图 1）、同比增长 8.2%，主要由于 2021 年国内新冠疫情防控有力，全省经济保持稳健增长，叠加新冠疫情形成低基数效应影响，全年能源消费总量同比增长 9.0%，推动碳排放量快速攀升。与疫情前相比，2020~2021 年福建省碳排放两年平均增速为 3.1%，较 2019 年低 2.8 个百分点，增幅不断收窄，主要由于福建省持续推进产业结构转型升级，2021 年战略性新兴产业、高技术制造业增加值同比分别增长 21.8%、26.4%，分别高于全省工业平均增速 12.8 个、17.4 个百分点。

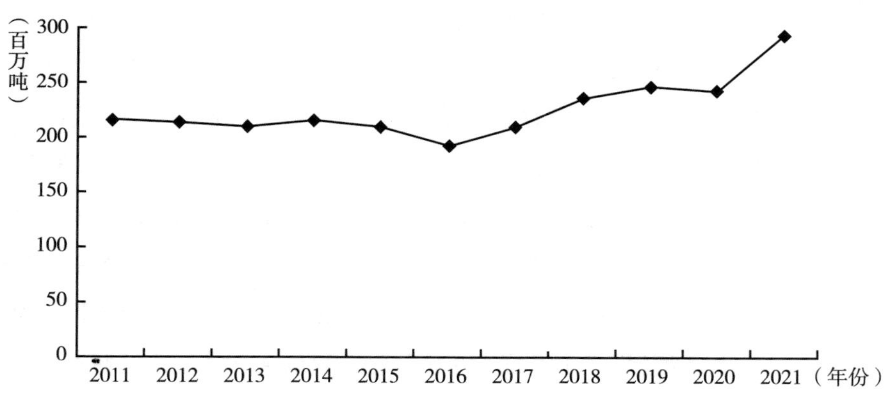


**图 1 2011~2021 年福建省碳排放总量**

资料来源：根据 CEADs 能源碳排放系数及福建省能源消费量测算。

① 本报告中福建省碳排放相关数据来自笔者测算，其中能源碳排放系数来源于中国碳核算数据库（CEADs），能源消费数据来源于《福建能源平衡表（实物量）》，截至 2023 年 8 月，数据仅更新至 2021 年。

碳排放强度方面，2021 年福建省碳排放强度为 600.6 千克/万元（见图 2），同比下降 3.3%。从变化趋势看，2011 年以来，福建省碳排放强度呈现逐年下降趋势，10 年累计下降超 50%，但随着“两高”行业低端产能迭代基本完成，产业结构转型进入深水区，2017 年以后，碳排放强度降幅明显收窄，2017~2021 年年均降幅仅为 2.8%，较 2011~2016 年低 6.5 个百分点。

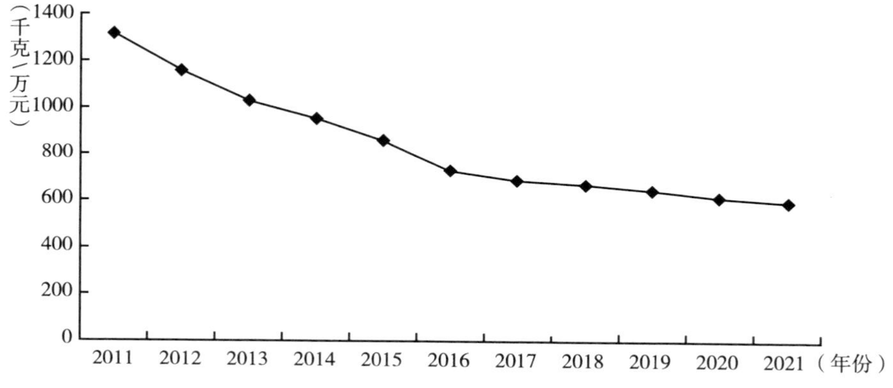


**图 2　2011~2021 年福建省碳排放强度**

资料来源：根据 CEADs 能源碳排放系数及福建省能源消费量测算。

碳排放结构方面，2021 年福建省碳排放主要集中在电力热力生产、制造业①、交通运输（含邮政仓储，下同）及居民生活 4 个行业，在全省碳排放中占比分别为 49.0%、37.7%、8.6%和 2.5%。与 2019 年相比，2021 年电力热力生产及制造业碳排放占比发生较大变化。其中，电力热力生产环节碳排放占比上升了 7.3 个百分点，主要由于 2021 年来水偏枯，全省水电发电量较 2019 年下降 170 亿千瓦时，煤电发电量同比增加 21.5%，推动电力热力生产环节碳排放增长 24.9%，较全社会高 18.5 个百分点。制造业碳排放占比下降了 6.3 个百分点（见图 3），主要由于福建省深入推动食品加工、

① 制造业碳排放为笔者根据《福建能源平衡表（实物量）》测算，由于福建省统计局仅统计工业行业能源消费情况，未单独针对制造业开展统计，同时考虑福建省采矿业能源消费占比较低，2021 年规上工业能源消费量中采矿业仅占 0.2%，因此制造业碳排放为工业行业碳排放核减电力热力生产环节碳排放。

纺织加工等制造业电能替代，2021 年福建省工业终端电气化水平达 41.3%，较 2019 年提升 7.2 个百分点，增幅较全社会高 3.1 个百分点。

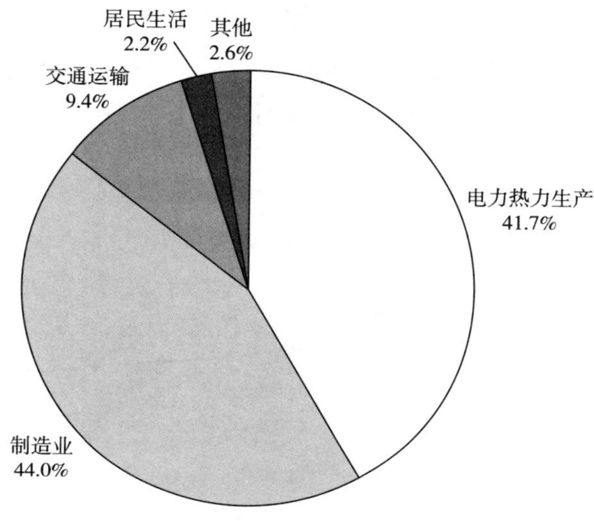


（a）2019年

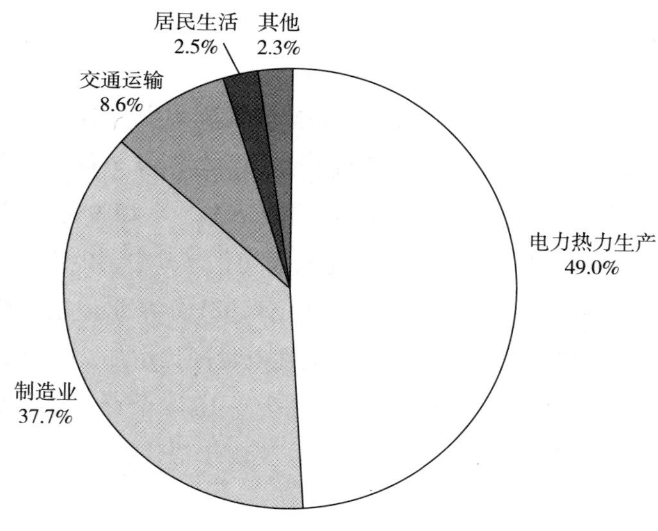


（b）2021年

**图 3　2019 年、2021 年福建省碳排放结构**

资料来源：根据 CEADs 能源碳排放系数及福建省能源消费量测算。

## （二）重点领域碳排放情况

为更全面系统地分析福建省碳排放情况及趋势特征，本报告针对电力热力生产、制造业、交通运输业及居民生活等4个重点领域碳排放情况开展进一步分析。

### 1. 电力热力生产碳排放情况

从现状看，2021年福建省电力热力生产环节碳排放总量为1.43亿吨，占全社会碳排放的比重达49.0%（见图4），是全省碳排放量最大的领域。

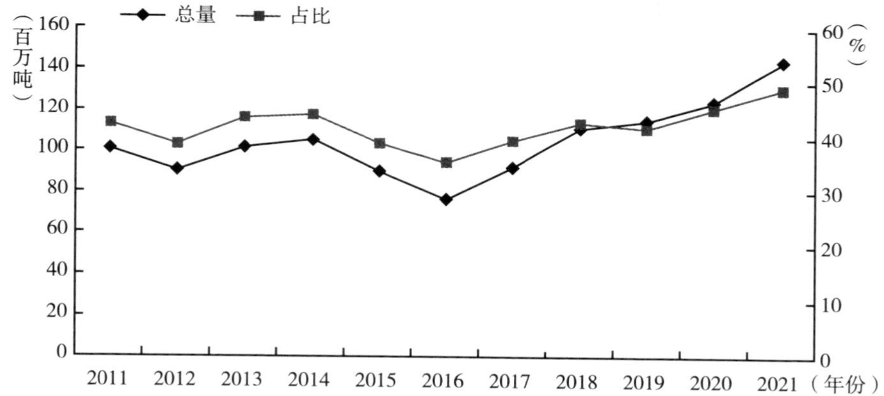


**图4　2011~2021年福建省电力热力生产碳排放总量及占全省碳排放比重**

资料来源：根据CEADs能源碳排放系数及福建省能源消费量测算。

从碳排放趋势看，2020~2021年，福建省电力热力生产环节碳排放总量快速上升，两年平均增速达11.7%。主要由于2020~2021年福建省水电站上游来水偏枯，全省水电发电量大幅下降，推动电力热力生产环节化石能源消费量快速攀升，2021年全省电力热力环节化石能源消费量较2019年上升20.9%。

从碳排放占比看，2020~2021年，福建省电力热力生产环节碳排放占全省碳排放的比重逐步上升，除受发电结构变化影响之外，还受终端能源电气化水平持续提升的影响，2021年福建省全社会电气化水平达32.9%，较

2019 年提升 4.1 个百分点，已超过日本、韩国、美国等发达国家。因此，福建省电力热力生产环节将承接更多来自其他行业的碳转移，未来占比可能进一步提升。

2. 制造业碳排放情况

从现状看，2021 年福建省制造业碳排放总量为 1.11 亿吨，占全省碳排放的比重达 37.7%（见图 5），是仅次于电力热力生产的第二大碳排放部门。

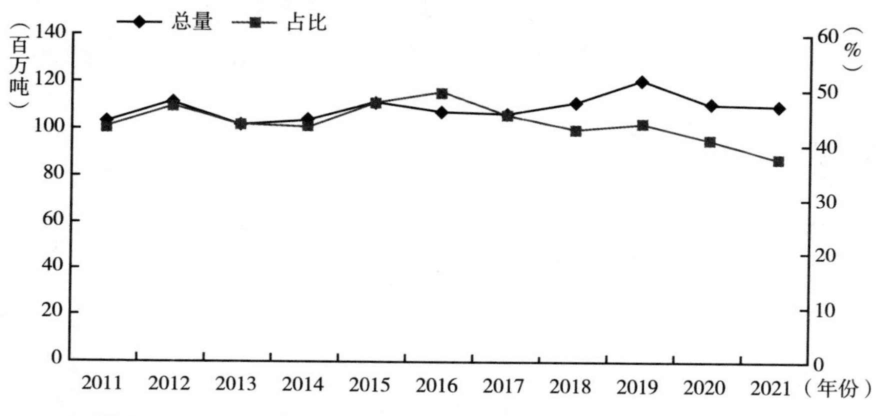


**图 5　2011~2021 年福建省制造业碳排放总量及占全省碳排放比重**

资料来源：根据 CEADs 能源碳排放系数及福建省能源消费量测算。

从碳排放趋势看，2020~2021 年福建省制造业碳排放总量持续下降，两年累计降幅达 8.9%。一方面是受疫情冲击，2020 年部分企业一度出现停工停产，2020 年福建省工业增加值增速仅为 1.7%。另一方面主要由于福建省持续推进产业清洁低碳转型，明确严格淘汰钢铁、水泥、电解铝等行业落后产能，同时深入推动食品加工业、纺织制造业等行业电能替代，2021 年福建省工业终端化石能源消费量较 2016 年下降 12.3%，有力支撑了制造业碳排放下降。

从碳排放占比看，2016 年以来，福建省制造业碳排放总量占全省碳排放比重呈波动下降态势，主要由于供给侧结构性改革的深入推进及清洁低碳技术的推广应用。2021 年，福建工业终端能源消费总量占全省终端能源消费总量比重较 2016 年低 7.1 个百分点，推动制造业碳排放占比累计下降 12.0 个百分点。

3. 交通运输业碳排放情况

从现状看，2021 年福建省交通运输业碳排放总量为 0.25 亿吨，占全省碳排放总量的 8.6%（见图 6）。其中，汽油、柴油消费是交通运输业最大的碳排放来源，合计占交通运输业碳排放总量的 69.9%，主要由于公路运输为省内主要运输方式且公路运输电气化、清洁化水平较低。2021 年，福建省公路货物运输量占全省货物运输总量的 66.9%，公路旅客运输量占全省旅客运输总量的 48%。

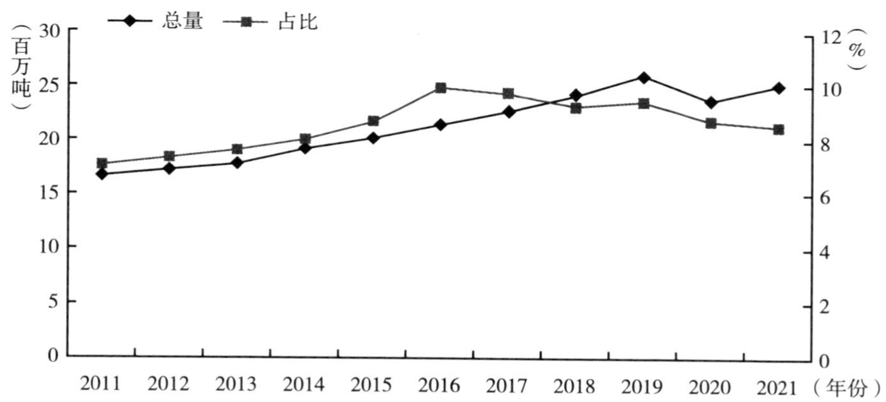


**图 6　2011~2021 年福建省交通运输业碳排放总量及占全省碳排放比重**

资料来源：根据 CEADs 能源碳排放系数及福建省能源消费量测算。

从碳排放趋势看，防疫管控政策对交通运输业影响较大，2020~2021 年福建省交通运输业碳排放平均降幅为 1.8%。其中，2020 年福建省交通运输客运总量下降 48.4%，货运量仅增长 4.7%，导致交通运输业碳排放总量同比下降 9%。2021 年，生产活动逐步恢复，福建省货物周转量同比增长 12.7%，增速较 2019 年高 4.3 个百分点，但由于省际出行仍受疫情防控政策限制，旅客周转量同比下降 1.7%。综合货运及客运情况，2021 年福建省交通运输业碳排放同比上涨 6%。

从碳排放占比看，2016 年以来，福建交通运输业碳排放占比整体下降，主要原因是福建省公转铁、公转水成效显著，铁路、水路货物运输量占比分别提升 0.7 个百分点、3.9 个百分点，同时随着“电动福建”建设，福建省新能源乘用车大量推广，截至 2021 年底，全省公交电动化率达到 72.74%。①

4. 居民生活碳排放情况

从现状看，2021 年福建省居民生活碳排放总量为 722 万吨，同比增长 22%，占全省碳排放的 2.5%（见图 7）。其中，汽油、柴油制品消耗导致的碳排放为 499.1 万吨，占全省居民生活碳排放总量的 69.1%，表明出行需求引起的碳排放是现阶段居民生活最大的碳排放来源。

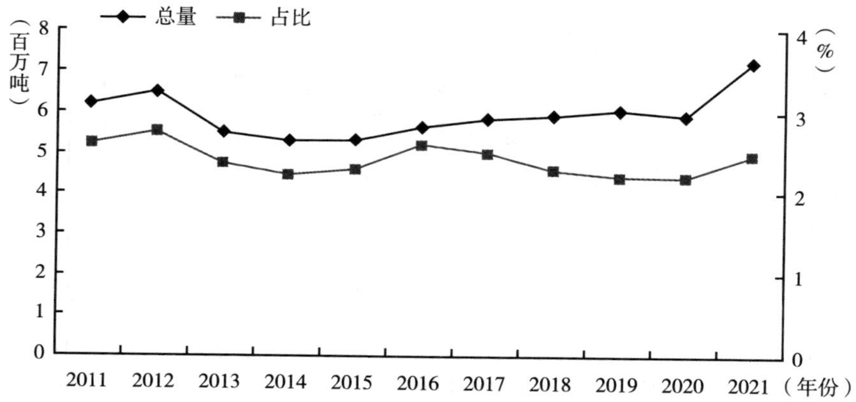


**图 7　2011～2021 年福建省居民生活碳排放总量及占全省碳排放比重**

资料来源：根据 CEADs 能源碳排放系数及福建省能源消费量测算。

从碳排放趋势看，2020～2021 年福建省居民生活碳排放总量年均增速为 9.1%，较疫情前增长 6.7 个百分点。主要是由于疫情基本稳定后，省内人员流动频繁，居民自驾出行需求大幅提升，居民汽油消费同比上升 31.7%。此外，从城乡差异看，2020～2021 年农村居民生活碳排放年均增速为 6.8%，较城镇居民生活碳排放增速低 4.2 个百分点，主要是由于“煤改电”持续推进，农村居民散煤燃烧引起的碳排放由 2019 年的 24.6 万吨降至 2021

① 《2021 年福建省交通运输行业发展统计公报》，福建省交通运输厅网站，2022 年 6 月 27 日，http：//jtyst. fujian. gov. cn/zwgk/tjxx/gbyjd/202206/t20220627_ 5939924. htm。

年的 12 万吨，降幅达 51.2%，农村居民生活用能清洁转型成效显著。

从碳排放占比看，2016 年以来，除 2021 年因居民出行需求提升导致碳排放占比小幅回升外，福建省居民生活碳排放占比整体呈降低态势，主要受公共交通体系较为完善，新能源车、家电等电气化产品普及等因素影响。

## 二　福建省碳达峰趋势预测

### （一）全省碳达峰趋势预测

通过对历史数据进行分析，全省碳排放情况主要受经济发展情况、产业结构、能源结构及能效水平等因素影响。本报告沿用《福建“碳达峰、碳中和”报告（2021）》构建的碳排放预测模型，结合历史数据并考虑能源转型的不确定性，设置 3 个场景，对福建省碳排放发展趋势进行预测。其中，基准场景下全省化石能源消费水平及能耗水平按照现有趋势发展；加速优化场景下全省化石能源消费水平及能耗水平按照“十四五”规划推进；深度优化场景则在加速优化场景基础上，进一步下调全省化石能源消费占比及单位能耗强度。经测算，2022~2035 年福建省碳排放预测结果如图 8 所示。

根据预测结果，在基准场景下，福建省碳排放预计于 2030 年达峰，峰值为 3.45 亿吨，与全国目标同步，较 2021 年上涨 17.8%。在加速转型场景下，福建省碳排放预计于 2028 年达峰，峰值为 3.29 亿吨，早于全国目标 2 年。在深度优化场景下，福建省碳排放将于 2026 年达峰，峰值为 3.19 亿吨，早于全国目标 4 年。

### （二）重点领域碳达峰趋势预测

#### 1. 电力热力生产碳达峰趋势预测

从历史数据看，电力热力生产碳排放主要受全社会用电量、电源结构等因素影响。重点考虑电源结构的不确定性，设置基准、加速转型和深度优化 3 个场景，开展电力热力生产碳排放预测，结果如图 9 所示。

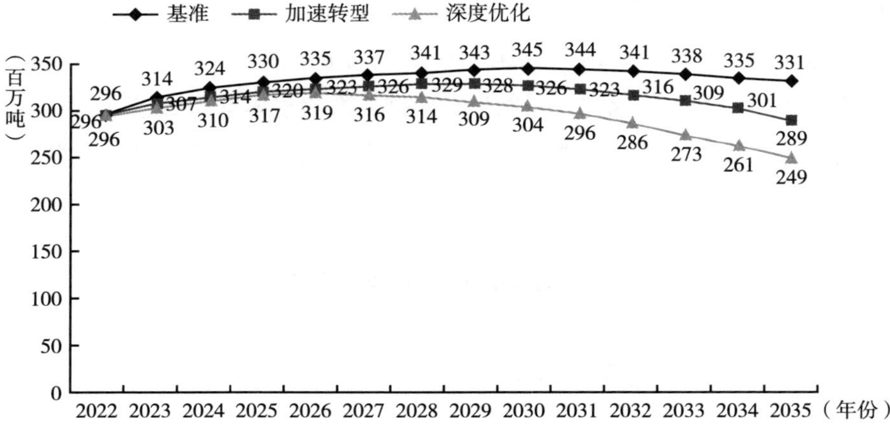


**图 8　2022~2035 年福建省碳排放预测**

资料来源：根据历史数据建模测算。

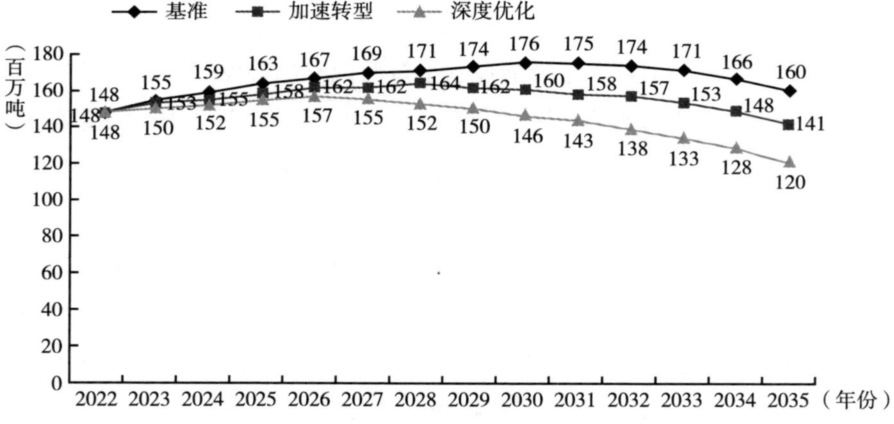


**图 9　2022~2035 年福建省电力热力生产环节碳排放预测**

资料来源：根据历史数据建模测算。

在基准场景下，电力热力生产环节碳排放于 2030 年达峰，峰值为 1.76 亿吨，占当年全社会碳排放比重为 51.0%。在加速转型场景下，电力热力生产环节碳排放于 2028 年达峰，峰值为 1.64 亿吨，占当年全社会碳排放比重为 49.8%。在深度优化场景下，电力热力生产环节于 2026 年达峰，峰值为 1. 57 亿吨，占当年全社会碳排放比重为 49. 2%。3 个场景下，电力热力生产环节达峰时间均与全社会达峰时间同步。

2. 制造业碳达峰趋势预测

从历史数据看，制造业碳排放主要受自身发展规模、能耗强度及终端能源结构等因素影响。重点考虑制造业领域能耗水平不确定性，设置基准、加速转型和深度优化 3 个场景，开展制造业碳排放预测，结果如图 10 所示。

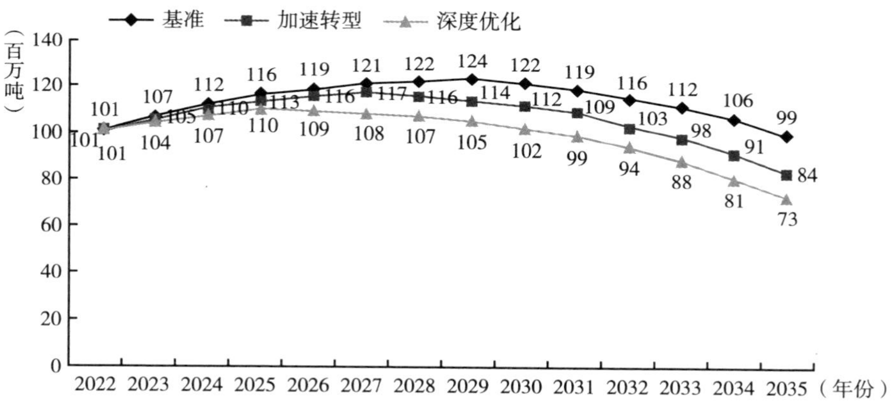


**图 10　2022~2035 年福建省制造业碳排放预测**

资料来源：根据历史数据建模测算。

在基准场景下，制造业碳排放预计于 2029 年达峰，峰值为 1. 24 亿吨，占当年全社会碳排放比重为 36. 1%。在加速转型场景下，制造业碳排放预计于 2027 年达峰，峰值为 1. 17 亿吨，占当年全社会碳排放比重为 35. 9%。在深度优化场景下，制造业碳排放预计于 2025 年达峰，峰值为 1. 10 亿吨，占当年全社会碳排放比重为 34. 6%。3 个场景下，制造业碳达峰时间均早于全社会 1 年，主要由于福建省多次提出深度优化产业结构、深入推进节能降碳、全面推行绿色制造，有力支撑制造业领域能耗强度持续下降，预计可先于其他领域实现碳达峰。

3. 交通运输业碳达峰趋势预测

从历史数据看，交通运输业碳达峰主要受旅客周转量、货物周转量等因素影响。此外，随着新能源汽车快速发展，未来新能源汽车占比也将成为影响交通运输业碳排放的关键因素。为此，考虑旅客周转量、货物周转量及新能源汽车占比变化趋势，开展交通运输业碳排放预测，结果如图 11 所示。

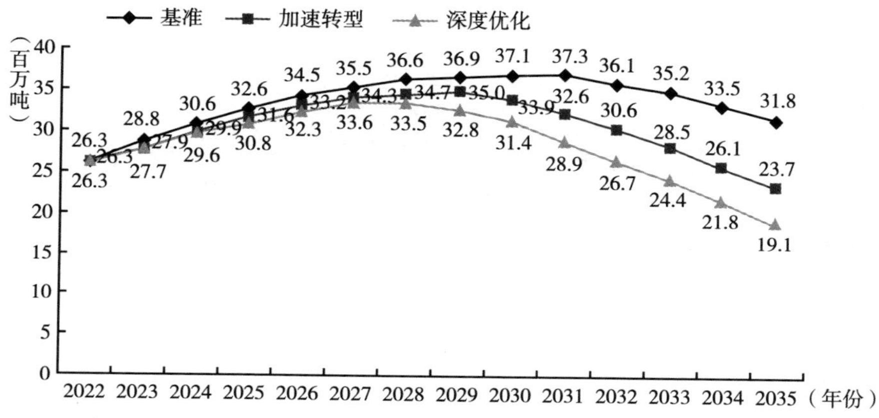


**图 11　2022~2035 年福建省交通运输业碳排放预测**

资料来源：根据历史数据建模测算。

根据预测结果，在基准场景下，交通运输业碳排放于 2031 年达峰，峰值为 0. 373 亿吨，占当年全社会碳排放总量的 10. 8%。在加速转型场景下，交通运输业碳排放于 2029 年达峰，峰值为 0. 35 亿吨，占当年全社会碳排放总量的 10. 7%。在深度优化场景下，交通运输业碳排放于 2027 年达峰，峰值为 0. 336 亿吨，占当年全社会碳排放总量的 10. 6%。在 3 个场景下，交通运输业碳达峰时间均晚于全社会 1 年。一方面，随着福建省经济快速发展及全国各区域产业合作频繁，客运量及货运量持续上升；另一方面，由于福建省铁路电气化率已超 70%、进一步减排空间有限，公路、航空等领域清洁能源替代存在瓶颈，交通运输业减排进程略晚于全社会。

4. 居民生活碳达峰趋势预测

居民生活中的化石燃料消费主要用于满足出行及照明、餐饮等需求，随着终端用能电气化率的逐步提升，居民生活碳排放将持续降低。重点考虑未来居民生活终端用能电气化率变化的不确定性，设置 3 个场景，开展居民生活碳排放预测，结果如图 12 所示。

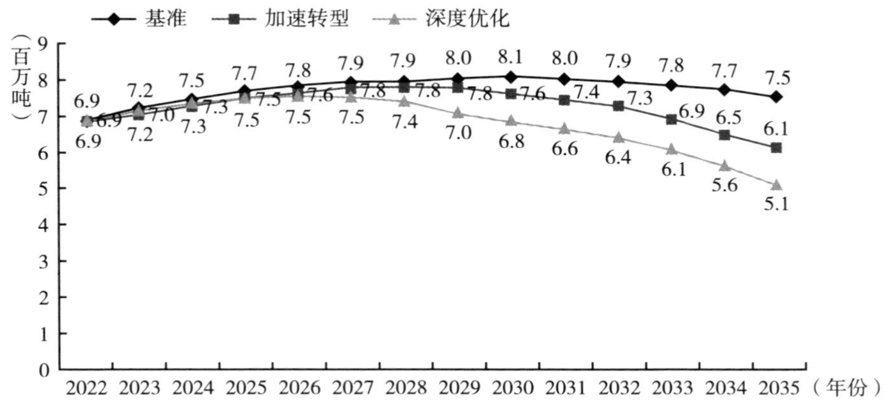


**图 12　2022~2035 年福建省居民生活碳排放预测**

资料来源：根据历史数据建模测算。

根据预测结果，在基准场景下，居民生活碳排放于 2030 年达峰，峰值为 810 万吨，占当年全社会碳排放比重为 2. 3%；在加速转型场景下，居民生活碳排放于 2028 年达峰，峰值水平为 780 万吨，占当年全社会碳排放比重为 2. 4%；在深度优化场景下，居民生活碳排放于 2026 年达峰，峰值水平为 750 万吨，占当年全社会碳排放比重为 2. 4%。在 3 个场景下，居民生活碳排放均与全社会同步达峰。

## 三　福建省碳中和探索情况

碳中和是一项长期系统性社会工程，以低碳、零碳发展为导向。广泛开展试点探索，总结形成可复制可推广的实践经验，是有序推进碳中和的关键。目前，福建省已先后在旅游海岛、工业园区、大型活动及建筑等领域开展碳中和试点工作，在低碳发展先行先试中发挥了重要作用，为实现碳中和目标提供了有力支撑。

1. 旅游海岛碳中和试点举措

旅游海岛产业结构多以文旅为主，终端能源消费结构较为清洁，具备开展碳中和试点的潜力，同时作为相对独立的综合性区域，可为城市碳中和发展提供实践参考。福建省已在多个旅游岛屿开展碳中和探索，如湄洲岛提出建设成为全国首座“零碳岛”“碳中和文旅岛”的目标，平潭提出要打造“零碳”国际旅游岛等。

能源供给方面，平潭岛依托风力资源优势，打造全国首个海上分散式风电项目——海峡公铁大桥本体照明工程分散式海上风电项目，将海峡公铁大桥打造为国内首座“净零碳”的跨海公铁两用大桥。① 湄洲岛建成全国首个“多端互联低压柔性微电网”，将湄洲岛轮渡码头到宫周片区的 5 个台区直流侧互联形成环网，将光伏、储能和直流充电桩等在直流侧连接，由光储系统向直流充电桩供能，余量就近提供给周边居民，2022 年全岛消纳清洁能源 3350 万千瓦时，相当于减少碳排放 13100 吨。②

交通出行方面，湄洲岛先后投运 8 座电动汽车充电站，全面实现全岛游览车及公交车电动化，投放了首批 100 辆“北斗三号”共享电动车，形成了“环岛 3 公里、核心 1 公里”绿色出行圈，同时控制岛外燃油车入岛，推进存量燃油车油改电，实现岛民、旅客绿色出行全覆盖。③

低碳生活引导方面，鼓浪屿推出“思明碳行者”碳普惠小程序，上线低碳出行、低碳教育等场景，将景区游客和居民的低碳行为转化为碳积分，并与商超、饭店、酒店等进行积分兑换，鼓励游客、居民参与低碳环保活

---

① 《全国首个分散式海上风电项目顺利投产送电》，中国电力网，2021 年 12 月 31 日，http：//www. chinapower. com. cn/flfd/hsfd/20211231/126250. html。

② 《湄洲岛的“碳”索之路》，“东南网”百家号，2023 年 6 月 8 日，https：//baijiahao. baidu. com/s? id=1768094885986043869&wfr=spider&for=pc。

③ 《锚定“双碳”逐绿向未来——湄洲岛牢记嘱托建设生态文明示范岛》，莆田广播电视台网站，2023 年 1 月 20 日，https：//www. ptbtv. com/xwzx/snxw/2023-01-20/351580. html。

动。据统计，截至2022年底，平台累计访问人数达16.41万人次，2000余人次参与低碳积分积累兑换，总计实现碳减排约50吨。

总体来看，加强新能源开发利用、提升终端用能电气化率是现阶段打造零碳旅游岛屿的主要抓手。为进一步深化旅游海岛碳中和试点建设，福建省可利用海岛资源优势，加快风光储协同互动的微电网建设，探索孤岛自平衡控制、配微网协同运行等技术应用，提高清洁能源利用效率。

### 2. 工业园区碳中和试点举措

工业园区是化石能源消费和碳排放的主要集中区域，推动工业园区能源消费结构低碳转型是实现"双碳"目标的重要切入点和着力点。福建省象屿综合保税区园区、ABB厦门工业中心等工业园区率先开展碳中和试点，其中象屿综合保税区园区获得中国船级社碳中和评价认证，成为全国首个实现零碳排放的综合保税区。

能源供应方面，象屿综合保税区园区充分利用闲置仓库屋顶及停车棚，建成装机总容量为5.5兆瓦的光伏发电系统，并配置建设3.5兆瓦的储能电站，实现园区用电的"调峰填谷"。2022年，园区自发电量645万千瓦时，超过了全年园区用电量，实现了园区内清洁能源的自给自足。

用能管理方面，ABB厦门工业中心部署智慧能源管理平台，接入光伏、储能、配电、暖通空调等能源设施，借助AI算法技术对园区的"电源—电网—负荷—储能"进行精准调控，实现50%电力的清洁能源替代，预计每年可减少碳排放1.34万吨。

生产用能方面，厦门自贸片区海润码头全面开展电气化改造，对龙门吊实施油电改造、电池转场改造和能量回馈改造，在国内率先使用电能堆高机，实现流动机械全电化，推动水平运输设备全电化，每年可节约柴油消耗约2700吨、减少二氧化碳排放约5400吨。

总体来看，福建省工业园区碳中和试点着重在扩大清洁电力消费、优化生产用能方式、降低能耗等方面进行探索。为进一步深化工业园区碳中和试点探索，福建省可试点开展电解铝、绿氢制钢、绿色化工等低碳技术应用，探索建立园区智慧能源监管平台，对重点用能企业主要生产环节开展能源消费监测，实现生产用能在线化管理。

3. 大型活动碳中和试点举措

2021 年，福建省出台实施《福建省大型活动和公务会议碳中和实施方案（试行）》，明确到 2022 年，要初步建立以党政机关单位为实施主体的大型活动和公务会议碳中和工作体系。2022 年，数字中国建设峰会、福建省委十一届四次全会等多个活动积极响应政策号召，在减少办会能耗基础上，购买部分碳汇实现碳中和。

无纸化办公方面，福建省委十一届四次全会采用在线报名、录入信息，对证件进行回收、循环使用。数字中国建设峰会以电子办公本替代纸质会议手册，并嵌入数字中国峰会无纸化办公系统，集成任务督办、流程审批、订餐、无纸化会议等功能，减少耗材使用。

交通出行方面，数字中国建设峰会加强电动公交和清洁能源汽车投运，在市区内设置直达成果展现场的专线公交供观众免费乘坐；开展低碳骑乘优惠活动，引导公众低碳出行，举办绿色骑行活动，邀请观众骑行打卡福建景点换取绿色能量、兑换绿色种子。

总体来看，购买碳汇、减少耗材使用、推行绿色交通仍是福建省实现大型活动碳中和的主要途径。为进一步推进大型活动和会议实现碳中和，福建省可试点开展大型活动场馆绿色化改造，配建“光储直柔”系统，提高清洁电力使用比例；加强场馆低碳建设，倡导使用可循环搭建材料，建立环保物料的回收利用机制，避免不必要的建设。

4. 建筑碳中和试点举措

建筑用能是居民生活及生产办公中主要的能源消费场景，开展建筑碳中和试点探索是推进区域碳中和的重要抓手之一。截至 2022 年底，中国石化泉州南安水头加油站已经实现碳中和，福州建工（集团）总公司“建筑生产基地”建成福建省首个超低能耗建筑。

能源利用方面，中国石化泉州南安水头加油站配建光伏发电设备，采用“自发自用，余电上网”模式，所发电量基本能满足加油站日常生产经营和生活用电需求。鼓浪屿大德记开关站在外墙及窗玻璃上安装薄膜光伏，兼具透光与发电功能，并配建分布式储能设备，全屋采用直流供电，是福建省首个“光储直柔”一体化用电建筑。

建筑设计方面，福州建工（集团）总公司“建筑生产基地”根据建筑朝向，将外窗造型向两个方向推拉，形成折线形外墙，避免眩光和西晒对建筑影响；东西山墙局部利用设备平台设置遮阳及空气层阻隔，外窗采用断热铝型材并结合特殊气密性设计连接技术，实现高保温隔热，热工性能较国标提升约25%。

总体来看，提升清洁能源利用比例、降低建筑能耗是实现建筑碳中和的关键。下一步，福建省可以学校、医院、行政办公楼等为试点，探索光伏一体化建筑、地源热泵等技术应用；在新建小区、办公楼中大力推广装配式建筑，探索被动式门窗系统、智能可调维护结构等应用，最大限度利用自然资源，减少建筑保温负荷。

## 四　福建省重点领域减碳相关建议

### （一）电力热力生产

一是加快推进新能源开发利用。发挥福建省海上风电资源优势，加快布局海上风电清洁能源基地，有序推进海上风电规模化开发。因地制宜发展居民、工厂屋顶等分布式光伏，打造“光伏+”低碳发展模式。二是有序推动煤电机组转型。推动煤电企业开展深度调峰、热电解耦等多种技术路线探索，加快现役煤电机组“三改联动”，稳步推进煤电由主体性电源向基础保障性和系统调节性电源并重转型。

### （二）制造业

一是推动产业结构转型升级。一方面严格控制煤化工、钢铁等高耗能行业新增产能，将碳排放作为重要指标推动落后产能有序退出；另一方面，测算实现“双碳”目标的新增低碳投资需求，建立绿色金融体系，引导社会投资向高新技术产业、低碳技术相关产业倾斜。二是加快节能降碳技术攻关。对黑色金属、石化化工等行业的重点企业开展系统性节能诊断，充分挖掘节能潜力，提升工业生产过程中天然气、中压蒸汽等低碳能源使用比例，推动绿色低碳新技术、新工艺、新设备、新材料工程化、产业化应用。

### （三）交通运输业

一是优化交通运输结构。完善港区集疏港铁路与干线铁路及码头堆场的衔接，提高铁路、水路基础设施的通达性、便利性，持续推进“公转水”“公转铁”。加快推进铁路电气化改造和港口岸电建设，加快新能源汽车在产业物流园区、工业园区的普及和推广，建立以电气化为主的绿色运输体系。二是打造低碳城市交通体系。大力发展城市公共交通体系，做好城市交通与土地利用一体化规划，提高城乡公共交通出行的便捷度；加快推广绿色低碳交通工具，提高城市公交、出租汽车等电动化比例。

### （四）居民生活

一是加大新能源汽车推广力度。结合“电动福建”推进工作与各类促消费活动，出台系列新能源汽车红利政策，包括新能源汽车停车优惠、充电桩安装补贴等优惠政策，激发居民新能源汽车的购买、使用意愿；针对农村购车用车特点，推广高质量、低成本、实用化的小微电动乘用车产品，加快推动新能源汽车下乡。二是统筹推进充电桩等基础设施建设。加快完善老旧小区、农村地区充电基础设施相关技术标准，明确小区物业和村委会配合装桩责任，依托商业网点、企事业单位、旅游景区等场所，加快推进集中式公共充电桩场站建设。三是培育低碳生活导向。开发居民、家庭的碳排放核算小程序，逐步完善覆盖衣、食、住、行、用等个人生活的碳排放核算场景，探索建立碳普惠机制，以实物兑换、公益荣誉等鼓励居民积极参与减排行动。

## 参考文献

张庆宇、张雨龙、潘斌斌：《改革开放 40 年中国经济增长与碳排放影响因素分析》，《干旱区资源与环境》2019 年第 10 期。

李晓易等：《交通运输领域碳达峰、碳中和路径研究》，《中国工程科学》2021 年第 6 期。

余碧莹等：《碳中和目标下中国碳排放路径研究》，《北京理工大学学报》（社会科学版）2021 年第 2 期。

曹俊文、张钰玲：《中国省域碳排放特征与碳减排路径研究》，《生态经济》2022 年第 8 期。

# B.3
# 2023年福建省碳汇情况分析报告

陈柯任　林晓凡　李益楠*

**摘　要：** 提升碳汇发展水平对于实现“双碳”目标具有至关重要的作用。福建省高度重视应对气候变化工作，将巩固提升碳汇能力、探索实现碳汇价值作为推进国家生态文明试验区建设、实施乡村振兴战略、推动高质量发展的重要举措。福建省在林业碳汇、海洋碳汇、农业碳汇等方面全方位发力，3个城市入选国家林业碳汇试点，首创林业碳汇赔偿机制，完成全国首批渔业碳汇交易，创新首发农业碳票，完成全国首单农业碳汇保险，以实际行动提升碳汇发展水平。下一步，福建省将多措并举做好增汇以及碳汇增值应用工作，深入开展碳汇研究，持续巩固提升碳汇能力。

**关键词：** 林业碳汇　海洋碳汇　农业碳汇

## 一　2022年福建省碳汇现状分析

### （一）林业碳汇

2022年，福建省围绕林业碳汇试点建设、林业改革发展、天然林回购、

---

* 陈柯任，工学博士，国网福建省电力有限公司经济技术研究院，研究方向为能源经济、低碳技术、战略与政策；林晓凡，工学硕士，国网福建省电力有限公司经济技术研究院，研究方向为能源经济、能源战略与政策、电力市场；李益楠，工学硕士，国网福建省电力有限公司经济技术研究院，研究方向为能源经济、战略与政策。

数字化赋能等手段进一步巩固林木碳汇开发、增值和应用能力。

一是3个城市入选国家林业碳汇试点城市。2022年，国家林业和草原局启动林业碳汇试点建设。经过专家评审，福建省三明市、龙岩市和南平市以生态条件良好、具有典型代表性、地方党委政府对碳汇事业重视度高、开展试点的积极性强等优势成功入选国家林业碳汇试点城市。

二是依托林业改革试点推进林业碳汇建设。2021年12月31日，龙岩市人民政府印发《龙岩市全国林业改革发展综合试点实施方案》，以林业改革试点建设为契机，对推进国土绿化、推动碳汇发展进行系统部署，全面推进绿化美化行动，大力实施国家储备林基地建设、森林生态系统保护和修复工程、龙岩原中央苏区国土绿化试点示范项目、九龙江流域山水林田湖草沙一体化保护与修复工程；加强林业碳汇理论研究，鼓励国有林场、林业企业等积极参与林业碳汇项目方法学研究、林业碳汇项目开发与交易。2022年，三明市永安市安砂镇政府制定“天然林回购工作方案”，对天然林进行回购，2022年累计完成回购498亩，同时镇政府与福建翔丰华新能源材料有限公司正式签订林业碳汇合作开发协议，并将计划回购的2000亩天然商品林的15年碳汇开发权出让给福建翔丰华新能源材料有限公司，推进天然林碳汇改革。

三是创新拓展林业碳汇增值和多场景应用。开展林业碳汇贷，2022年10月，兴业银行创新应用人工评估+卫星遥感技术，对福州市某林场的林业碳汇量进行估算，并以其收益权作为质押标的物，向林场发放了500万元贷款，① 运用数字化手段畅通林业碳汇融资过程中难测算、难监控、难推广等堵点痛点，有效纾解企业碳汇资源融资变现难的困境。首创林业碳汇赔偿机制，2022年11月，福建省高级人民法院与省林业局联合发布《关于在生态环境刑事案件中开展生态修复适用林业碳汇赔偿机制的工作指引（试行）》，针对林地生态环境破坏案件，提出林业碳汇赔偿机制，引导违法行

① 《创新林业金融服务　释放绿色生态红利丨福州市首笔林业碳汇收益权质押贷款落地》，东南网，2022年10月11日，http：//money. fjsen. com/2022-10/11/content_ 31151586. htm。

为人进行林业碳汇赔偿，以达到生态修复目的。这是全国首个林业碳汇损失计量及赔偿机制，突破以往碳汇损失量“鉴定难”“鉴定贵”“鉴定周期长”“鉴定标准不统一”等阻碍，提出了可量化、可操作的碳汇损失量计量方法，违法行为人可通过购买福建林业碳汇、林业碳票等达到修复生态环境的目的。

### （二）海洋碳汇

海洋碳汇是指通过海洋生物及其相关活动实现大气中二氧化碳吸收和封存，其中渔业碳汇是海洋碳汇的重要构成。2022 年，福建省在渔业碳汇交易机制方面率先开展探索，完成全国首批渔业碳汇交易。

2022 年 1 月 1 日，兴业银行厦门分行依托全国首个海洋碳汇交易平台厦门市碳和排污权交易中心，向连江县一家渔业企业购买了 15000 吨海水养殖渔业碳汇，项目交易额为 12 万元。该项交易标志着中国海洋渔业碳汇交易实现零的突破，[①] 对于开展渔业碳汇活动、增加海洋碳汇具有示范作用。

2022 年 5 月 20 日，福建华峰新材料有限公司依托海峡资源环境交易中心完成了全国首例双壳贝类海洋渔业碳汇交易，向林蚝（福建）水产有限公司购买了 10840 吨双壳贝类海洋渔业碳汇，用于抵消买方 2021 年生产经营活动产生的温室气体排放量。通过交易，林蚝（福建）水产有限公司额外增收 20 余万元。

### （三）农业碳汇

深入挖掘农业碳汇的生态价值和金融价值，丰富完善农业碳汇产品体系，是推动“双碳”目标与乡村振兴战略相结合的有效举措。2022 年，福建省在全国率先创新推出农业碳票和农业碳汇保险等碳汇金融产品。

---

① 《首宗海洋渔业碳汇交易落户福建连江》，自然资源部网站，2022 年 1 月 21 日，https://www.mnr.gov.cn/dt/hy/202201/t20220121_2717980.html。

第一，创新首发农业碳票。农业碳票是指针对权属清晰的农用地、农作物，采用科学、合理的计量方法，经第三方机构监测核算、专家审查、农业农村主管部门审定、生态环境主管部门备案签发的农业碳汇量对应制发的收益权凭证，等同于农业净固碳量参与市场交易的“身份证”。2022 年 5 月，厦门市碳和排污权交易中心颁发了全国首批农业碳票，对应厦门市同安区 7755 亩生态茶园共计 3357 吨农业碳汇。但农业碳票不具备与国家核证自愿减排量完全同等的权益，如不可参与碳排放市场交易等。农业碳票主要有两大作用：一是用于碳汇交易，厦门市 1 家食品公司购买了颁发的首批碳票，包括编号 0001 的军营村农业茶园碳汇 2474. 25 吨、编号 0002 的白交祠村农业茶园碳汇 882. 68 吨，用于抵消日常生产经营活动中的碳排放。[①] 二是用于质押，厦门市碳和排污权交易中心联合厦门农商银行推出“乡村振兴碳汇贷”，采取“整村授信+承包经营户贷款”的模式，按照在厦门市碳和排污权交易中心登记的农业碳票确定整村授信额度，农业经营户可根据需要申请经营类贷款，厦门市同安区 3 家农户获得了首批 50 万“乡村振兴碳汇贷”额度。

第二，完成全国首单农业碳汇保险。农业碳汇保险是一种以农业碳汇损失量为保障对象，为农业生态环保价值提供保险保障的金融产品。农业碳汇保险实施原理是：当发生火灾、冻灾、泥石流、山体滑坡等自然灾害和种植区域土壤肥力不足导致农作物固碳量损失达到一定程度时，保险公司将进行赔偿，补偿农业碳汇项目的损失。2022 年 8 月，全国首单农业碳汇保险在福建省宁德市福鼎市试点落地，保险金额 300 万元、年保费 24 万元，为全市 30 万亩生态茶园、宜种植被及其种植区域农田提供碳汇损失风险保障，[②] 大大提升了农业碳汇项目的抗风险能力。

---

① 《全国首个农业碳汇交易平台在福建厦门落地》，福建省农业农村厅网站，2022 年 5 月 6 日，http：//nynct. fujian. gov. cn/xxgk/gzdt/qsnyxxlb/sm/202205/t20220506_ 5903994. htm。

② 《全国首单农业碳汇保险落地宁德》，福建省地方金融监督管理局网站，2022 年 8 月 23 日，https：//jrjgj. fujian. gov. cn/xxzx/sjyw/202208/t20220823_ 5980596. htm。

## 二　福建省碳汇发展趋势预测

### （一）总体趋势

#### 1. 规模化聚合化发展态势显现

经济效益较好的林业碳汇项目要求对连片林地进行整体开发，福建省现存大量零散、碎片化的林地资源，给有意向开展林业碳汇项目开发的企业增加了较高的沟通和交易成本。2022 年初，福建省三明市尤溪县完成全省首个社会化碳汇造林项目，该项目的亮点在于将“双碳”目标有机融入乡村振兴规划，集合了 14 个乡镇、近 2000 户农户的个体和集体零散林权进行集中开发，项目第一期签发的 8.8 万吨林业碳汇获得 149.67 万元的收益，由所有集体、农户共享收益。[①] 在实际生产活动中，单个农户生产经营所能产生的碳汇量通常较少，考虑碳汇监测、核算等额外成本后不具备经济效益。因此，未来福建省碳汇项目开发的趋势将是规模化聚合化发展，由专业机构、企业牵头，指导零散村集体、农户在生产经营活动中应用固碳减排技术，统一开展碳汇监测、核算等工作，并逐步从林业碳汇领域扩展至海洋渔业碳汇、农业碳汇等领域，实现经济效益规模化。

#### 2. 有望逐步纳入全国碳市场

目前，福建省碳汇发展存在供需两不旺的突出问题，碳汇需求主要来源于企业树立绿色低碳形象、大型活动响应碳中和号召等，基本上皆为民众自发自愿行为，在社会各界尚未系统性建立碳中和、减排降碳观念之前，碳汇需求将持续处于疲软状态。为进一步激发增汇动力，自然资源部发布《海洋碳汇核算方法》，提出将海洋碳汇纳入全国碳市场，福建省林业局提出探索将林业碳汇纳入全国碳市场。未来福建省碳汇需求端或将呈现“强制性要求+自愿认购”并存的局面，有望以需求拉动碳汇快速发展。

---

① 《福建尤溪完成全省首个社会化碳汇造林项目》，国家林草局网站，2022 年 5 月 7 日，http：//www. forestry. gov. cn/main/61/20220507/101354061677658. html。

## （二）林业碳汇

### 1. 林业碳汇发展路线更加明晰

2022年，福建省委、省政府印发了《关于完整准确全面贯彻新发展理念做好碳达峰碳中和工作的实施意见》，提出巩固提升林业碳汇能力、增加森林面积和蓄积量、增强林业固碳能力等任务举措。在提升林业碳汇能力的目标下，福建省将启动第二次林业碳汇专项调查，摸清资源现状，分析碳汇项目开发潜力，组织编制《福建林业碳汇专项发展规划》，明确林业服务“双碳”目标的路径和巩固提升林业碳汇能力的主要目标、重点任务、总体要求等。同时，探索沿海补偿山区的林业碳汇补偿机制，让山区在保护生态的同时分享沿海经济高速发展的成果。

### 2. 数智化手段将赋能林业碳汇发展

近年来，福建省高度重视林业碳汇能力提升机制研究与示范应用。福建师范大学与上杭白砂国有林场合作建设“亚热带人工林碳汇提升试验平台”，通过对11个树种的不同混交模式进行碳汇监测、大数据分析，有助于高质量打造人工“碳汇林”，提升碳汇水平。福建师范大学还建设了世界首个移动通量观测平台，应用卫星遥感和无人机开展森林碳储量计量监测，为林业碳汇计量研究提供更扎实的数据支撑。下一步，福建省将充分应用数智化手段，深化林业碳汇方法学、计量方法等研究，挖掘林业碳汇固碳能力。

## （三）海洋碳汇

根据《中国海洋碳汇经济价值核算标准》，海洋碳汇分为滨海生态系统碳汇和海洋生态系统碳汇。滨海生态系统碳汇涉及红树林、盐沼和海草床的固碳活动，相关研究相对比较成熟。海洋生态系统碳汇涉及藻类、海水贝类、浮游植物等的固碳活动，相关研究工作亟须基于科学估算进一步细化。福建省在海洋碳汇核算方面起步早，已有较好的研究与实践基础。下一步，福建省将继续发挥海洋碳汇核算基础优势，开发推广海洋碳汇方法学，优先对海洋碳汇下属的滨海生态系统碳汇开展全生命周期核算研究，力争提出相关海洋碳汇核算标准，为进一步推动海洋碳汇发展奠定坚实基础。

### （四）农业碳汇

#### 1. 农业减排固碳稳步推进

农业碳汇内涵丰富，包括农作物碳汇、土壤碳汇、畜牧业碳汇、茶园碳汇等，生成途径呈现多元化态势，发展空间较大。《关于完整准确全面贯彻新发展理念做好碳达峰碳中和工作的实施意见》提出，通过推广健康低碳养殖、绿色种植、稻渔综合种养等方式，多举措提升生态农业碳汇。下一步，福建省将从农业碳汇存量摸查、农业碳汇计量体系建立、农业碳汇项目开发等方面持续发力，研究农业农村减排固碳潜力及其行业和区域分布，对主要农作物碳排放量和固碳量进行测算，研究农业碳汇的核算边界及标准，开发更多符合国际规范、切合福建省情的农业碳汇项目方法学。

#### 2. 茶产业将成为福建农业碳汇特色

2022 年，福建省以 52.08 万吨茶叶产量位居全国第二，[①] 全产业链产值超 1500 亿元，茶产业已成为福建省农业发展的支柱，以茶产业为切口大力推进农业碳汇研究是一大特色。福建省农科院通过对不同区域、不同类型茶园进行茶树植被、土壤碳储量等情况的实地调查，创建了“茶废弃物—生物炭（炭基肥）—回园”物质循环型茶园生态修复与固碳减排模式，构建了符合福建实际的茶园碳汇计量方法体系，助力全国首批农业碳票落地厦门市。下一阶段，福建省将进一步发挥茶产业优势，深入推进茶园生态碳汇建设。

## 三　福建省碳汇发展对策建议

#### 1. 强化林业碳汇价值转化

借鉴龙岩、永安等地区的林业碳汇试点经验，打通林业碳汇生态价值转

① 《2022 年福建省经济运行情况》，福建省统计局网站，2023 年 1 月 29 日，http://tjj.fujian.gov.cn/xxgk/tjxx/jjyxqk/202301/t20230119_6099312.htm。

化通道，鼓励林业企业、金融机构等参与林业碳汇项目开发与交易，引导各地积极开发符合国家自愿减排机制的林业碳汇项目，持续深化实施福建林业碳汇交易。将资源优势转化为经济优势和绿色发展优势，增加林农收入，助力碳汇发展与乡村振兴结合。同时，加大林权制度改革力度，落实所有权、稳定承包权、用活经营权，为林场改革赋能，引导林农积极参与碳汇林种植。

2. 健全海洋碳汇核算体系

以摸清福建省海洋碳汇家底为目标，通过整合海洋生物、海洋生态、遥感、经济等相关学科的科研力量，组织厦门大学等高等科研机构聚力攻关海洋碳汇基础理论研究，建立海洋碳汇分类核算标准体系，研究提出评估海洋碳汇储量和排放的综合方法，加强海洋碳汇监测评价数据采集和分析能力。在此基础上，针对福建省不同海洋碳汇典型场景，试点开展海洋碳汇储量和通量监测评估，建立健全海洋碳汇核算体系。

3. 建立农业碳汇监测体系

依托福建省农科院等科研院所，研究建立统一的农业碳汇监测体系，综合运用可视化模拟、物联网、智能决策等数字信息技术建立农业碳汇监测系统，持续深化茶园生态系统碳汇数字化监测技术研究，并逐步拓展应用至蔬菜、水果等福建优势特色农业产业。由政府主管部门建设省级农业碳汇监测信息平台，统一收集、汇聚形成福建省农业碳汇数据库，定期更新、发布不同产业、细分领域农业碳汇的相关指标数据，为农业碳汇项目开发提供数据支撑。

## 参考文献

张仕雷、魏秀林：《福建省公益林碳汇对碳减排企业价值研究》，《能源与节能》2023 年第 3 期。

黄婷、杨建州：《“双碳”目标下森林生态产品价值实现机制研究——以碳票交易为例》，《福建论坛》（人文社会科学版）2023 年第 5 期。

向爱、揣小伟、李家胜：《中国沿海省份蓝碳现状与能力评估》，《资源科学》2022 年第 6 期。

# 低碳技术篇

Low Carbon Technology

## B.4
## CCUS 技术发展情况分析报告

陈思敏　陈柯任　李源非*

**摘　要：** CCUS 技术是实现我国以煤炭为主的能源体系低碳化发展的重要战略性技术之一，能够用于电力、水泥、钢铁、化工等行业，是未来构建生态文明社会、实现碳中和的重要手段。我国已将 CCUS 技术纳入战略性新兴技术目录、国家重点研发计划和科技创新 2030“煤炭清洁高效利用”重大项目等支撑范畴。当前，CCUS 技术仍面临经济成本高、配套政策不足、环境成本较高、技术瓶颈尚未突破等挑战，建议福建省积极开展 CCUS 集成示范应用、聚力攻克 CCUS 关键共性技术、健全完善 CCUS 配套激励政策，推动 CCUS 技术进一步发展。

* 陈思敏，工学硕士，国网福建省电力有限公司经济技术研究院，研究方向为综合能源、能源战略与政策；陈柯任，工学博士，国网福建省电力有限公司经济技术研究院，研究方向为能源经济、低碳技术、战略与政策；李源非，管理学硕士，国网福建省电力有限公司经济技术研究院，研究方向为能源经济、战略与政策。

**关键词：** CCUS　煤电行业　资源开采行业　化工与生物利用

## 一　CCUS 技术介绍

CCUS 技术是指将二氧化碳从排放源（工业过程、能源利用等）中分离出来，直接加以利用或封存以实现二氧化碳减排的过程，按流程分为碳捕集、碳运输、碳利用与碳封存等环节。

碳捕集技术根据碳捕集与燃烧过程先后顺序可分为燃烧前捕集、燃烧后捕集和富氧燃烧捕集等，技术比较如表 1 所示。碳运输技术根据运输方式的不同，分为罐车运输、船舶运输和管道运输，技术比较如表 2 所示。碳利用技术根据工程技术手段的不同，可分为地质利用、化工利用和生物利用等，技术比较如表 3 所示。碳封存技术主要包括地质封存、海洋封存和矿石碳化封存等，技术比较如表 4 所示。

**表 1　碳捕集技术比较**

| 技术名称 | 适用范围 | 优点 | 缺点 | 成本(元/吨) | 技术阶段 |
| --- | --- | --- | --- | --- | --- |
| 燃烧前捕集 | 整体煤气化联合循环发电（IGCC）电厂 | 气体压力大、二氧化碳浓度高，碳捕集容易，能耗、投资相对于燃烧后捕集低 | 只能与 IGCC 电厂匹配，且投资成本高、可靠性有待提高 | 250~430 | 研究 |
| 燃烧后捕集 | 火电厂 | 与现有电厂匹配性好 | 烟气压力小、体积大、二氧化碳浓度低、氮气含量大，捕集系统庞大，投资和能耗均较大 | 300~450 | 研究和中小规模示范 |
| 富氧燃烧捕集 | 火电厂 | 产生二氧化碳浓度高 | 氧气提纯能耗大、投资高 | 300~400 | 研究和小规模示范 |

资料来源：陆诗建编著《碳捕集、利用与封存技术》，中国石化出版社，2020。

**表 2　碳运输技术比较**

| 技术名称 | | 适用范围 | 优点 | 缺点 | 成本[元/(吨·千米)] | 技术阶段 |
|---|---|---|---|---|---|---|
| 罐车运输 | 公路运输 | 运输量小、非连续性运输 | 运输方式灵活、投资少、风险低 | 运输量小,单位运输成本高;远距离运输安全性差;泄漏量较大,存在环境污染 | 0.9~1.4 | 技术成熟 |
| | 铁路运输 | 较大规模、长距离,且管道运输还未建成时 | 运输量较大、运输距离远、可靠性较高 | 单位运输成本高;受现存铁路设施影响,地域限制大;沿线需要装卸、临时存储设备,必要时需要铺设专用铁路,增加运输费用 | 0.9~1.4 | 技术成熟 |
| 船舶运输 | | 较大规模、长距离,适于海上封存、河网密集和近海碳捕集中心的初步开发 | 运输量大、运输方式灵活、中小规模与远距离的运输成本低 | 连续性差;仅适用于内河与海洋运输;运输中间环节多,交付成本增加;大规模近距离运输时,经济性较差;要求低温液化甚至固态化运输 | 0.3~0.5 | 技术成熟(内陆船舶) |
| 管道运输 | | 大规模、长距离(通常大于1000千米),负荷稳定、定向输送 | 连续性强、受外界影响小、可靠性高、运输量大、泄漏量极少,对环境污染小 | 运输灵活性差;投资大、运行成本高;过程中需要控制压力和温度,防止因相变致运输瘫痪 | 小于1.0(陆地管道)<br>1.4~1.7(海底管道) | 陆地管道处于项目设计阶段;海底管道处于概念研究阶段 |

资料来源:《中国二氧化碳捕集利用与封存(CCUS)年度报告(2021)》《中国碳捕集、利用与封存技术发展路线图(2019)》等。

**表 3　碳利用技术比较**

| 技术名称 | | 利用二氧化碳规模(万吨/年) | 发展阶段 |
|---|---|---|---|
| 地质利用 | 二氧化碳强化石油开采($CO_2$-EOR) | 约 20 | 示范项目 |
| | 铀矿地浸开采技术 | — | 商业应用初期 |
| 化工利用 | 合成能源燃料 | 约 10 | 示范 |
| | 合成高附加值化学品 | 约 10 | 中试 |
| 生物利用 | 转化生产生物肥料技术 | 约 5 | 研发或小规模示范 |
| | 气肥利用技术 | 约 1 | 研发或小规模示范 |

资料来源:《中国二氧化碳捕集利用与封存(CCUS)年度报告(2021)》。

表 4　碳封存技术比较

| 技术名称 | | 具体措施 | 优势 |
|---|---|---|---|
| 地质封存 | 深部咸水层封存 | 二氧化碳注入深部咸水层 | 潜力大 |
| | 枯竭油气田封存 | 二氧化碳驱动原油 | 提高原油产出率 |
| | 深部不可采煤层封存 | 二氧化碳注入煤层 | 驱替甲烷,煤气层利用 |
| 海洋封存 | | 二氧化碳输送到深海 | 潜力大 |
| 矿石碳化封存 | | 碳化反应吸收二氧化碳 | 废料二次利用 |

## 二　国内外 CCUS 技术示范应用情况

近年来，国内外对于 CCUS 技术发展逐渐重视，技术成熟度快速提高，一系列示范项目落地运行，呈现新技术不断涌现、效率持续提高、能耗成本逐步降低的发展态势。

### （一）总体情况

全球 CCUS 技术进入产业集群快速发展阶段。2022 年，全球新增 CCUS 项目开发计划 140 余项，累计捕捉、封存能力同比分别提升 30%、80%；专用二氧化碳封存容量年度增量再创新高，达到 2.1 亿吨左右。其中，美国、欧盟和澳大利亚在 CCUS 项目开发方面居于全球领先地位；欧洲、中东和东南亚的 7 个国家在 2022 年宣布 CCUS 项目开发计划，全球 CCUS 项目部署国累计数量增至 45 个。①

我国 CCUS 技术示范工程规模不断扩大。2021 年底前，国内已投运的 CCUS 示范项目规模普遍在 10 万吨级及以下，仅有中国石油化工集团有限公司中原石油勘探局的二氧化碳埋存驱油、中国石油天然气股份有限公司吉林油田分公司的 $CO_2$-EOR 两个示范项目在 50 万吨级及以上。2022 年后，

① "CCUS Projects Explorer"，国际能源署，2023 年 3 月 24 日，https：//www.iea.org/data-and-statistics/data-tools/ccus-projects-explorer。

百万吨级乃至千万吨级项目陆续上马。2022 年 8 月，我国最大的碳捕集利用与封存全产业链示范基地、国内首个百万吨级 CCUS 项目——“齐鲁石化—胜利油田百万吨级 CCUS 项目”正式投产运行，标志着我国 CCUS 产业开始进入技术示范中后段——成熟的商业化运营。该项目以齐鲁石化第二化肥厂煤制气装置排放的二氧化碳尾气为原料，生产液态二氧化碳产品送往胜利油田驱油与封存，年注入能力达到 100 万吨。2023 年 5 月，300 万吨 CCUS 示范项目在宁夏宁东能源化工基地全面开工建设，该项目以国家能源集团 400 万吨煤制油项目排放的高浓度二氧化碳为碳源，与中国石油长庆油田的石油开采深度耦合，开展现代煤化工和大型油气田开采之间的绿色减碳合作。该项目包括 300 万吨二氧化碳捕集工程、300 万吨二氧化碳长输管道、250 万吨二氧化碳驱强化采油工程和 50 万吨二氧化碳捕捉和储存工程。其中，“十四五”期间，分两期建成 100 万吨 CCUS，建成 130 公里碳源管道。“十五五”期间，建成 300 万吨规模，覆盖地质储量 1.7 亿吨。项目达产后，可累计注入二氧化碳 7450 万吨，累计增油 1700 万吨以上。① 2022 年 11 月，中国石化与壳牌、宝钢股份、巴斯夫签署合作谅解备忘录，四方将开展合作研究，在华东地区共同启动中国首个开放式千万吨级 CCUS 项目。该项目计划将长江沿线钢材厂、化工厂、电厂、水泥厂等工业企业的碳源，通过槽船集中运输至二氧化碳接收站，再通过管线输送至陆上或海上的封存点，推动华东地区现有产业脱碳，打造低碳产品供应链。②

福建省 CCUS 技术尚处于起步阶段。研究方面，福建省科研院所正积极开展 CCUS 相关技术研究，如厦门大学研究构建了合成气和二氧化碳高选择性转化低碳烯烃、芳香烃、汽柴油等双功能催化体系。项目储备方面，福建省首个 CCUS 项目“新型干法旋窑 $CO_2$ 碳捕集纯化示范项目”③ 在 2020～

① 《300 万吨 CCUS 示范项目在宁夏开工建设》，“光明网”百家号，2023 年 5 月 20 日，https：//baijiahao.baidu.com/s? id=1766363162854763510。

② 《我国首个，启动！把千万吨二氧化碳“关”起来》，网易新闻，2022 年 11 月 4 日，https：//www.163.com/dy/article/HLC42UK90552C2FY.html。

③ 《省、市重点项目龙麟新型干法旋窑 $CO_2$ 碳捕集纯化示范项目有序推进》，“新罗区融媒体中心”人民号，2022 年 8 月 29 日，https：//rmh.pdnews.cn/Pc/ArtInfoApi/video? id=30884331。

2023 年连续纳入福建省重点建设项目，预计可捕集水泥生产过程排放的二氧化碳超 5 万吨/年。项目一期位于龙岩市新罗区龙麟集团 3#水泥熟料厂区内，采用“外燃式高温煅烧矿物质旋窑生产技术及装备”，设计年捕集二氧化碳超 5 万吨，其中食品级液态二氧化碳 3.5 万吨、食品级固态二氧化碳（干冰）1.84 万吨，同时每天附加产生 65%纯度的氧化钙用于水泥窑继续生产水泥熟料。

## （二）煤电行业 CCUS 技术发展情况

国际煤电行业 CCUS 规模较大。加拿大 Boundary Dam 煤电 CCUS 项目自 2014 年开始运行，年二氧化碳捕集能力达 100 万吨。美国 Petra Nova 火电厂 CCUS 项目于 2017 年启动，年二氧化碳捕集量达 140 万吨，捕集的二氧化碳用于提高石油采收率，但该项目于 2020 年 5 月暂停。

我国煤电行业 CCUS 技术水平逐步提升。我国煤电行业 CCUS 示范应用已有十余年，碳捕集利用规模逐步扩大。2008 年 6 月，我国首个燃煤电厂二氧化碳捕集装置在华能北京高碑店电厂投入运行，采用燃烧后捕集技术，每年捕集 3000 吨二氧化碳，投运以来二氧化碳吸收率大于 85%，纯度达到 99.99%，运行可靠度和能耗指标处于国际先进水平。项目捕集并用于精制生产的食品级二氧化碳可实现再利用，以供应北京碳酸饮料市场，捕集装置收集二氧化碳电耗 90~95 千瓦时/吨。2019 年 5 月，广东省华润电力海丰电厂碳捕集测试项目正式投产，是亚洲首个基于超超临界燃煤发电机组的碳捕集技术测试平台。2021 年 1 月，国家能源集团国华锦界电厂投运，每年二氧化碳捕集和封存量为 15 万吨，可实现二氧化碳捕集率大于 90%、二氧化碳浓度大于 99%，整体性能指标达到国际领先水平。① 2023 年 6 月 2 日，亚洲最大的煤电 CCUS 项目——国家能源集团泰州电厂 CCUS 项目正式投产。②

① 《九张图带你了解中国碳捕集市场（CCUS）| 双碳科普》，搜狐网，2023 年 5 月 15 日，https：//www.sohu.com/a/675738746_121119270。

② 《亚洲最大火电 CCUS 长啥样？附全国大型碳捕集项目盘点!》，“艾度科技园”搜狐号，2023 年 7 月 1 日，https：//www.sohu.com/a/693186995_121357745。

该项目二氧化碳捕集量达50万吨/年，并且实现了装备全国产化，项目捕集的二氧化碳用于干冰生产、焊接保护气等。

福建省煤电行业CCUS技术应用尚未起步。截至2022年底，福建省有燃煤电厂48个，总装机2990万千瓦，年碳排放1.18亿吨，平均供电煤耗约300克/千瓦时，煤电碳排放强度838克/千瓦时，已全部完成超低排放和节能改造，但均未开展CCUS技术相关应用或示范。

## （三）资源开采行业CCUS技术发展情况

国际二氧化碳强化采油技术已较为成熟。国际上使用二氧化碳进行强化采油有几十年的历史，1958年美国Premain盆地首先开展了二氧化碳混相驱油项目，2014年美国二氧化碳驱油项目总量为137个，平均提高采收率10%~25%，单井日增油量5吨，驱油成本883~1374元/米$^3$。

我国二氧化碳强化采油技术仍处于试验阶段。1963年，我国首先在大庆油田实施小规模的二氧化碳驱油技术研究，但因气源问题没有进一步开展。2003年以来，中国石化、中国石油先后开展了多个二氧化碳驱油试验项目，取得了较好成效；全国已建设投运中石油吉林油田$CO_2$-EOR研究与示范等多个大型强化采油示范项目。

## （四）化工与生物利用CCUS技术发展情况

化工与生物利用CCUS技术已有初步应用。2020年4月，浙江大学与河南强耐新材股份有限公司合作完成了全球首个工业规模二氧化碳养护混凝土示范工程，该项目通过二氧化碳矿化养护技术实现每年1万吨的二氧化碳温室气体封存，并生产1亿块MU15标准的轻质实心混凝土砖。[①] 2023年6月21日，锦疆化工10万吨/年CCUS一期项目正式投产，该项目依托公司合成

① 《浙江大学将介绍首个工业规模$CO_2$矿化制建材示范项目与技术最新进展!》，“亚化煤化工”搜狐号，2020年10月2日，https：//www.sohu.com/a/422303832_ 747560。

氨尿素装置生产过程中大量富余的二氧化碳进行捕集、提纯和液化，开发低成本的碳捕集技术，形成示范工程，工艺成本行业领先。[①]

## 三　CCUS 技术发展面临的挑战

一是 CCUS 技术经济成本高。CCUS 技术的经济成本主要包括前期投资等固定成本和 CCUS 技术全流程各环节的运行成本。从固定成本来看，碳捕集能力为 10 万吨/年的火电厂 CCUS 项目固定成本高达 1 亿元，宝钢（湛江）工厂碳捕集能力 50 万吨/年的 CCUS 项目固定成本投资超 3 亿美元。[②] 从运行成本看，CCUS 项目总运行成本近千元/吨，其中，碳捕集技术成本最高，占总成本 60%～80%，我国规模碳捕集的成本平均超过 270 元/吨。此外，部分企业产生的二氧化碳浓度低，将带来更加高昂的碳捕集成本，如火电厂安装碳捕集装置将增加发电成本 0.26～0.4 元/千瓦时。

二是 CCUS 技术发展的配套政策不足。国外已出台各类支持 CCUS 项目发展的配套政策，如美国联邦政府出台了 45Q 税收抵免政策，鼓励企业通过碳捕集和封存进行纳税抵免。我国 CCUS 政策提出较晚，且政策支持力度不足，“十三五”期间多项政策明确了 CCUS 产业发展定位，但 CCUS 领域的指导性、规范性、保障性政策较为缺乏，如 CCUS 行业发展技术路径政策，CCUS 项目的补贴专项政策，CCUS 项目选址、认定、审批、建设、运营、环境影响评估、封存监测与安全责任归属、技术标准统一等标准性文件不足，延缓了 CCUS 技术的发展。

① 《新疆奎屯锦疆 10 万吨二氧化碳 CCUS 投产》，“理财氢气球”搜狐号，2023 年 7 月 6 日，https://www.sohu.com/a/695078244_121123922。

② 《中国 CCUS 示范项目　整体规模较小成本较高》，中国石化齐鲁石化公司网站，2021 年 11 月 3 日，http://qlsh.sinopec.com/qlsh/media/fourth_edition/20211103/news_20211103_370417820921.shtml。

三是 CCUS 技术的环境成本较高。CCUS 技术的环境成本主要包括环境风险与能耗排放。环境风险指二氧化碳在捕集、运输、利用与封存等环节泄漏的风险。能耗排放指 CCUS 技术额外增加能耗带来的环境污染问题，大部分 CCUS 技术都有额外增加能耗的特点，这必然引起污染物的排放问题。能耗主要集中在捕集阶段，对环境的影响十分显著，如醇胺吸收剂是目前从燃煤烟气中捕集二氧化碳应用最广泛的吸收剂，但是基于醇胺吸收剂的化学吸收法运行能耗过高，可达 4.0~6.0 兆焦/千克二氧化碳，大大增加了环境成本。①

四是 CCUS 全流程技术瓶颈尚未突破。我国新建示范项目及规模都在增加，已有百万吨级 CCUS 项目、投运了海上二氧化碳封存示范工程，但全流程一体化、可复制、经济效益明显的集成示范项目较为缺乏。目前，CCUS 全流程各类技术路线都开展了实验示范项目，但整体仍处于研发和实验阶段，未出现明显占优的技术路线，当前技术方案还无法实现大规模商业化应用，技术发展仍有较大的突破空间。

## 四 CCUS 技术发展趋势

### （一）CCUS 技术发展预测

#### 1. 发展目标

随着 CCUS 示范项目范围扩大，未来有望建成低成本、低能耗、安全可靠的 CCUS 技术体系和产业集群，为应对气候变化提供有效的技术保障，为经济可持续发展提供技术支撑。预计到 2025 年，我国掌握现有技术的设计建造能力；到 2030 年，掌握现有技术产业化能力，验证新型技术的可行性；到 2035 年，掌握新型技术的产业化能力；到 2040 年，掌握 CCUS 项目集群

① 参见《中国二氧化碳捕集利用与封存（CCUS）年度报告（2021）》。

的产业化能力；到 2050 年，实现 CCUS 的广泛部署。[①]

### 2. 技术成本及产值

目前，CCUS 的捕集、运输与封存环节技术成本高昂，碳利用环节的产值较小。但随着未来 CCUS 技术的大力发展，碳捕集、运输与封存环节的技术成本将逐步降低，碳利用环节的产值将逐步提升。2025～2050 年我国 CCUS 技术主要环节成本及产值预测如表 5 所示。

**表 5　2025～2050 年 CCUS 技术主要环节成本及产值预测**

| 成本/产值 | | 2025 年 | 2030 年 | 2035 年 | 2040 年 | 2050 年 |
|---|---|---|---|---|---|---|
| 碳捕集技术成本（元/吨） | 燃烧前 | 100～180 | 90～130 | 70～80 | 50～70 | 30～50 |
| | 燃烧后 | 230～310 | 190～280 | 160～220 | 100～180 | 80～150 |
| | 富氧燃烧 | 300～480 | 160～390 | 130～320 | 110～230 | 90～150 |
| 碳运输技术成本［元/（吨・千米）］ | 罐车运输 | 0.9～1.4 | 0.8～1.3 | 0.7～1.2 | 0.6～1.1 | 0.5～1.1 |
| | 管道运输 | 0.8 | 0.7 | 0.6 | 0.5 | 0.45 |
| 碳利用技术产值（亿元/年） | 地质利用 | 30 | 30 | 200 | 300 | 600 |
| | 化工利用 | 270 | 740 | 1100 | 1800 | 3600 |
| | 生物利用 | 90 | 320 | 400 | 600 | 1500 |
| 封存成本（元/吨） | | 50～60 | 40～50 | 35～40 | 30～35 | 25～30 |

资料来源：米剑锋、马晓芳《中国 CCUS 技术发展趋势分析》，《中国电机工程学报》2019 年第 9 期。

### 3. 碳利用与封存潜力

我国碳利用与理论封存潜力巨大，但目前受制于技术成本、技术水平与支持政策等，潜力尚难以释放。随着未来技术发展面临的挑战逐渐变小，2025～2050 年我国 CCUS 碳利用与封存潜力将逐步释放（见表 6）。

① 参见《中国二氧化碳捕集利用与封存（CCUS）年度报告（2021）》。

**表 6　2025~2050 年我国 CCUS 碳利用与封存潜力**

单位：万吨/年

| 碳利用与封存 | 2025 年 | 2030 年 | 2035 年 | 2040 年 | 2050 年 |
|---|---|---|---|---|---|
| 地质利用 | 300 | >700 | >1500 | >3000 | >5500 |
| 化工利用 | 500 | >1000 | >2000 | >4000 | >6000 |
| 生物利用 | 40 | >150 | >200 | >300 | >900 |
| 地质封存 | 100 | >300 | >3000 | >15000 | >70000 |

资料来源：《中国碳捕集、利用与封存技术发展路线图（2019）》。

## （二）CCUS 技术应用前景

火电行业是目前国内 CCUS 示范的重点，燃煤电厂加装 CCUS 装置可以捕获 90%的碳排放量，以变为一种相对低碳的发电技术。CCUS 技术的部署有助于充分利用现有的煤电机组，适当保留煤电产能，避免一部分煤电资产提前退役而导致资源浪费。预计到 2025 年，全国煤电 CCUS 减排量将达到 600 万吨/年，2040 年达到峰值，减排量将达到 2 亿~5 亿吨/年，随后保持不变；气电 CCUS 技术的部署将逐渐展开，预计于 2035 年达到峰值后保持不变，减排量为 0. 2 亿~1 亿吨/年。①

水泥行业石灰石分解产生的二氧化碳排放约占水泥行业总排放量的 60%，CCUS 是水泥行业脱碳的必要技术手段。预计 2030 年，全国水泥行业 CCUS 减排需求为 0. 1 亿~1. 52 亿吨/年，2060 年减排需求为 1. 9 亿~2. 1 亿吨/年。

钢铁行业减排潜力大，我国钢铁生产工艺以碳排放量较高的高炉—转炉法为主，吨钢碳排放较高，CCUS 技术可以应用于钢铁行业的生产过程。预计 2030 年全国钢铁行业 CCUS 减排需求为 0. 02 亿~0. 05 亿吨/年，2060 年减排需求为 0. 9 亿~1. 1 亿吨/年。

石化和化工行业是二氧化碳的重要利用领域，天然气加工厂、煤化工

① CCUS 减排量预测参考《中国二氧化碳捕集利用与封存（CCUS）年度报告（2021）》。

厂、氨/化肥生产厂等属于高浓度二氧化碳排放源，捕集能耗、投资成本与运行维护成本相对较低，有望为早期 CCUS 示范提供低成本机会。预计 2030 年全国石化和化工行业的 CCUS 减排需求为 5000 万吨，随着化石能源被清洁能源替代以及化工产品循环利用技术进步，石化和化工行业将自身实现净零排放，2040 年以后减排需求将降低至 0。

## 五 福建省发展 CCUS 技术的建议

### （一）积极开展 CCUS 集成示范应用

择优布局 CCUS 试点工程，超前开展产业链顶层设计，推动福建省首个 CCUS 示范项目——龙麟集团“新型干法旋窑 $CO_2$ 碳捕集纯化示范项目”加快落地，同时鼓励发电、油气、钢铁、化工等高碳排行业开展 CCUS 全链条集成示范，优先推动煤电企业开展百万吨级 CCUS 示范项目，推动二氧化碳规模化利用，降低捕集、运输、利用等环节成本，并适时打造 CCUS 产业集群，为福建省实现碳中和做好前期准备。

### （二）聚力攻克 CCUS 关键共性技术

鼓励企业、高校、科研院所等产学研用单位联合开展技术攻关，构建 CCUS 产业技术创新战略联盟，打造省部级及国家级 CCUS 研发与应用实验室，超前部署新一代低成本、低能耗 CCUS 技术，在新型膜分离、直接空气碳捕获与封存（DACCS）、生物质能结合碳捕获与封存（BECCS）、碳资源化利用、二氧化碳管道输送、二氧化碳化工利用等领域加快形成具有自主知识产权的关键技术成果。同时，积极牵头和参与 CCUS 技术标准以及规范制定，抢占行业话语权和技术创新应用的高地。

### （三）健全完善 CCUS 配套激励政策

探索制定适用福建省的 CCUS 激励政策，给予在建 CCUS 示范项目投资和运行补贴，丰富和推广绿色信贷、气候债券、低碳基金等绿色金融产品，将 CCUS 纳入绿色金融产品的支持范畴，提高各类资本投资 CCUS 项目的积极性。建立专项奖励，对企业、高校、科研院所取得的 CCUS 重大技术突破、重大示范成果等给予直接奖励，激发对 CCUS 的研发热情。适时完善碳市场机制，将 CCUS 纳入省级碳市场，允许重点排放单位直接用 CCUS 抵消排放配额或将 CCUS 项目纳入自愿减排交易。

## 参考文献

李华洋等：《基于知识图谱的中国碳捕集、利用与封存领域研究历程》，《中国电机工程学报》，网络首发时间：2023 年 6 月 19 日。

谢斌、卢大贵、吴彩斌：《碳捕集利用与封存技术研究进展》，《有色金属科学与工程》，网络首发时间：2022 年 12 月 9 日。

吴何来、李汪繁、丁先：《“双碳”目标下我国碳捕集、利用与封存政策分析及建议》，《电力建设》2022 年第 4 期。

刘飞等：《燃煤电厂碳捕集、利用与封存技术路线选择》，《华中科技大学学报》（自然科学版）2022 年第 7 期。

宋欣珂、张九天、王灿：《碳捕集、利用与封存技术商业模式分析》，《中国环境管理》2022 年第 1 期。

肖筱瑜等：《二氧化碳捕集、封存与利用技术应用状况》，《广州化工》2022 年第 3 期。

梁锋：《碳中和目标下碳捕集、利用与封存（CCUS）技术的发展》，《能源化工》2021 年第 5 期。

黄雅宁等：《燃煤电厂 CCUS 技术与应用进展》，《煤炭加工与综合利用》2023 年第 4 期。

安山龙等：《燃煤烟气 $CO_2$ 化学吸收剂研究进展》，《广州化工》2019 年第 3 期。

张贤等：《我国碳捕集利用与封存技术发展研究》，《中国工程科学》2021 年第 6 期。

# B.5
# 氢能技术发展情况分析报告

蔡建煌　陈劲宇　郑　楠*

**摘　要：** 氢能具有清洁高效、来源广泛、形式灵活、可大量存储等特性，被视为21世纪最具发展潜力的清洁能源。世界发达国家及先进能源装备企业已加快布局氢能产业，欧洲、美国、日本等地区氢能“制—储—运—用”各环节技术研发与应用均取得突破，其中美国氢气运输管道公里数位列全球第1，韩国氢燃料电池汽车保有量位居全球第1，日本氢燃料电池汽车销售量位居全球第1。我国氢能储运技术仍落后于国际水平，电解水制氢技术处于全球领先行列，氢燃料电池汽车保有量快速增长，规模位居全球第3。福建省工业副产品制氢资源丰富，海上风电制氢潜力巨大，氢燃料电池专用车市场占有率居全国前列，氢能技术研究和应用积累了一定的基础。下一步，福建省要紧抓氢能发展战略窗口期，加快完善顶层宏观设计，从氢能制备、储运、应用全环节着手，推动氢能产业高质量发展。

**关键词：** 氢能技术　氢能产业　氢能应用

---

* 蔡建煌，工学学士，国网福建省电力有限公司经济技术研究院，研究方向为企业战略、企业管理、能源经济；陈劲宇，工学硕士，国网福建省电力有限公司经济技术研究院，研究方向为能源战略与政策、低碳技术；郑楠，工学硕士，国网福建省电力有限公司经济技术研究院，研究方向为战略与政策、能源经济。

## 一　氢能技术发展现状分析

氢能技术主要包括氢能的制备、存储、运输、应用等各环节技术，国内氢能技术总体尚处于发展起步阶段，中短期内与国际存在一定差距。因此，本报告从国际、国内、福建省三个层面分析氢能各环节技术发展与应用情况。

### （一）氢能制备

根据氢的生产来源划分，氢能制备主要包括化石燃料制氢、工业副产品制氢、电解水制氢、生物质制氢等制氢工艺，2021 年全球氢能制备结构如图 1 所示。其中，天然气制氢、煤制氢等化石燃料制氢是目前主流制氢方式，工业副产品制氢资源丰富，电解水制氢虽然当前占比较低，但将是未来大规模制氢的重点方向，生物质制氢等新型制氢技术还未达到工业规模制氢的要求。

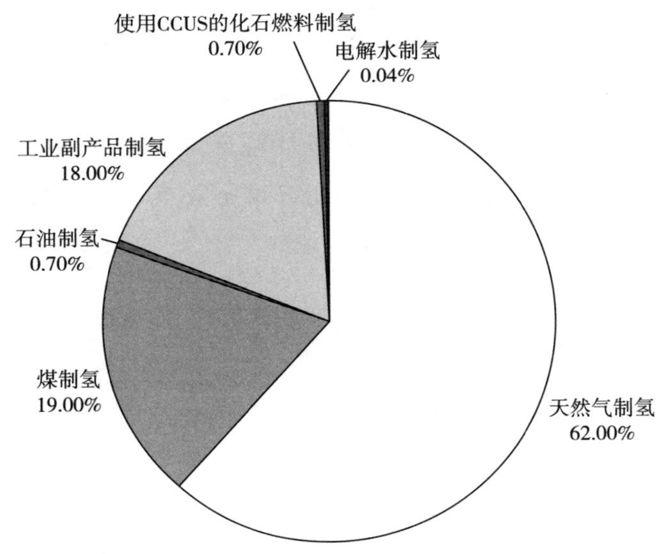


**图 1　2021 年全球氢能制备结构**

资料来源：国际能源署（IEA）。

1. 化石燃料制氢

化石燃料制氢指利用煤炭、石油和天然气等化石燃料，通过化学热解或气化手段生成氢气。化石燃料制氢工艺成熟，原料价格相对低廉，但在生产过程中会产生并排放大量的温室气体，对环境造成污染。

国际化石燃料制氢以天然气制氢为主。2021 年全球氢气总产量中约 62%来自天然气蒸汽重整，19%来自煤气化，0.7%来自石油燃烧。欧美、中东、俄罗斯等天然气资源丰富地区已掌握成熟的天然气制氢工艺，并逐步形成以德国林德和鲁奇、英国福斯特惠勒、丹麦托普索、法国德希尼布、俄罗斯俄气等为代表的企业集团，① 其中俄罗斯俄气为欧盟等地区提供所需的几乎全部天然气，是全球最大的天然气生产商，其通过天然气制氢每年至少可生产 36 万吨氢气。②

我国化石燃料制氢以煤制氢为主。我国传统煤化工和焦炭行业已形成完整的制氢工艺体系和制氢产业链条，原料煤炭供应稳定形势下国内煤制氢占比 62%，远高于全球水平。同时，我国煤制氢技术应用达到了行业先进水平，煤制氢技术也正逐步走向清洁化，2022 年 9 月，全球最大清洁化煤制氢项目在陕西榆林正式投入运行，预计每年可生产 35 万吨氢气，项目采用我国自主研发的大型化变压吸附专利技术，成功攻克大型煤制氢装置在工艺技术等方面难题，③ 能够有效实现资源回收、污染治理和碳减排。

福建省存在少量化石燃料制氢项目。全省规模以上化石燃料制氢企业仅 3 家，2022 年 7 月，福建恒申集团煤制氢合成氨项目在连江可门港区投产成功，顺利产出合格氢气与液氨产品，该项目年产氢气达 6 亿标准立方米，年产值达 50 亿元。

---

① 《新能源丨化石原料制氢技术与经济性分分析》，搜狐网，2021 年 11 月 16 日，https：//www. sohu. com/a/501385144_ 121123711。

② 《能源警报拉响　各国谋求转型》，《浙江日报》（电子版），2021 年 11 月 25 日，http：//zjrb. zjol. com. cn/html/2021-11/25/content_ 3495315. htm。

③ 《全球最大煤制氢变压吸附装置在榆林投运，年产氢 35 万吨》，“澎湃新闻”百家号，2022 年 9 月 20 日，https：//baijiahao. baidu. com/s？ id=1744475753193192406&wfr=spider&for=pc。

2. 工业副产品制氢

工业副产品制氢指利用现有工业在生产目标产品过程中伴随生成的气体，通过过滤提纯手段生成氢气。目前主要的工业副产品制氢形式包括合成氨生产尾气制氢、石油炼厂回收富氢气体制氢、氯碱厂回收副产氢制氢、焦炉煤气中氢的回收利用等。工业过程副产气体大部分被用作燃料或放散处理，提纯利用其中的氢气，既能提高资源利用效率和经济效益，又可降低大气污染。

国际工业副产品制氢技术扎实卓越。欧美掌握第三代新型气体分离技术等大量工业副产品制氢相关核心专利，美国杜邦公司早在 20 世纪 60 年代就首创聚酯中空纤维膜分离氢气和氦气技术。且自 2021 年以来，雪佛龙、道达尔、英国石油（BP）等国际能源巨头已开始大量研发应用工业副产氢配备 CCUS 技术，并将其作为向绿氢阶段过渡的主要制氢技术之一。

我国工业副产品制氢技术实力有限。我国每年焦炉煤气副产氢量超过 700 万吨、氯碱工业副产氢量超过 70 万吨，但长期存在氢气纯度不高、杂质较多等问题，难以应用在对氢气纯度要求较高的产业场景中。与此同时，我国工业副产品制氢技术主要依赖进口，如中国石油长庆石化公司引进采用美国 Prism 膜的氢气分离装置，我国常用的 PSA 法、深冷分离法等关键提纯方法均引自国外。

福建省工业副产品制氢资源丰富。全省每年工业副产品制氢量超过 10 万吨，其中江阴港化工园区、泉港、泉惠石化园区、古雷港经济开发区等化工产业密集区域，具有大量的工业副产氢资源可供提纯利用。

3. 电解水制氢

电解水制氢指水在直流电作用下分解产生氢气和氧气的技术，包括碱性电解水、酸性质子交换膜电解水和高温固体氧化物电解水等。电解水制氢技术理论转化效率高、获得的氢气纯度高，若使用可再生能源电力更可实现零碳制氢。但由于电解水制氢的用电成本高昂，全球电解水制氢占比不足 0.1%，主要集中在欧洲地区。

国际电解水制氢技术发展迅猛。美国、日本、韩国和欧盟地区均提出要重点发展可再生能源电解水制氢技术，扩大可再生能源电解水制氢规模。2020 年 7 月，英国天然气运营商 SGN 启动了世界首个直接利用海上风电制造绿色氢能供热项目。2021 年 11 月，日本东京大学研发光触媒制氢技术，成功实现太阳能大规模制氢。2022 年 7 月，荷兰壳牌投资建设欧洲最大的海上风电制氢工厂，项目投产后将具备日产 6 万千克绿氢的生产能力。

我国电解水制氢技术世界领先。全国各省份及研究机构在电解水制氢技术方面进行了大量的研究和应用。北京大学等团队相继实现电解水设备催化剂、绿氢提纯等方面技术突破。2021 年，我国在宁夏投运了国家级太阳能电解水制氢综合示范项目，该项目是当时国内最大的一体化可再生能源制氢储能项目，包括 20 万千瓦光伏发电装置和产能为每小时 2 万标准立方米的电解水制氢装置，年产氢气 1.6 亿标准立方米，副产氧气 0.8 亿标准立方米，该项目投产标志着我国在电解水制氢技术上取得了重要突破。2023 年 8 月，我国首个万吨级光伏绿氢炼化示范项目——中国石化新疆库车绿氢示范项目全部建成投产，项目包括光伏发电、电解水制氢、储氢、输氢等部分，项目年产能 2 万吨，储氢球罐储氢规模约 21 万标准立方米，输氢管线输氢能力达 2.8 万标准立方米，标志着我国电解水制氢技术应用又实现新突破。

福建省积极开展电解水制氢技术研究。福建是中国较早开始探索电解水制氢的省份之一，厦门大学嘉庚创新实验室长期攻关电解水制氢核心技术装备，自主研发的高性能兆瓦级 PEM 制氢装备产品，具有产氢纯度高、安全性高等特点，整体水平处于国内领先，部分关键性能指标已达到国际先进水平。2023 年 6 月，由深圳大学、四川大学谢和平院士团队联合开展的全球首次海上风电无淡化海水原位直接电解制氢技术中试在福建兴化湾海上风电场获得成功。这一技术的研发和应用旨在破解“海水直接电解制氢”的世纪性难题，为未来的海上可再生能源制氢提供一条重要发展路径。

### （二）氢能存储

根据氢的物理状态划分，氢能存储主要包括高压气态储氢、低温液态储氢、有机液态储氢、固体材料储氢等储氢形式。其中，高压气态储氢是现阶段我国主流储氢方案，低温液态储氢是未来发展趋势，有机液态储氢、固体材料储氢等技术仍在探索阶段。

1. 高压气态储氢

高压气态储氢是目前最常用并且发展比较成熟的储氢技术，是采用高压将氢气压缩到一个耐高压的容器里。高压气态储氢技术具有充放氢速度快、常温操作及成本低廉等优势，但也存在能量密度低的缺陷。

国际高压气态储氢以 70 兆帕Ⅳ型储氢瓶为主。Ⅳ型储氢瓶储氢密度一般达到 5.5wt%以上，目前日本、韩国、美国、欧盟等地区已经将Ⅳ型储氢瓶量产应用于氢燃料电池汽车市场。具体来看，美国通用汽车公司开发的 70 兆帕双层结构储氢气瓶可储存 3.1 千克氢气，且体积与 35 兆帕气瓶一致；加拿大 Dynetek 公司开发的 70 兆帕铝合金内胆、碳纤维/树脂基体复合增强外包层的高压储氢容器已投入工业化生产；法国 Faurecia 公司开发的Ⅳ型储氢瓶采用优化的碳纤维结构设计，可减重 15%~20%。

我国高压气态储氢以Ⅲ型钢瓶为主，在Ⅳ型储氢瓶技术方面仍在加速突破。国内受高端碳纤维技术不够成熟等条件制约，难以规模化生产碳纤维储氢瓶，故多使用低成本高压临氢环境用新材料替代，高压气态储氢瓶以 35 兆帕Ⅲ型钢瓶为主，储氢密度一般为 3.9wt%左右。当前，我国京城股份、斯达林安科、中材科技、科泰克等企业主要具备生产制造 35 兆帕Ⅲ型车用高压储氢瓶的能力，其中斯达林安科具备生产制造 70 兆帕Ⅲ型储氢瓶的能力。2023 年 2 月，我国未势能源自主研发的第二代 70 兆帕Ⅳ型储氢瓶取得突破性进展，储氢密度达到 6.1wt%，达到世界领先水平，可用于氢燃料电池乘用车储氢系统。

2. 低温液态储氢

低温液态储氢指将氢气冷却至-253℃低温高压环境，再液化储存于低温绝热液氢罐中。液态氢的体积能量密度远超过高压气态，故低温液态储氢技术拥有储存容器体积小、储存简单安全等优势。但液态储氢需使用抗冻、抗压且绝热的容器，同时氢气液化工程能耗较大，导致低温液态储氢单位成本是高压气态储氢单位成本的 2 倍。

国际液态储氢技术成熟且垄断。欧美液氢技术发展相对成熟，约 70%的氢气以液态形式存储，且存储规模较大，如美国国家航空航天局最新采用的液氢存储球罐容量达 3800 立方米，日本川崎重工在神户建设的液氢接收码头配置 2500 立方米的液氢储罐。此外，从液氢产量来看，全球液态氢的生产能力约为 600 吨/天，其中 80%来自北美、欧洲、日本，氢液化设备长期被美国 Air Products（空气产品公司）、法国 Air Liquide（液化空气集团）、德国 Linde（林德集团）、俄罗斯 Cryogenmash（深冷机械）等厂商垄断。

我国液态储氢技术研发仍处于探索研究阶段。国内受限于极低的液氢产能，液氢技术发展落后且应用场景少，主要应用在航空航天领域，民用领域应用极少。我国开展低温液态储氢技术研发和设备供应的厂家主要有国富氢能和中国航天 101 所，其中国富氢能具备 5 吨/天的撬装式氢液化能力，拥有加工制造固定式液氢容器、液氢罐箱的能力，但总体仍处于起步阶段。

福建省液态储氢技术研发和应用尚未起步，2022 年福建氢能科技有限公司注册成立，该公司将在液态储氢方面开展相关技术研究，但具体研究技术产品和方案尚未公布。

## （三）氢能运输

根据氢的物理状态划分，氢能运输主要包括气态运氢、液态运氢、固态运氢等运氢形式。其中，气态运氢和液态运氢已投入实际应用，固态运氢处于实验阶段（见表 1）。

**表 1　国内外氢能运输方法**

| 运氢方式 | | 运输量 | 应用情况 |
|---|---|---|---|
| 气态 | 长管拖车 | 250~460 千克/车 | 国内外广泛用于商品氢运输 |
| | 管道 | 310~8900 千克/小时 | 国外处于小规模发展阶段，国内尚未普及 |
| 液态 | 槽车 | 360~4300 千克/车 | 国外应用较为广泛，国内目前仅用于航天及军事领域 |
| 固态 | 储氢金属 | 24000 千克/车 | 试验阶段 |

资料来源：马建新等《加氢站氢气运输方案比选》，《同济大学学报》（自然科学版）2008 年第 5 期。

1. 气态运氢

气态运氢指利用长管拖车或管道运输方式运输高压气态氢气。长管拖车广泛应用于商品氢运输，单车运输量小，适用于短距离运输。管道运输一次性投资成本大，运输效率高，适用于长距离运输。

国际长距离气氢运输以管道为主。全球已建成氢气管道超过 5000 公里，其中美国超过 2600 公里，欧洲超过 1600 公里，两者合计占比超过 90%，而我国仅有 100 公里。其中，美国墨西哥湾沿岸拥有全球最大的氢气供应管网，全长 965 公里，输氢量达每小时 150 万标准立方米，最大运行压力 6 兆帕。欧洲近 15 年陆续开展天然气掺氢研究和示范应用，法国 GRHYD 天然气掺氢项目已连续 5 年将风电制氢所得氢气以 6% ~ 20% 比例掺入天然气管网。①

我国气氢运输长期仅依赖长管拖车。受材料技术限制，使用高承压能力的储氢瓶运氢将导致运氢成本偏高，因此国内大多选择 20 兆帕钢制无缝高压氢瓶长管拖车运氢，单车运氢量约 300 千克。而且，国内中集安瑞科、双瑞特装、中石化等高压氢储运设备代表厂商与国外技术差距依然巨大，国外常用 45 兆帕纤维全缠绕高压氢瓶长管拖车运氢，单车运氢量约 700 千克，运输效率远高于国内。

2. 液态运氢

液态运氢指利用液氢槽车、液氢驳船、液态氢管道运输低温液态氢气。液氢槽车运输效率高，适用于中远距离运输，在运输距离大于 400 公里时具有可观的经济效应。液氢驳船是实现跨国氢能贸易的关键，适用于远距离海运。液态氢管道仍处于研究和示范阶段。

国际液态运氢规模逐步超过气态运氢，主要使用液氢槽车、液氢驳船技术，液态氢管道运氢已布局相关示范项目。美国等国家的液氢运输已进入规模化应用阶段，部分地区液氢槽车运输规模已超过气氢运输；日本川崎重工

---

① 《应尽快解决管道输氢掣肘问题》，中国能源网，2023 年 6 月 12 日，http：//www.cnenergynews.cn/guonei/2023/06/12/detail_ 20230612133725.html。

正在积极研发液氢驳船相关技术和设备，2022 年川崎重工建造的全球首艘液化氢运输船在经过三个半星期航行后，成功完成澳大利亚至日本的液氢长距离海运；加拿大和欧盟正计划联合开展液氢运输工程，进而论证液氢大规模运输的可行性。与此同时，欧洲正计划在英国、德国和比利时之间建设一条长达 700 公里的液态氢管道，每年预计可运输高达 60 万吨氢气；美国正计划在俄克拉荷马州和堪萨斯州之间建设一条液态氢管道，将氢气从生产中心输送到消费中心。

我国液态运氢工程实用极少。虽然国内具备制造 300 立方米的可移动式液氢槽车的实力，但受到液氢运输等无民用标准所带来的限制，国内在液氢运输技术领域相对空白，尚未有液态运氢相关示范项目。福建省液态运氢研究尚未起步，暂无相关示范项目布局。

## （四）氢能应用

氢能可广泛应用于工业、交通、建筑、能源等领域。其中，氢能在工业领域应用时间最长、技术最成熟，全球 90% 的氢能应用于工业，合成氨、炼油厂加氢生产、合成甲醇消耗氢能比重分别为 55%、25%、10%。而氢能在交通、建筑、能源领域应用是当前“双碳”目标下的新型技术，因此本部分重点对以上新型应用技术进行分析。

### 1. 交通领域

氢能在交通领域的应用主要是氢燃料电池汽车，氢燃料电池具备能量密度高、能量转化效率高和零碳排放等显著优势，装载氢燃料电池的商用车等新型交通工具拥有广阔的发展空间。

全球氢燃料电池汽车应用规模快速增长。保有量方面，截至 2022 年底，全球氢燃料电池汽车保有量 67315 辆，同比增长 36.3%，其中韩国、美国、中国、日本分别为 29369 辆、14979 辆、12682 辆、8150 辆，合计占全球氢燃料电池汽车总量的 96.8%。氢燃料电池汽车市场方面，国际氢燃料电池汽车市场由日韩主导，其中日本品牌汽车销量占全球氢燃料电池乘用车累计销量的约 50%，且丰田 Miral 独占其中的 3/4，而韩国现代 NEXO 近 3 年全球销量复合增长率高达 92.61%，与日本丰田 Miral 共同占据市场绝对主导地位。[①]

我国氢燃料电池汽车示范应用加速推进。技术方面，目前我国已经初步掌握车用燃料电池核心技术，基本建立具有自主知识产权的车用燃料电池技术平台，但是与日本等标杆产品相比，我国氢燃料电池在续航时间、可靠性、冷启动、功率特性等主要技术性指标上仍然存在巨大差距，且氢燃料电池制造的上游设备和原材料依赖国际进口。推广方面，北京、上海、广州等大型城市已相继获批氢燃料电池汽车示范城市，各省份均加快布局氢燃料电池汽车研发与应用。2015～2022 年，我国的氢燃料电池汽车保有量持续增长，从 2015 年的仅 10 辆增长至 2022 年末的 12682 辆，其中 2022 年我国氢燃料电池汽车保有量占全球氢燃料电池汽车保有量的比例约为 19%，位居全球第 3。

福建省氢燃料电池汽车研发与应用具有一定基础。氢燃料电池方面，福建雪人股份通过海外并购和自主研发，基本掌握氢燃料电池电堆、膜电极等核心产品研发技术；亚南电机初步掌握氢燃料电池研发技术，正在推进相关项目产业化。氢燃料汽车方面，厦门金龙联合汽车工业有限公司研发生产的氢燃料电池客车、专用车市场占有率居全国前列。

2. 建筑领域

氢能在建筑领域的应用主要是氢燃料电池热电联供系统，该系统具有综合效率高、排放水平低等优势，目前已在欧美、日本实现商业化应用，但在中国仍处于试点阶段。

国际建筑领域氢能应用已初步商业化。早在 2006 年，日本东京燃气公司与松下公司就共同研发推广了家庭用氢能源燃料电池热电联供系统“Ene-Farm”。该系统综合能源效率达 90%以上，已成功实现燃料电池进入居民家庭，截至 2018 年底，日本共部署了 29.3 万个商业“Ene-Farm”装置，每台售价约 7 万元人民币。[②] 2021 年 4 月，英国首批完全由氢气作

① 《全球在营加氢站 727 座！燃料电池车保有量突破 6.7 万辆!》，“风电头条”百家号，2023 年 2 月 6 日，https：//baijiahao.baidu.com/s？id=1757071368419767534&wfr=spider&for=pc。

② 《日本已部署 30 万个家用燃料电池系统》，搜狐网，2019 年 5 月 13 日，https：//www.sohu.com/a/313567161_120044724。

为燃料的 2 栋住宅在盖茨黑德建成并向大众开放。[①] 2022 年底，英国天然气运营商 SGN 开始向 300 户苏格兰家庭提供可再生能源生产的氢气，用于取暖和烹饪。[②]

我国建筑领域氢能应用需求场景少。我国居民电价较低且大部分地区采用集中供暖，导致氢能源燃料电池热电联供系统需求量小。目前国内仅存在少量示范应用项目，2021 年 7 月，由上海国际汽车城、同济大学联合打造的全球首个离网氢能应用展示馆落地，该展馆内部设置一套氢燃料电池热电联供系统，利用氢能为建筑供电供热，填补了国内建筑领域氢能应用的空白。福建省建筑领域氢能应用尚未开展。

3. 能源领域

氢能在能源领域的应用主要是氢储能及氢能发电。氢储能系统不仅能够有效解决可再生能源消纳问题，还可作为枢纽组建多能互补的能源互联网，加速能源转型进程。

国际氢储能技术处于示范应用阶段。截至 2021 年底，世界主要发达国家在运的氢储能设施共计 9 座，均位于欧盟。其中，德国设计的兆瓦级氢储能系统配备全球最大的质子交换膜电解池，成功实现将当地过剩风电转化为氢能储存于现有天然气管网设施中，再根据实时用电需求通过燃料电池等氢能应用终端重新转化为电能，有效提高电能并网输出的稳定性和可靠性。

我国已逐步开展氢储能系统示范运行。2022 年 4 月，浙江大陈岛开展国内首个海岛“绿氢”综合能源系统示范工程，成功构建“风力制氢—储氢—燃料电池热电联供/燃料电池汽车加氢站”系统。2022 年 7 月，我国首座兆瓦级氢能综合利用示范站在安徽六安投运，该工程自主研制兆瓦级质子交换膜电解槽、兆瓦级质子交换膜氢燃料电池等国内首台首套设备，成功实现整站从绿电到绿氢再到绿电的零碳循环，示范站可以将夜间“低谷”电

---

① 《英国示范氢气燃料供热住宅，2030 年前建立氢能小镇》，搜狐网，2021 年 3 月 18 日，https：//www. sohu. com/a/456156035_ 418320。

② 《苏格兰：利用绿色氢气为住宅供暖的项目获得批准》，搜狐网，2020 年 12 月 2 日，https：//www. sohu. com/a/435892512_ 99956743。

力转化为氢能储存起来，在用电高峰时代替火力发电，满足区域电网的调峰需求。福建省尚未开展氢储能系统的示范与应用。

## 二　氢能技术发展趋势预测

### 1. 氢能产业总体发展趋势

“双碳”目标将进一步加速氢能技术的发展进程，未来氢能应用领域及产业规模将持续扩大。

从国内看，我国氢能产业处于发展初期，面临氢能技术装备水平不高等系列问题和挑战，亟需加强氢能产业顶层设计和统筹谋划，深挖国内氢能技术创新能力，引导氢能产业健康有序发展。根据《氢能产业发展中长期规划（2021—2035 年）》制定的发展目标，到 2025 年我国将基本掌握核心技术和制造工艺，初步建立较为完整的供应链和产业体系，氢能示范应用取得明显成效，清洁能源制氢及氢能储运技术取得较大进展；到 2035 年我国将形成氢能产业体系，构建涵盖交通、储能、工业等领域的多元氢能应用生态。

从福建省看，福建省氢能产业虽然处于起步阶段，但工业副产氢资源丰富，已形成一批氢能技术储备，福州、厦门获批国家燃料电池汽车示范应用城市群，产业发展具有一定基础。根据《福建省氢能产业发展行动计划（2022—2025 年）》制定的发展目标，到 2025 年福建省氢能产业发展将初具规模，核心技术实现阶段性突破，达到国内领先水平，形成一批具有较强市场竞争力的氢能核心产品和符合福建产业结构、具备特色技术优势的氢能产业技术路线。

### 2. 氢能制备技术发展趋势

从国内看，我国将同步开展多种类制氢技术研发及应用，并优先开展光解水制氢、海上风电制氢等电解水制氢技术的研发与应用。预计到 2025 年，我国可再生能源制氢量达 10 万～20 万吨/年，实现二氧化碳减排 100 万～

200 万吨/年。[①] 从福建省看，福建省将充分利用福州、泉州等地工业副产氢存量及产能，发展氢气提纯技术及氨储氢技术，并依托海上风电及核电资源禀赋优势，同步推进可再生能源电解水制氢和核能制氢。

3. 氢能储运技术发展趋势

从国内看，我国将以高密度、高安全性、低成本为氢能储运发展重点方向，推进管道输氢技术研发，适时推进天然气输运管道掺氢和区域性氢气输运管网建设运营，降低氢气储运成本，同时探索开展固态储运氢、有机液态储运氢等新型技术研发。预计到 2030 年，我国将通过天然气输运管道掺氢技术实现绿氢消纳 150 万吨/年。[②] 从福建省看，福建省同样聚焦高密度、高安全性、低成本的氢能储运方式，着力发展高压气态储运氢技术，探索开展有机液态储运氢、固态储运氢等技术研究，积极推进管道输氢技术研发。

4. 氢能应用技术发展趋势

从国内看，我国将以交通领域作为氢能应用发展主要突破口，逐渐向工业、建筑、能源领域拓展，通过推进大量创新应用示范工程带动氢能行业快速发展。预计到 2025 年，我国氢燃料电池汽车保有量约 5 万辆，并部署建设一批加氢站。[③] 从福建省看，福建省同样以交通领域氢能应用为引领，预计到 2025 年，全省氢燃料电池汽车保有量达 4000 辆，建成加氢站 40 座以上，初步建立覆盖全省主要氢能示范城市的基础设施配套体系。[④]

---

① 《氢能产业发展中长期规划（2021—2035 年）》，中国政府网，2022 年 3 月 24 日，https://www.gov.cn/xinwen/2022-03/24/content_5680975.htm。

② 《天然气掺氢带动氢能全产业链发展，2060 年产值将达到 2600 亿元》，“华夏能源网”百家号，2023 年 3 月 22 日，https://baijiahao.baidu.com/s?id=1761061471574349926&wfr=spider&for=pc。

③ 《氢能产业发展中长期规划（2021—2035 年）》，中国政府网，2022 年 3 月 24 日，https://www.gov.cn/xinwen/2022-03/24/content_5680975.htm。

④ 《福建省发展和改革委员会关于印发福建省氢能产业发展行动计划（2022—2025 年）的通知》，福建省发展改革委网站，2022 年 12 月 21 日，http://fgw.fujian.gov.cn/zfxxgkzl/zfxxgkml/ghjh/202212/t20221221_6082573.htm。

## 三　福建省氢能技术发展对策建议

为推动能源低碳转型，助力实现“双碳”目标，福建省应紧抓氢能发展战略窗口期，加快完善顶层宏观设计，从制备、储运、应用全环节加快推动氢能发展。

一是顶层设计方面，培育壮大氢能完整产业链条。挖掘福建省氢能产业基础、资源禀赋和市场空间优势，聚焦氢能核心技术研发和先进设备制造，持续扩大氢能应用业务范围，在全省范围内打造若干个氢能产业集聚区和特色产业园区，形成辐射全省的氢能制备、储运、应用产业体系。

二是氢能制备环节，探索打造海上风电氢源基地。加快开展可再生能源制氢商业模式研究，加强能源企业和装备制造商的产业合作，依托东南沿海大型海上风电基地，探索开展“海上风电+制氢”示范项目，打造高质量海上氢源基地，加快推动氢气来源由灰氢向绿氢转变。

三是氢能储运环节，依托区位优势打造沿海输氢网络。福建省地处东南沿海，毗邻长三角、珠三角和台湾等，拥有优越的港口资源和便捷的陆路交通。一方面，推动燃气管道公司与厦门大学等科研院校合作，加快开展现有天然气管道密封材料、管道焊缝适应性研究，测算评估管道氢脆产生概率与风险，开展天然气管道掺氢环节、输送环节和终端用能环节全流程验证，适时推进天然气输运管道掺氢和氢气输运管网试点建设运营。另一方面，开展深冷高压储氢运氢技术及装备研究和应用，探索液态、海运等多元输氢模式，发挥液氢长距离运输优势，结合海上风电制氢基地打造沿海输氢走廊，逐步辐射粤港澳、长三角等地区。

四是氢能应用环节，深化重点领域氢能多元应用方式。以新型电力系统建设为抓手，推动氢能在各领域的应用，打造适用于福建的氢能应用亮点工程。在工业领域，要加快探索氢化工技术应用，争取以绿氢替代焦炭、天然气作为还原剂，推动化工过程净零排放。在交通领域，要加快开展氢燃料电池汽车、氢气加注等环节关键技术的研究，高标准打造福州、厦门国家燃料电池汽车示范应用城市群。在建筑领域，要分析福建省工业园区、行政楼、学校等开展氢气供热必要性和可行性，适时推进分布式氢电联供技术研究应用，探索“电—氢—冷—热—气”多能互补供能模式。在能源领域，要探索氢储能技术在电网调峰中的应用，支撑可再生能源规模化发展。

## 参考文献


曹军文等：《中国制氢技术的发展现状》，《化学进展》2021 年第 12 期。

梁严等：《“双碳”背景下天然气制氢先进技术及应用场景》，《当代化工研究》2023 年第 16 期。

黄嘉豪等：《氢储运行业现状及发展趋势》，《新能源进展》2023 年第 2 期。

高新伟、安瑞超：《氢能产业发展情况分析及政策建议》，《中国石化》2022 年第 11 期。

陈福等：《氢能技术应用研究及发展方向》，《玻璃》2023 年第 8 期。

IEA，*Global Hydrogen Review 2022*，2022.

# B.6
# 低碳建筑设计关键技术研究与实践

杨迪珊　阮筱菲　曹乐萱*

**摘　要：** 建筑行业是我国能源消耗和碳排放最高的行业之一，研究建筑低碳技术及其发展有利于促进建筑业迈向低碳转型，顺应“双碳”目标。基于此背景，本文从福建所处气候区出发，研究提出建筑领域适用的绿色低碳设计技术，包括场地环境设计、形体与平面设计、围护结构设计、遮阳与通风设计等被动式节能技术，暖通空调系统节能、照明系统节能、给水系统节能与控制、建筑综合服务系统、建筑能耗及碳排放监测、智能通风遮阳控制技术等主动式节能技术，以及光伏建筑一体化、光储直柔建筑系统、风力发电、土壤源和海水源热泵系统等建筑可再生能源利用减碳关键技术。最后针对福建省的发展现状提出建筑低碳技术发展建议，包括推动新增和存量建筑绿色发展、加强建筑领域能耗和碳排放监测、大力研发和应用建筑低碳技术。

**关键词：** 低碳建筑设计　被动式节能技术　主动式节能技术

根据《2022 中国建筑能耗与碳排放研究报告》，2020 年全国建筑全过程碳排放占全国碳排放比重达 50.9%，建筑全过程能耗总量占全国能源消

* 杨迪珊，工学硕士，国网福建省电力有限公司经济技术研究院，研究方向为建筑技术、输变电工程土建技术；阮筱菲，工学硕士，国网福建省电力有限公司经济技术研究院，研究方向为建筑智能化技术、智能变电站设计；曹乐萱，工学硕士，国网福建省电力有限公司经济技术研究院，研究方向为输变电工程土建技术、环水保技术。

费总量比重达45.5%，2010~2020年福建省建筑运行碳排放总量上升了约53%，因此降低建筑能耗及碳排放刻不容缓。推动建筑全过程碳排放降低的关键手段之一是运用绿色低碳建筑设计技术，考虑福建省跨越夏热冬冷及夏热冬暖两个气候区，分析适应福建省气候条件的绿色低碳建筑设计技术并加快推广应用。

## 一　绿色低碳建筑政策情况

从全国来看，2022年3月，住建部印发了《“十四五”建筑节能与绿色建筑发展规划》，对“十四五”时期建筑节能总体要求与发展环境进行阐述，确定3项总体指标和7项具体指标（见表1、表2），并提出9项重点任务与5项保障措施，为城乡建设领域2030年前碳达峰奠定坚实基础。2022年6月，住建部、国家发改委联合印发《城乡建设领域碳达峰实施方案》，对“建设绿色低碳城市”与“打造绿色低碳县城和乡村”实施方案的落实提出了12项具体任务，同时提出4项保障措施，切实做好城乡建设领域碳达峰工作。全国建筑领域绿色低碳发展正在加快步伐。

**表1　“十四五”时期我国建筑节能和绿色建筑发展总体指标**

| 总体指标 | 2025年 |
| --- | --- |
| 建筑运行一次二次能源消费总量(亿吨标准煤) | 11.5 |
| 城镇新建居住建筑能效水平提升(%) | 30 |
| 城镇新建公共建筑能效水平提升(%) | 20 |

**表2　“十四五”时期我国建筑节能和绿色建筑发展具体指标**

| 具体指标 | 2025年 |
| --- | --- |
| 既有建筑节能改造面积(亿平方米) | 3.5 |
| 建设超低能耗、近零能耗建筑面积(亿平方米) | 0.5 |
| 城镇新建建筑中装配式建筑比例(%) | 30 |
| 新增建筑太阳能光伏装机容量(亿千瓦) | 0.5 |
| 新增地热能建筑应用面积(亿平方米) | 1.0 |
| 城镇建筑可再生能源替代率(%) | 8 |
| 建筑能耗中电力消费比例(%) | 55 |

从福建省来看，2021 年 8 月 13 日，福建省住建厅印发《福建省建筑业“十四五”发展规划》，明确到 2025 年福建省城镇新建建筑中绿色建筑面积占比，同时明确提出要鼓励执行高于国家和本省的建筑节能标准，推广超低能耗、近零能耗建筑，发展零碳建筑。2022 年 1 月，福建省开始实施《福建省绿色建筑发展条例》，从规划、设计、建设、运营、改造、技术应用、监督管理与激励引导等方面明确了绿色建筑发展路径与方式。2023 年 4 月，福建省住建厅、省发改委联合印发《福建省城乡建设领域碳达峰实施方案》，明确 26 项具体任务与 4 项保障措施，为建筑领域绿色低碳发展完善了目标措施体系。这些文件纲领为福建省发展绿色低碳建筑提供了政策保障。

## 二　低碳建筑设计关键技术

低碳建筑设计关键技术主要包括被动式节能技术、主动式节能技术、可再生能源利用技术三大类，如图 1 所示。被动式节能技术是指通过建筑本体设计、环境条件和材料选择等方式被动地减少能源消耗的技术，它的主要目标是降低建筑的能源消耗并提高室内舒适度，而不需要显著的能源投入，有助于减少对非可再生能源的依赖，降低碳排放；而主动式节能技术则与之相反，需要主动操作设备或投入相关设备。

本部分介绍的被动式节能技术主要包括场地环境设计、形体与平面设计、围护结构设计、遮阳与通风设计等；主动式节能技术包括暖通空调系统节能、照明系统节能、给水系统节能与控制、综合服务系统等；可再生能源利用技术包括光伏建筑一体化、光储直柔建筑系统、风力发电、土壤源和海水源热泵系统等技术。

### （一）被动式节能技术

1. 场地环境设计

场地环境设计技术包括优化建筑布局、合理绿地规划等。优化建筑布局主要是优化建筑场地内的热力分布与日照环境，减小建筑的运行碳，营

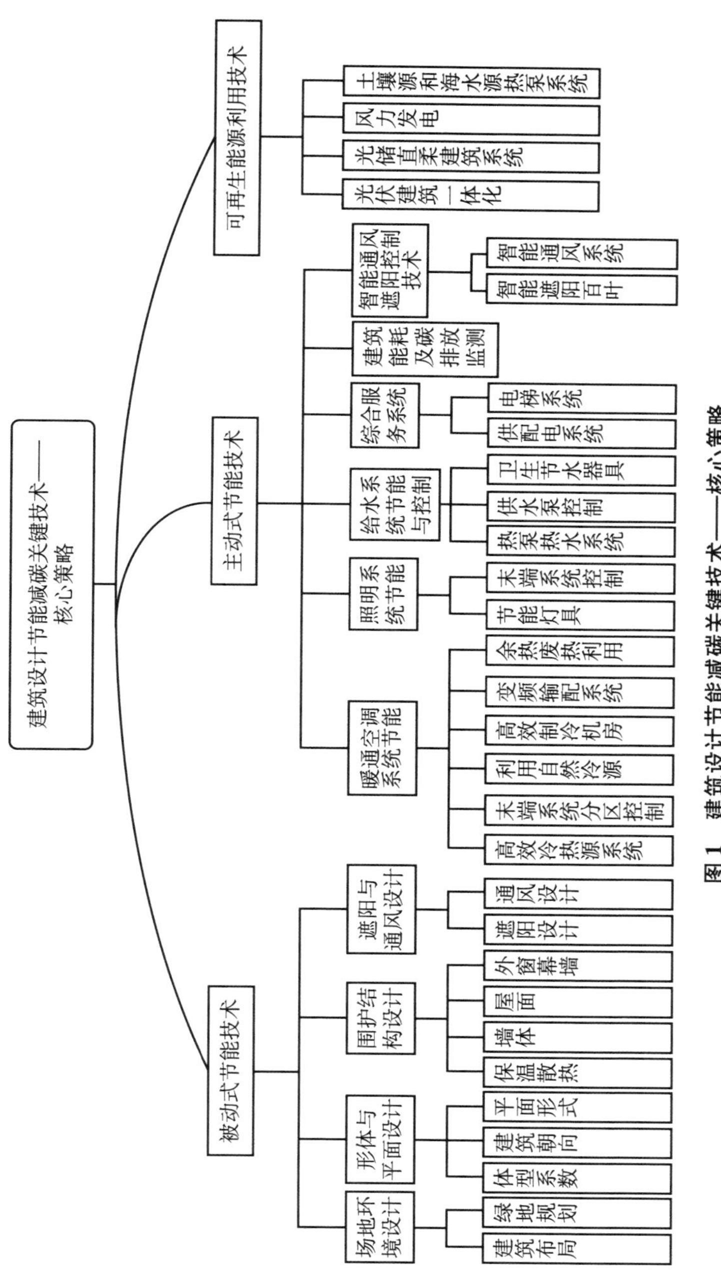


**图 1　建筑设计节能减碳关键技术——核心策略**

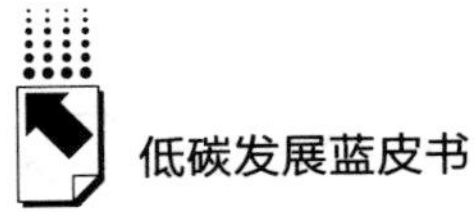



造良好的建筑场地风环境。建筑顺应福建地区主导风向，减少场地风速过大或出现旋涡区的情况。合理绿地规划主要是基于建筑场地周边的生态条件，通过绿化景观的整合设计、雨水收集与回用等可持续设计策略，解决建筑与场地相融的问题，形成循环的生态系统。如采用雨水回收技术，利用下凹式绿地的雨水调蓄功能，并结合透水铺装，促进雨水下渗。

2. 形体与平面设计

形体与平面设计技术包括优化建筑形体，合理选择朝向、平面形式、结构体系等。优化建筑形体主要是指建筑设计应与本地区气候环境相适应，建筑形体宜舒展、通透，体型系数不宜过小，以增强建筑通风散热效果，采用建筑自遮阳、改善空间布局等方式，提高建筑运营用能效率。合理选择朝向是根据气候条件选择建筑合适的朝向，尽量使主立面朝南，有效实现夏季自然通风与冬季自然采光。合理选择平面是指福建横跨夏热冬暖地区和夏热冬冷地区，夏季炎热潮湿，合理的建筑平面设计能够促进通风采光，起到改善室内环境的作用。当功能需求、资源条件适宜时，宜选用木结构、钢结构等低碳建筑结构体系。

3. 围护结构设计

围护结构的节能设计包括立面、墙体、屋面、外窗及幕墙的保温、隔热、绿化等。立面设计方面，因福建省大部分地区位于夏热冬暖地区，应重点考虑夏季的建筑散热，优化立面的隔热设计。墙体设计方面，新建建筑优先采用自保温墙体材料，推荐采用浅色饰面材料或热反射型涂料。既有建筑的外墙可增加内保温或者外保温材料，可采用颜色为浅色的建筑外墙饰面材料，或增加外墙热反射型涂料，降低墙体热辐射。屋面设计方面，新建建筑优先采用倒置式保温防水层，鼓励采用种植屋面、通风屋面或增设屋面热反射涂料，推荐屋面结合光伏发电板增设遮阳装置或设施。既有建筑中，不能满足保温要求的原有屋面增加屋面保温层，不满足节能设计要求的传统隔热屋面应替换成倒置式保温防水屋面，同时采用热反射涂料、轻质屋面绿化系统。外窗及幕墙设计方面，主要是减少进入室内的太阳辐射以及减小窗或透明幕墙的温差传热，以降低空调能耗。应控制建筑窗墙比，减少玻璃幕墙使用面积，增加建筑外遮阳，如安装外遮阳百叶系统、内遮阳卷帘系统等。

4. 遮阳与通风设计

遮阳设计方面，福建地区夏季炎热，合理的遮阳对降低建筑能耗十分重要。在设计中，可利用建筑形体的错位和退让以及屋顶光伏构件形成建筑自遮阳，采用辐射控制等建筑格栅遮阳技术、绿化遮阳技术、铺设钙钛矿型光伏板或可调节式光伏遮阳构件的光热平衡遮阳技术。立面遮阳考虑采用特殊材料玻璃，如热反射玻璃、镀膜玻璃、低反射率玻璃等。控制传热系数，选用高性能窗，采用 PVC 窗框的三层玻璃幕墙和铝合金窗框的双层玻璃窗，选取当地建材进行饰面装饰。通风设计方面，可以从建筑总体布局、平面布置和构造设计等多个层次着手，结合总体布局设置通风廊道，结合室内平面梳理通风路径，结合外窗改造增加开启面积，利用增加开窗面积和机械通风加强建筑大空间室内的通风降耗。可通过模拟分析优化自然通风设计，确定有利于室外风顺利进入室内的开启扇设置位置。条件允许时，设计中庭、廊道、构件热压通道等，利用风压、热压以及机械辅助等方式，实现自然通风的效果。

## （二）主动式节能技术

1. 暖通空调系统节能

暖通空调系统的设计技术包括采用高效冷热源系统、末端系统分区控制、合理利用“自然免费冷”、配置高效制冷机房、安装变频输配系统与余热废热利用等。

高效冷热源系统主要是采用高能效空调设备，引入中央空调智能控制技术，或根据既有建筑运行负荷特点制定分阶段调节策略，在制冷的同时回收利用冷凝热制备热水。在末端系统分区控制设计方面，高层公共建筑面积较大的内区空间的负荷特性与外区显著不同，在设置空调末端系统时，合理的内外、多功能分区方案可以实现更多元化的控制及冷热回收手段，如设置集中排风能量热回收装置，采用新风供冷技术，利用室外低温、低焓的空气供冷，全部或部分替代人工冷源。合理利用“自然免费冷”是指在过渡季节利用变工况通风系统，利用室外免费的冷源为建筑内区服务。配置高效制冷机房是指通过能效管理和节能控制系统，整合机房内高效冷热源设备和输配系统的运行策略，使其发挥最高运行效率，实现系统节能运行。安装变频输配系统是指通过水泵智能变频控制运行，来解决水泵效率低下问题。余热废热利用是指集中回收利用空调区域（或房间）排风中所含的能量。

2. 照明系统节能

照明系统节能设计包括节能灯具、末端系统控制等技术。节能灯具设计方面，现有建筑灯具绝大部分为 LED 灯。末端系统控制设计方面，在地下车库、走廊、楼梯间等场所采取分区、定时或感应等节能控制措施。道路、景观照明应采用集中分组控制，并具备深夜减光控制功能。天然采光区域合理布置人工照明和分区控制。

3. 给水系统节能与控制

给水系统节能与控制方面包括空气源热泵热水系统、给水系统供水泵控制、采用水效高的卫生节水器具等技术。空气源热泵热水系统是指采用空气源热泵技术，冷凝热回收制备生活热水。给水系统供水泵控制是指通过计算机控制技术及时显示与调整楼宇供水系统中水泵的运行状态、水泵运行台数、启停时间，并对水泵过载及时报警等。采用水效高的卫生节水器具是指选用水效等级达到一级的产品。

4. 综合服务系统

综合服务系统包括供配电系统、电梯系统等。供配电系统设计方面，主要是减少线路损耗及有色金属的消耗。电梯系统设计方面，自动扶梯系统的电机加装变频器，采用调频调压控制技术和微机技术控制电梯，高速电梯优先采用“能量再生型”电梯，将电梯下降的重力势能转化为部分电能。

5. 建筑能耗及碳排放监测

建筑能耗、碳排放管理平台可对收集到的能耗数据进行统计、分析、整合处理，实现用能监测、实时数据查看、自动生成能耗年月日报表、历史趋势分区、远期用能预测等功能，帮助用户了解建筑的能耗使用情况，监测设备运行状态，提供用能考核数据，为节能管理策略制定提供大量的数据支持和解决方案。

6. 智能通风遮阳控制技术

智能通风遮阳控制技术是以智能控制系统为核心，考虑结合福建地区的气候特点研发的智能建筑环境调节系统。该系统能根据室内外环境参数的变化，如室外温湿度、太阳辐射强度、室内光照、$PM_{2.5}$浓度等的变化，调节智能遮阳百叶和智能通风系统，通过动态调节适应不同的环境，利用遮阳、自然采光、自然通风等被动式节能技术使环境舒适并实现节能。

智能遮阳百叶是一种可智能控制升降与角度的中空遮阳百叶，与控制系统硬件配套使用，自动调整百叶片角度或整体升降，完成对遮阳百叶的智能控制功能，以达到遮阳的目的。智能通风系统是利用智能控制系统将电动风阀、推窗器、排风扇、通风管、新风机等通风设备进行连接控制，通过传感器收集室内外环境参数，在室外气候相对舒适时进行自然通风调节，同时根据室内污染物浓度的变化进行自动调节，保持建筑室内的环境舒适度，并充分利用自然通风排出室内余热。

## （三）可再生能源利用技术

采用可再生能源是低碳建筑设计的关键技术之一，可再生能源利用技术包括光伏建筑一体化、光储直柔建筑系统、风力发电、土壤源和海水源热泵系统。

1. 光伏建筑一体化

光伏建筑一体化是指将太阳能发电（光伏）系统集成到建筑物上的技术，充分利用建筑围护结构外表面空间进行发电。铺设于建筑屋顶、墙面的光伏发电板，兼具发电和建筑结构作用，既可作为光伏发电的重要组件，也可与建筑相融合，成为建筑构件的一部分。在建筑中引入光伏建筑一体化技术，连接市电，当阴天等工况下光伏发电量不足时，可切换使用市电进行补充，对电网起到调峰作用；光伏阵列吸收太阳能转化为电能，降低了室外综合温度，减少墙体得热和室内空调冷负荷。目前，光伏建筑一体化最广泛的

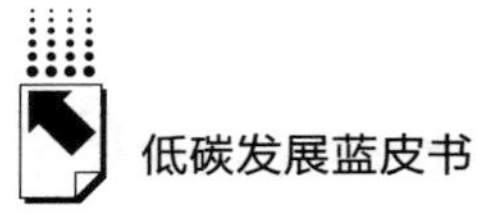


应用形式有光伏屋面、光伏幕墙两种。前者是在已经建成的屋面铺设太阳能板，或使用太阳能瓦片替代常规瓦片；后者将光伏发电玻璃安装于建筑墙壁，其中光伏组件内的水循环能降低光伏幕墙的温度，使系统保持高效运行性能。其他应用形式还有百叶窗式光伏发电系统、窗间式光伏发电系统、遮阳棚式光伏发电系统等。有条件的建筑宜结合建筑立面采用光伏建筑一体化幕墙或光伏遮阳板，并配备防逆流、防孤岛效应保护措施。

2. 光储直柔建筑系统

光储直柔是在建筑领域应用太阳能光伏、储能、直流配电和柔性交互 4 项技术的简称。“光”是指在建筑物表面安装太阳能光伏系统；“储”是在建筑内布置分布式蓄电以及利用智能充电桩、电动汽车等，使建筑成为一个储能场所；“直”是指建筑内部采用直流配电，利用直流简单、易控、安全的特点，提高建筑能源利用效率，便于与光伏、储能及各种直流设备连接，同时提升用电安全性；“柔”是指使建筑用电系统成为电网的柔性负载，发挥其调节和储能的功能，有效消纳风电光电，实现建筑与电网间的友好互动，这也是设计发展光储直柔建筑系统的最终目的。

3. 风力发电

风力发电是指把风的动能转为电能，是除水电外最成熟的清洁一次能源。福建省风能的季节分布与电能使用强度有高度的一致性，省内夏季是盛风期，也是制冷高需求时期。风力发电机的安装与使用能够有效减小夏季制冷设备的能耗压力。由于阴雨天气或者夜晚时光伏板无法发电，此时风力发电可与光伏设备形成风光互补发电技术。

4. 土壤源和海水源热泵系统

地源热泵技术是可再生能源应用的主要方向之一，它利用铺设在土壤、地表水等中的换热管道实现换热，即利用浅层地热能资源进行供热与制冷，具有良好的节能与环境效益，近年来在国内得到了日益广泛的应用，土壤源热泵和海水源热泵都是地源热泵技术的具体形式。福建地区阳光充沛，丰富的太阳能可有效补充土壤的热量；充沛的降雨量可使地下水渗流速度提高，使地源热泵的土壤换热不易造成冷热量聚集。福建临海地区可采用海水源热泵系统，将再生海水能源作为冷热源，通过热泵系统进行能量转换供冷。

## 三　福建省绿色低碳建筑技术实践应用案例

1. 福建建科院建筑设计生产基地大楼

福建建科院建筑设计生产基地大楼总建筑面积 7.6 万平方米，高度 78.6 米，按国家绿色建筑三星级标准进行设计、建造，集成了大量的绿色低碳建筑技术成果，最大限度节约资源，减少建筑碳排放。在建筑被动式节能技术应用方面，合理采用建筑外遮阳设计，利用形体凹凸、架空廊道等建筑形态形成自遮阳，结合立面效果设计垂直外遮阳，减少直接辐射对室内热环境影响，并利用先进建筑节能材料全面提升建筑围护结构热工性能，最大化降低建筑全年供暖空调能耗。在建筑综合节水技术应用方面，采用高效节水器具、节水灌溉系统、海绵城市、空调冷凝水回收利用等综合节水技术，降低水资源消耗。在可再生能源及智慧运维技术应用方面，集成选用可再生能源系统及高效机电设备，提高能源使用效率；运维平台采用自主开发的结构健康、建筑能耗、设备运维监测技术，实时监测大楼结构动力特性变化、能耗特征、设备运行状态等数据，将大楼建设成高效、节约、集成、智慧的现代化办公建筑。

2. 福建省公共建筑节能监管平台

福建省公共建筑节能监管平台是建筑能耗动态监测、诊断、分析及运维一体化的大数据平台，引导建筑节能高效运行，助力建筑领域“碳达峰、碳中和”。[①] 该平台已实现对全省 800 余栋公共建筑能耗的实时监测，为公共建筑能耗大数据应用及后续绿色化改造奠定了坚实基础。

通过平台能耗大数据的应用分析，可掌握福建省公共建筑的用能特征，预测用能趋势，为政府碳决策提供科学准确的建筑碳排放信息；同时制定能

---

① 《聚焦“海创会”丨借“智”转型　分院以数字化谋新发展》，福建建科院网站，http://618.fjjky.com/nd.jsp?id=178。

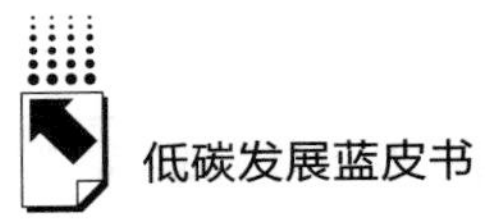



耗定额指标和实时能耗标杆，通过对标分析筛选能耗超标的建筑，开展节能诊断分析，摸清各用能系统的能效情况，找出节能潜力点，提出改造建议，提升建筑能效，减少碳排放。

3. 福建省变电站绿色低碳设计应用探索

以福建省 110kV 变电站主变全户内布置的典型设计方案为例（见图 2），在配电装置楼建筑中采用智能通风遮阳控制技术，该技术的智能控制系统由中央控制器、传感网络控制部分和综合环境感知 3 个子系统构成。智能通风遮阳控制系统采用联合控制的方式，对云端、面板、App 进行一体化设计（见图 3）。

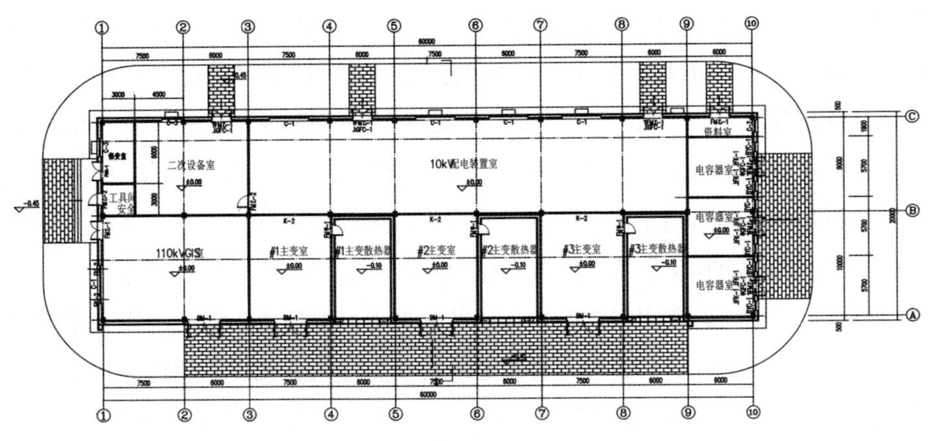


**图 2　变电站建筑平面图**

利用 Design Builder 软件对该变电站建筑能耗进行模拟分析，以建筑能耗和能效为评价指标，探讨了 4 种被动式策略（遮阳、材料、通风和光伏）对该变电站节能的影响。模拟结果显示，建筑遮阳能够实现 0.12%～0.25% 的节能率，其中综合遮阳的节能率最高。不同保温材质的节能率为 -0.74%～2.75%，其中水泥膨胀珍珠岩的节能率最高。岩棉保温材质不同厚度的节能率为-0.05%～0.38%，其中厚度为 30 毫米的节能率最高。建筑使用自然通风被动式策略能够达到 16.03%的节能率。不同光伏形式的节能率为 0.6%～40.69%，其中水平光伏屋顶的节能率最高。

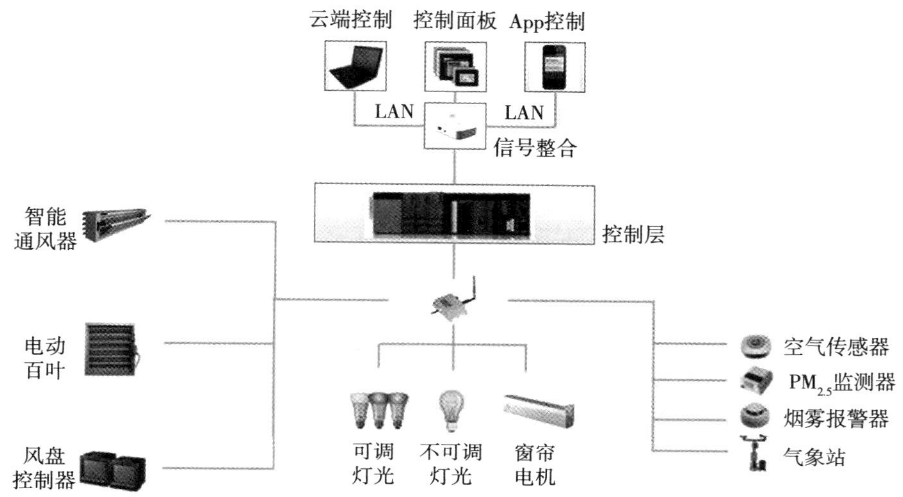


**图 3　智能通风遮阳控制系统**

4. 厦门鼓浪屿大德记开关站光储直柔示范项目

国网厦门供电公司在鼓浪屿打造直流供电微网示范项目，基于大德记开关站建设集光伏建筑一体化、台区柔性互联、分布式储能、直流供电于一体的光储直柔示范项目。大德记分布式光伏设备总功率为 3000 瓦，按照一天光照时间 12 小时计算，日发电可达 30 千瓦时，在气温不高的情况下建筑物基本可以实现电力自发自用。

## 四　推动福建省低碳建筑技术发展的建议

### （一）推动新增和存量建筑绿色发展

新增建筑方面，大力发展绿色建筑、被动式超低能耗建筑，同时试点零碳建筑，推动绿色星级建筑占新建建筑的比例稳步提升。降低建筑运行能耗是实现建筑领域“双碳”目标的基础，为了让建筑节能更高效，需要在设计阶段推动制定面向约束运行阶段能耗及碳排放的节能策略。存量建筑方

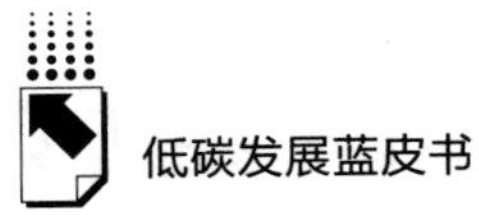


面，要加大推动既有建筑节能改造力度，提升建筑能效水平，优先选取能耗较高的建筑进行试点改造，提高围护结构隔热性能，设置照明、暖通、电梯等设备的智能化控制系统，各类设施实现自动感知和环境监测，实现对设施设备运行状态和参数的实时监测和联网监控。

### （二）加强建筑领域能耗和碳排放监测

依托省级层面建筑节能监督平台，加强建筑运行能耗和碳排放统计监测。构建高效的建筑能源管理系统，实现建筑能耗统计、动态监测、设备管理、高负荷预警等功能，并具备能耗和碳排放在线统计、动态监测功能，以及能耗、碳排放分析功能，有条件的地区或企业可探索建立并实施能耗限额管理。

### （三）大力研发和应用建筑低碳技术

推动适用于福建省气候区的节能低碳技术研究，加大屋顶光伏和发电玻璃等光伏建筑一体化技术、太阳能热水技术、地表水热泵技术等可再生能源技术的应用力度，使建筑用能更低碳。制定夏季等高峰时期用电措施，优先消化可再生能源电力。主动参与电力需求侧响应，通过错峰运行、削尖峰等方式，降低电网高峰时段负荷。同时，促进建筑领域与信息化、工业化等产业进行深度融合，采用数字化改造手段提升建筑节能效益。推行绿色咨询与设计、绿色建造与智慧工地、绿色产业基地与智慧运营一体化等新模式。

## 参考文献

清华大学建筑节能研究中心：《中国建筑节能年度发展研究报告（2022）》，中国建筑工业出版社，2022。

中国建筑节能协会、重庆大学城乡建设与发展研究院：《中国建筑能耗与碳排放研究报告（2022 年）》，《建筑》2023 年第 2 期。

冯国会、赵佳绩、黄凯良：《某超低能耗建筑地源热泵夏季运行的调试与运行问题分析》，《建筑科学》2020 年第 6 期。

李令令等：《夏热冬暖地区变电站建筑外遮阳的双目标优化》，《土木建筑与环境工程》2018 年第 2 期。

郑伟南：《建筑节能运行智能控制系统设计研究》，《电子世界》2021 年第 23 期。

# B.7

# 输变电工程全生命周期碳减排技术研究与实践

王春丽　陈晓敏　石　建　施孝霖*

**摘　要：** 随着电力系统低碳转型深入推进，输变电工程的碳排放核算和低碳技术研究与应用成为热点。本文建立了输变电工程全生命周期的碳排放模型，并对福建省典型工程进行了测算，发现输变电工程全生命周期的碳排放量均在万吨数量级，并且运行维护阶段的碳排放最大，占比超过90%。同时，本文对输变电工程主要碳减排技术进行了应用分析和降碳效益评估，认为最有降碳潜力的技术是光伏、$SF_6$气体替代和节能技术。此外，本文通过对典型示范变电站降碳成效进行分析，发现目前变电站工程仅能实现"站用负荷"零碳，"全生命周期"零碳仍需探索和研究。最后，为了进一步推进输变电工程"零碳"建设，本文提出建立输变电工程绿色星级评价标准、在变电站推广应用光伏技术及常态化开展输变电工程碳排放评估等建议。

**关键词：** 输变电工程　碳排放　碳减排　低碳技术　零碳建设

* 王春丽，工学硕士，国网福建省电力有限公司经济技术研究院，研究方向为低碳技术、变电工程设计、基建数字化；陈晓敏，工学硕士，国网福建省电力有限公司经济技术研究院，研究方向为变电工程设计、数字化设计技术；石建，工学学士，国网福建省电力有限公司经济技术研究院，研究方向为规划设计、技术管理等；施孝霖，工程科学硕士，国网福建省电力有限公司经济技术研究院，研究方向为线路工程设计技术。

电力系统低碳转型是碳达峰碳中和战略的重要组成部分，电网输变电环节低碳转型有助于实现电力系统全产业链低碳发展，而实现低碳转型的基础是对输变电工程全生命周期进行碳排放核算，并结合低碳技术采取降碳措施。本文首先建立了输变电工程全生命周期的碳排放模型，并以福建省典型输变电工程为案例进行测算和评估，分析主要碳排放源，进而对碳减排技术及其降碳效益进行分析；其次介绍国内低碳变电站的试点建设情况，结合实际工程案例进行碳减排技术应用效果分析；最后提出碳减排相关建议。

## 一　输变电工程全生命周期碳排放评估

### （一）输变电工程全生命周期碳排放测算模型

输变电工程的碳排放计算方法主要采用全生命周期法，即通过累加输变电工程从筹建到报废拆除的整个生命周期内的全部碳排放和碳汇，得到总的碳排放量。

1. 碳排放计算边界设定

为了方便建模，需做出合理的假设以确定计算边界，主要如下。

一是忽略项目前期进行可研和工程设计的人工碳排放量，将输变电工程全生命周期分为生产阶段、运输阶段、施工与安装阶段、运行维护阶段和废弃回收阶段。

二是根据《变电站全寿命周期设计建设技术导则（试行）》和《输电线路全寿命周期设计建设技术导则（试行）》，输变电工程的运行维护阶段按电气一次设备和导线、杆塔的使用寿命 40 年计算。

三是忽略碳排放量或碳汇量极小的活动，把握每个阶段的主要碳排放源和碳汇源。

四是在实际计算中，将输变电工程相关材料进行归类，并梳理相关的 100 多项碳排放因子和 50 多项材料的回收系数，按统一的碳排放因子和系数计算，忽略同一材料和同一型号设备产地不同、批次不同等造成的差异。

五是认为具有温室效应的 $SF_6$ 气体产生的碳排放来源于设备使用过程中的泄漏，而 $SF_6$ 气体在设备报废时最终被完全回收。

六是对输变电工程设备和材料进行回收时，均按照工业平均水平进行计算，不再考虑不同工程因地形、位置等导致的处理方案不同。

**2. 全生命周期碳排放计算模型**

输变电工程全生命周期的碳排放总量是各阶段碳排放量之和，如式（1）。

$$C_t = PC + TC + IC + OMC + RC \tag{1}$$

其中，$C_t$ 是输变电工程全生命周期的碳排放总量，$PC$ 是生产阶段的碳排放，$TC$ 是运输阶段的碳排放，$IC$ 是施工与安装阶段的碳排放，$OMC$ 是运行维护阶段的碳排放，$RC$ 是废弃回收阶段的碳排放。

生产阶段的碳排放包括输变电工程材料生产碳排放和电气设备生产碳排放。输变电工程材料包括建筑材料和安装材料，材料生产碳排放即累加各材料用量与对应碳排放因子的乘积，电气设备生产碳排放通过累加设备的原材料用量、制造过程的能源消耗量等与对应碳排放因子的乘积得出，具体公式如下。

$$PC = \sum_{k=1}^{n}(BMC_k \times EF_k^m) + \sum_{i=1}^{l}(IMC_i \times EF_i^m) + \sum_{j=1}^{p}(FC_j \times EF_j^e) \tag{2}$$

其中，$BMC_k$ 是第 $k$ 种材料使用量，$EF_k^m$ 是对应第 $k$ 种材料的碳排放因子，$n$ 是材料种类总数，$IMC_i$ 是设备生产投入的第 $i$ 种原材料使用量，$EF_i^m$ 是对应第 $i$ 种原材料的碳排放因子，$l$ 是设备生产投入的原材料种类总数，$FC_j$ 为设备生产所消耗的第 $j$ 种能源总量，$EF_j^e$ 是第 $j$ 种能源的碳排放因子，$p$ 是设备生产所消耗的能源种类数。

运输阶段的碳排放主要包括材料和电气设备的场外运输过程产生的碳排放，由材料或设备的重量、运输距离和运输方式及交通工具的类型决定，具体公式如下。

$$TC = \sum_{i=1}^{1}\sum_{j=1}^{n}(\lambda \times BTC_{i,j} \times D_{i,j} \times EF_j^t) \tag{3}$$

其中，$\lambda$ 是运输的空载系数，默认取值 1.67，$BTC_{i,j}$是运输阶段使用的第 $j$ 种运输工具运输的第 $i$ 种材料或设备的重量，$D_{i,j}$是运输阶段使用的第 $j$ 种运输工具运输的第 $i$ 种材料或设备的运输距离，$EF_j^t$ 是第 $j$ 种运输工具的运输碳排放因子。

施工与安装阶段的碳排放来源于各分部分项工程所涉及的施工机械能耗、施工用水、现场施工人员所产生的碳排放，具体公式如下。

$$IC = \sum_{i=1}^{l}\sum_{j=1}^{n} Q_i \times T_{i,j} \times E_{i,j} \times EF_{i,j}^e + WF\sum_{i=1}^{l} W_i + PF_s\sum_{i=1}^{l} P_i \tag{4}$$

其中，$Q_i$ 是第 $i$ 个项目的工程量，$T_{i,j}$是第 $i$ 个项目单位工程量第 $j$ 种施工机械台班消耗量，按《电力建设工程预算定额》确定，$E_{i,j}$是第 $i$ 个项目第 $j$ 种施工机械单位台班的能源用量，$EF_{i,j}^e$是第 $i$ 个项目第 $j$ 种施工机械所用能源的碳排放因子；$W_i$ 是第 $i$ 个项目的施工用水量，$WF$ 是水的碳排放因子，$P_i$ 是第 $i$ 个项目所需的人工量，$PF_s$ 是施工人员的人工碳排放因子。

在运行维护阶段，变电站工程的碳排放源与线路工程的碳排放源略有不同。

变电站工程的主要碳排放来源于电气设备的运行损耗、站内用电、$SF_6$ 气体泄漏及运维工人碳排放，具体公式如下。

$$OMC = \sum_{k=1}^{40}\left[CF_k \times \left(\sum_{i=1}^{n} BC_{i,k} + BE_k\right) + SF \times SL_k + \sum_{j=1}^{l} FC_{j,k}EF_j^e + PF_y\sum_{u=1}^{m} P_{u,k}\right] \tag{5}$$

其中，$CF_k$ 是第 $k$ 年该区域的电网平均碳排放因子，$BC_{i,k}$是第 $i$ 种设备第 $k$ 年的年损耗，$BE_k$ 是第 $k$ 年该变电站的站内用电量，$SF$ 是 $SF_6$气体碳排放因子，$SL_k$ 是第 $k$ 年该变电站的 $SF_6$气体泄漏总量，$FC_{j,k}$是第 $k$ 年进行维护检修时第 $j$ 种能源消耗量，$EF_j^e$ 是第 $j$ 种能源的碳排放因子，$PF_y$ 是运维检修人员的人工碳排放因子，$P_{u,k}$是第 $k$ 年进行第 $u$ 次维护或检修时的人工量。

线路工程的主要碳排放来源于线损和运维工人碳排放，具体公式如下。

$$OMC = \sum_{k=1}^{40}\left(CF_k \times \pi_k \times LPC_k + \sum_{j=1}^{l} FC_{j,k}EF_j^e + PF_y\sum_{u=1}^{m} P_{u,k}\right) \tag{6}$$

其中，$\pi_k$ 是第 $k$ 年平均线损率，$LPC_k$ 是第 $k$ 年该线路的输电量，其余参数与前述含义一致。

对于废弃回收阶段，碳排放主要来源于拆除工程各分项工程所需的机械能耗和拆除人工碳排放，而碳汇来源于可回收材料的回收利用，具体公式如下。

$$RC = \sum_{i=1}^{l} E_i \times EF_i^e + PF_c \sum_{i=1}^{l} P_i - \sum_{k=1}^{m} r_k \times MC_k \times EF_k^m \tag{7}$$

其中，$E_i$ 是拆除工程中第 $i$ 种能源的消耗量，$EF_i^e$ 第 $i$ 种能源的碳排放因子，$PF_c$ 是拆除人工碳排放因子，$P_i$ 是第 $i$ 个拆除项目所需的人工量，$r_k$ 是能进行回收的第 $k$ 种材料的回收系数，$MC_k$ 是能进行回收的第 $k$ 种材料的总量，$EF_k^m$ 是能进行回收的第 $k$ 种材料的碳排放因子。

## （二）福建省典型输变电工程碳排放分析

### 1. 变电站工程全生命周期碳排放分析

基于以上模型，通过变电站工程项目预算书、电气设备厂家调研和变电站运维人员调研等渠道获取数据，测算得出福建省内某 110kV 户内变电站工程的全生命周期碳排放约为 10 万 t。

该 110kV 户内变电站工程全生命周期碳排放情况如图 1 所示，在 5 个阶段中，运行维护阶段的碳排放量占比超过 95%，主要原因是变电站的寿命为 40 年，运行维护阶段的时间跨度远大于其他阶段。碳排放量排名第二是生产阶段，第三是运输阶段，施工与安装阶段最少，因为一般 110kV 变电站的施工周期为 6~12 个月，施工期间仅有能源、用水和人工的碳排放。在废弃回收阶段，该变电站的碳排放为负数，说明合理地对可回收材料和废旧设备进行回收处理能创造一定的碳汇。

对碳排放量最大的运行维护阶段进行分析，各碳排放源占比如图 2 所示，各类电气设备损耗的碳排放量占比近 60%，其中仅主变损耗占比就接近 40%，而 $SF_6$ 气体泄漏、定期运维所产生的碳排放相对较少，说明优化站内用能方案、采用节能设备或新技术等能较大程度地减少碳排放。

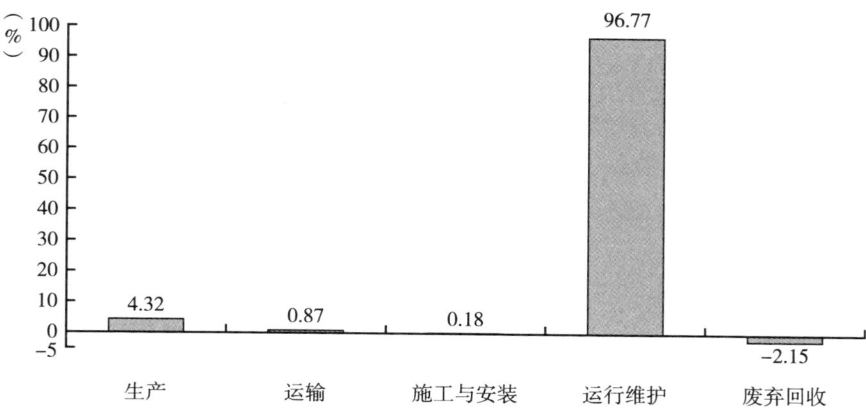


**图 1　福建某 110kV 变电站工程各阶段碳排放量占比**

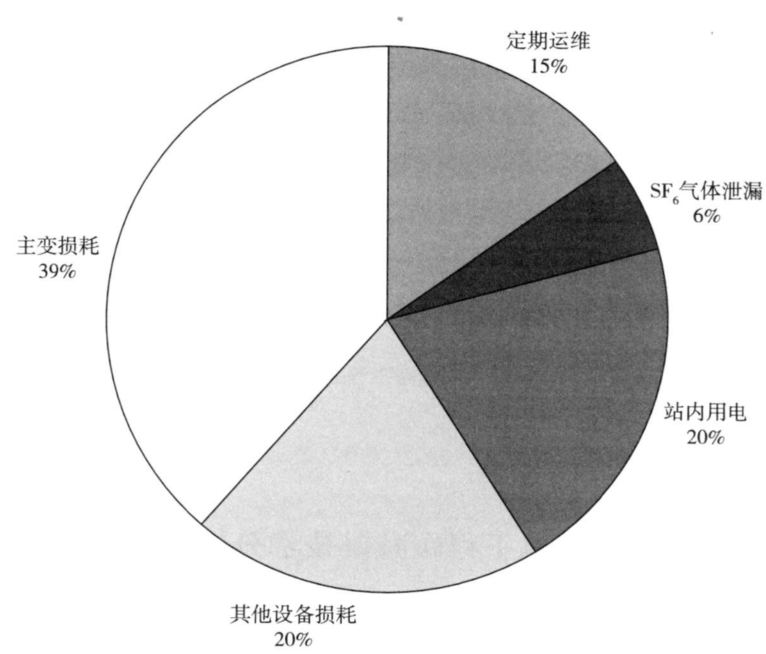


**图 2　福建某 110kV 变电站运行维护阶段各碳排放源占比**

2. 线路工程全生命周期碳排放分析

同样，通过线路工程项目预算书、厂家调研和线路运维人员调研等渠道获取数据，测算福建省内某导线截面为630mm$^2$ 的220kV 双回线路工程的全生命周期碳排放量，该线路工程的单公里全生命周期碳排放约为3.3万t。

该220kV线路工程各阶段碳排放量占比如图3所示，在5个阶段中，运行维护阶段的碳排放量占比超过99%，主要原因是线路工程的设计寿命为40年，运行维护阶段的时间跨度远大于其他阶段。运行维护阶段的碳排放以线路损耗为主，因此通过应用节能导线等技术减少运行维护阶段碳排放，可有效减少线路全生命周期碳排放。

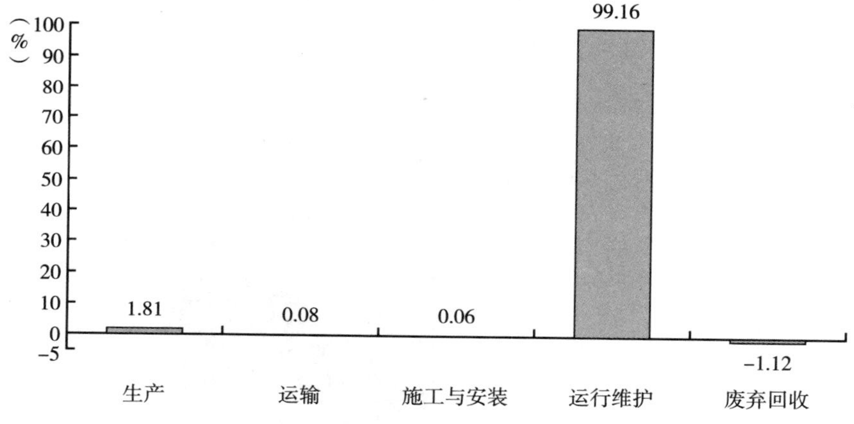


**图3　福建某220kV线路工程各阶段碳排放量占比**

## 二　输变电工程碳减排技术分析及实践

### （一）输变电工程碳减排技术分析

1. 碳汇技术及其碳效益

碳汇技术主要包括植被固碳、CCUS等能够吸收$CO_2$的技术，应用于输变电工程的主要为草皮固碳。变电站的绿化率一般不低于30%，其固碳的碳汇量为5.58kg/（a·m$^2$）。以福建省某110kV全户内变电站为例，其绿化草皮面积约1650m$^2$，可形成碳汇9.2t/a。但是，植被固碳需要大量的绿化面积做支撑，实际应用中会受到征地面积和电气要求的限制，仅可结合实际因地制宜开展。

2. 综合能源利用技术及其碳效益

综合能源利用技术主要包括光伏、风力发电、地热泵、空气能等能源利用技术。

（1）光伏技术

光伏技术目前已广泛应用于工商业企业及城市公共建筑屋面，应用场景涉及地面、车棚、斜屋顶、平屋顶、钢结构彩钢瓦屋面等，适用于大部分新建的变电站，且在当前绿色试点变电站中应用较多。光伏技术在输变电工程中的应用形式有多种，与建筑物结合的包括屋顶光伏、建筑光伏一体化、幕墙光伏等（见图4），与设备结合的包括太阳能摄像机、风光一体照明灯等。

（a）屋顶光伏

（b）建筑光伏一体化

（c）幕墙光伏

**图4　与建筑物结合的光伏技术应用**

光伏的降碳效益较好，以福建省某110kV全户内变电站应用碲化镉薄膜发电玻璃为例，可分别建设858m$^2$屋顶光伏和1460m$^2$幕墙光伏。考虑光照辐射量和光电转换效率，每平方米装机容量暂按85Wp考虑，日照年有效利用小时数按照1121小时考虑，幕墙光伏发电效率按屋顶光伏的59%考虑。经测算，该变电站运行阶段光伏年发电量共计约16.38万kWh（以下无特殊说明，均适用于运行阶段），合计降碳64.05t/a。

太阳能摄像机通过光伏发电量抵消摄像机能耗，由于摄像机最大功耗仅20W，其电量可完全由太阳能电池板提供。该技术已在偏远的线路杆塔中应用，可避免长距离供电的电压损耗和电缆敷设投入，节约投资；在变电站中应用较少，且功率较小、设备数量少，带来的降碳量较小。以福建省某110kV 全户内变电站为例，一般设 9 台户外摄像机，按平均功耗 10W 计算，相应可降碳 0. 31t/a。

（2）小型风力发电技术

小型风力发电技术可应用于风力资源优势较好的区域，实现风光互补，同时满足夜间及阴雨天的照明和户外摄像机用电需求，目前较常用于户外道路照明。因需要结合实际风力资源情况且适宜空旷区域，目前在福建省输变电工程中尚未见实际应用。

小型风力发电机的额定功率从 100W 到 1600W 不等，随着功率的增大，风轮直径也从 1. 2m 增大到 3. 2m 不等。如站内安装 2 台额定功率 1000W 的风力发电机，年额定功率发电小时数按 1500 小时计，2 台风力发电机年发电量为 3000kWh，则可降碳 1. 17t/a。

综上，综合能源利用技术中降碳效果最明显的是光伏技术，通过屋顶光伏、幕墙光伏和光伏类设备应用可最大限度降碳。

3. 低碳技术及其碳效益

输变电工程全生命周期低碳技术包括节能技术、$SF_6$气体替代、智能监测与控制、新材料应用、装配式技术等。

（1）节能技术

输变电工程节能技术包括节能变压器、节能导线、节能金具等节能设备应用。

我国变压器的总损耗占系统发电量的 10%左右，如果损耗降低 1%，每年可节约上百亿度电，因此降低变压器损耗是势在必行的节能措施。为响应国家“双碳”目标，目前 2 级能效变压器已基本推广应用，1 级能效变压器由于价格较高，尚在试点应用中。以 110kV 双绕组节能变压器为例进行降碳效益测算，1 级能效变压器相比于 2 级能效变压器的负载损耗、空载损耗均更低，碳排放量为 304. 12t/a，较 2 级能效变压器碳排放减少 8. 99t/a；2

级能效变压器碳排放为 313. 11t/a，相比于常规变压器碳排放减少 26. 59t/a，应用节能变压器可明显降低主变运行阶段碳排放量，1 级能效变压器比 2 级能效变压器降碳效果更为明显。

节能导线是指与普通钢芯铝绞线相比，在等外径条件下，通过提高导体导电率或改变导线加强芯等方式实现减小导线直流电阻，减少输电损耗的新型导线。节能导线主要类别有钢芯高导电率铝绞线、铝合金芯高导电率铝绞线和中强度铝合金绞线三种。以福建省沿海地区常用的 220kV 双回路 630mm$^2$ 截面钢芯高导电率铝绞线为例进行降碳效益测算，损耗小时数设定为 3200 小时，传统钢芯铝绞线的单公里碳排放约为 827. 8t/a；应用钢芯高导电率铝绞线，单公里碳排放约为 786. 4t/a，单公里碳排放较传统钢芯铝绞线减少 41. 4t/a，应用节能导线可明显降低线路运行阶段碳排放。

（2）$SF_6$气体替代

$SF_6$气体替代技术主要分为混合气体和环保气体替代技术，两种技术均采用其他气体替换 $SF_6$作为绝缘介质，从而降低 $SF_6$的使用量。$SF_6$的温室效应是 $CO_2$ 的 23900 倍（基于 100 年的时间跨度计算全球变暖潜能值），是最强效的温室气体之一，GIS 设备在运行中每年会产生 0. 5%的泄漏量，因此降低 $SF_6$的使用量可显著降低碳排放。

$SF_6/N_2$ 混合气体 GIS（仅母线、隔离开关采用混合气体绝缘）已研制出 110kV 和 220kV 电压等级的国产产品，并从 2023 年开始初步在变电站中推广应用，价格与常规 $SF_6$设备相当或比其略高。对于福建省 110kV 全户内站，混合气体 GIS 可减少 GIS 设备中约 55%的 $SF_6$使用量，降低碳排放 75. 58t/a，剩余碳排放仅为 34. 01t/a。

环保气体 GIS 方面，目前，国内仅平高集团成功生产纯 $CO_2$绝缘产品，其余均为进口产品，且价格为常规 $SF_6$设备的 3 倍左右，故仅个别零碳试点变电站应用。使用环保气体 GIS 能减少 100%的 $SF_6$排放，对于福建省 110kV 全户内站，可降低碳排放 137. 43t/a，因 $SF_6$排放产生的碳排放降为 0。

（3）智能监测与控制

输变电工程智能监测与控制多为国家电网有限公司推广的《变电站模

块化建设 2.0 版技术导则（试行）》及《新型数字智能变电站试点工程技术导则》，通过智能控制减少现场运维工作量从而降低碳排放。智能监测和控制可减少运维的人工、车辆投入，共可降低碳排放约 0.18t/a。以 110kV 全户内站为例，在站内可建设全站能耗管理系统，通过优化空调、照明控制来降低能耗，可降低站内负荷耗电量约 2000kWh/a，降低碳排放 0.78t/a。

（4）新材料应用

输变电工程新材料应用包括再生混凝土、高强钢等。

再生混凝土使用废弃物或可再生资源代替传统混凝土中的矿物骨料或水泥，具有较高的环保性。该材料在建筑行业有一定应用，但在变电站建设中的应用尚在研究中。再生混凝土建筑可避免混凝土再次生产、建筑固废运输与填埋，相较于普通混凝土可减少生产和回收阶段碳排放，再生混凝土全生命周期的碳排放为 147.38kg/t，以福建省 110kV 全户内站为例，一般使用量约 4000t，可降碳 58.95t。

高强钢是指 Q420 及以上标号的钢材。采用高强钢的输电杆塔，可充分发挥材料强度以减少杆塔重量，有利于节能减排。以角钢塔为例，相对于 Q345 角钢，使用 Q420 角钢可有效减轻塔材重量 6%～8%，使用 Q460 角钢可有效减轻塔材重量 8%～12%。以福建省某 220kV 双回路 630mm$^2$ 导线截面线路工程为例，使用 Q420 角钢可减少单公里碳排放约 11.07～14.76t，使用 Q460 角钢可减少单公里碳排放约 14.76～22.14t。

（5）装配式技术

输变电工程装配式技术包括装配式建筑物单元式一体化墙板、装配式围墙、装配式防火墙及标准化预制小型构筑物等，通过提高现场装配率缩短施工阶段工期，从而降低因人工和机械投入而产生的碳排放（仅在施工阶段取得减碳）。以福建省某 110kV 全户内站为例，以缩短的工期分别约为 30 天、15 天、10 天、10 天来计，上述装配式技术共降碳 23.4t。

综上，输变电工程低碳技术中降碳效果最明显的为 $SF_6$ 气体替代、节能变压器，相较于常规技术，以上低碳技术大多数可降碳 10%～30%，但输变电工程仍很难靠自身低碳技术优化实现零碳或负碳。

## （二）绿色低碳变电站建设实践

### 1. 全国绿色低碳变电站建设实践

我国各省份已先后开展低碳输变电工程建设探索。2021 年 6 月，雄安新区建成国内首个绿色星级变电站。2022 年，国内首座 110kV“零碳”变电站——无锡高巷变电站正式投入运行。国内主要绿色试点变电站及其低碳技术应用情况见表 1。

**表 1　中国绿色低碳变电站试点建设情况**

| 序号 | 工程名称 | 综合能源利用技术 | 碳减排技术 | 荣誉评价 | 投运时间 |
|---|---|---|---|---|---|
| 1 | 河北剧村 220kV 智慧能源融合变电站 | / | “1+5+X”服务型附属电力设施建设模式；S2G 充电站；融合边缘计算、智能充放电、综合能源供应、绿能健身、应急避难等元素 | 第三届金芦苇工业设计奖优秀产品设计奖 | 2021 年 6 月 18 日 |
| 2 | 110kV 猎桥变电站工程 | 光伏建筑一体化（仅供空调、通风、照明） | 光导无电照明系统；智能化环境态势感知技术；静音技术 | 国标绿色工业建筑认证三星级、美国 LEED 国际绿色建筑论证金级 | 2021 年 6 月 30 日 |
| 3 | 山东费县 110kV 翟沟变电站 | 屋顶光伏 | 洁净气体 GIS | / | 2021 年 10 月 25 日 |
| 4 | 江苏无锡 110kV 高巷变电站 | 光伏与建筑一体化（碲化镉薄膜发电玻璃应用） | 环保气体 GIS；低损耗植物油变压器（中山 ABB 厂家）；全站能耗管理系统；储能系统；预制舱式磷酸铁锂电池；超级电容舱 | / | 2022 年 1 月 18 日 |
| 5 | 连云港 220kV 梁丘变电站 | 所有建筑物上建设屋顶光伏；太阳能路灯；地源热泵空调 | 光伏、市电互补离网系统；节能微波感应灯 | / | 2022 年 5 月 30 日 |

续表

| 序号 | 工程名称 | 综合能源利用技术 | 碳减排技术 | 荣誉评价 | 投运时间 |
|---|---|---|---|---|---|
| 6 | 昝西220kV变电站 | 东西两侧采用光伏玻璃幕墙 | 建筑物装配式一体化纤维水泥复合外墙板;低频强吸声玻璃棉、非固化橡胶沥青防水涂料、镀锌钢板网屏蔽层;“烟囱效应”自然通风技术 | 绿建三星标准 | 2022年9月29日 |
| 7 | 浙江宁波110kV双河变电站 | 屋顶光伏 | 超高性能混凝土(UHPC)框架结构 | / | 2022年9月29日 |
| 8 | 广东500kV科北变电站 | 光伏发电 | 光导无电照明;3D建筑打印 | / | 2023年3月2日 |
| 9 | 重庆首座500kV零碳变电站(海棠站) | / | 全过程“碳排放监测”;预制式建筑 | / | 2023年6月14日 |
| 10 | 浙江110kV小河变电站 | 碲化镉薄膜太阳能电池发电 | 并联型直流电源系统;有限空间环境监测设备 | 浙江省首个模块化建设2.0版示范工程 | 2023年6月30日 |
| 11 | 江苏阳光岛110kV输变电工程 | 建筑光伏 | 柔性电缆支架;透水混凝土道路 | 江苏首座海岛型变电站 | 建设中 |

资料来源：根据网络公开资料和调研资料整理。

### 2. 福建绿色低碳变电站建设实践

福建省尚无建成投运的绿色低碳变电站，目前处于绿色低碳变电站设计探索阶段，以福建厦门110kV某全户内变电站为例（预计2025年投运），其主要碳减排技术对应的降碳量和剩余碳排放见表2。

从站用负荷来看，110kV变电站通过站用变供电的年用电量为3万~5万kWh，碳排放为11.73~19.55t/a，仅光伏形成的降碳量64.05t/a即可完全抵消站内负荷产生的碳排放并有一定富余，相当于实现“站用负荷”零碳。

从运行阶段来看，1级能效2台主变压器的运行碳排放就达到608t/a，仅靠现有的站内碳汇和综合能源利用技术实现零碳运行还有很大的差额，因此实现“全站运行”零碳尚需进一步开展碳减排技术研究。

从全生命周期来看，各低碳技术合计降碳 170.13t/a，按 40 年全生命周期来算，降碳量仅占全生命周期碳排放 10 万 t 的 6.8%，实现变电站“全生命周期”零碳亦需探索。

**表 2　福建省厦门市 110kV 某全户内变电站（设计阶段）碳减排技术应用及降碳情况**

| 序号 | 技术分类 | 技术名称 | 本期使用数量 | 降碳量(t/a) | 剩余的碳排放(t/a) |
|---|---|---|---|---|---|
| 1 | 光伏技术 | 光伏发电玻璃应用 | 2318$m^2$ | 64.05 | -64.05 |
| 2 | 小型风力发电 | 额定功率为 1000W 的小型风机 | 2 台 | 1.17 | -1.17 |
| 3 | 植被固碳 | 绿化草坪 | 1650$m^2$ | 9.2 | -9.2 |
| 4 | 环水保技术 | 场地绿化采用下凹式绿地 | 760.2$m^2$ | 0.25 | -0.25 |
| 5 | 光伏技术 | 户外太阳能摄像机 | 2 台摄像机+7 台球机 | 0.31 | 0 |
| 6 | $SF_6$气体替代 | 混合气体 GIS | 10 个间隔 | 75.58 | 34.01 |
| 7 | 节能技术 | 新型节能主变压器 | 2 台 | 17.98 | 608 |
| 8 | 智能监测与控制 | 全站能耗管理系统/智能控制技术 | 1 套 | 1.59 | 23.55 |
| 9 | 施工提速减少碳排放 | 装配式建筑物一体化纤维水泥复合外墙板、装配式围墙、标准化预制小型构筑物 | / | 23.4 | 210.6 |
| 合计(不含第 9 项) | | | | 170.13 | 590.89 |

## 三　推进输变电工程“零碳”建设相关建议

### （一）建立输变电工程绿色星级评价标准

结合碳减排的经济效益、社会效益和环境效益，明确站内负荷零能耗、运行阶段零碳排、全生命周期零碳排三个分阶段控制目标，分别对应建立低碳、近零碳、零碳绿色输变电工程评价标准，结合降碳效益测算，建立低碳技术评价系数，量化评价输变电工程绿色星级，促进工程向零碳推进。

### （二）积极推广应用光伏等清洁能源技术

光伏发电量可抵消变电站内负荷能耗，较其他技术具备较强的降碳优势，且变电站通常位于空旷、无遮挡区域，光照充足，可充分发挥变电站屋顶光伏的资源优势，对标国家2025年近50%公共建筑覆盖光伏屋顶的目标，做好新建、已建变电站光伏技术推广应用的规划及实施方案设计，分年度、分批推进，打造“光伏+变电站”新模式。

### （三）常态化开展输变电工程碳排放评估

输变电工程碳排放评估是推进电网低碳发展的基础工作，也是推进电网和电力行业持续降碳的关键手段，建议鼓励电网企业、第三方机构等开发输变电工程碳排放数字化测算工具，为零碳工程建设提供技术服务，并进行常态化碳排放预评估、后评价、监测控制等，及时掌控碳排放变化趋势，量化降碳成效。

## 参考文献

《建筑碳排放计算标准》（GB/T 51366—2019），2019年4月9日。

国家能源局发布《电力建设工程预算定额（2018年版）》，中国电力出版社，2020。

唐忠达：《110kV变电站生命周期碳排放分析》，《电工电气》2021年第8期。

# 市场价格篇

Market Price

## B.8 2023年福建省碳市场情况分析报告

蔡建煌　陈晗　林晓凡　李益楠*

**摘　要：** 2022年，福建碳市场调整了市场准入标准，控排企业由284家增加至296家，并进一步完善配额分配机制。截至2022年底，福建碳市场全年累计成交量达2124万吨，累计成交额达4.5亿元，均较上一年有大幅增长。但目前，福建碳市场仍存在碳金融产品法律依据不足、碳市场信息披露制度不完善等问题。下阶段，福建需探索灵活高效的配额分配模式，建立健全碳普惠与碳市场贯通机制，加速推动电碳市场融合发展等，切实发挥市场助力减排的作用。

**关键词：** 碳市场　碳配额　碳交易　电-碳协同

---

* 蔡建煌，工学学士，国网福建省电力有限公司经济技术研究院，研究方向为企业战略、企业管理、能源经济；陈晗，工程管理硕士，国网福建省电力有限公司经济技术研究院，研究方向为工程管理、能源经济；林晓凡，工学硕士，国网福建省电力有限公司经济技术研究院，研究方向为能源经济、能源战略与政策、电力市场；李益楠，工学硕士，国网福建省电力有限公司经济技术研究院，研究方向为能源经济、战略与政策。

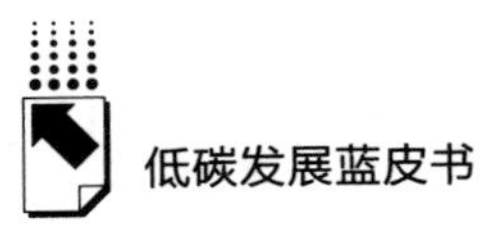


## 一　2022年全国碳市场运行情况

2022年，全国碳市场迈入第二个履约周期，纳入重点排放单位的企业门槛仍然以2.6万吨二氧化碳当量（综合能源消费量约1万吨标准煤）为标准，截至2022年9月底，共新增428家控排企业，其中，北京首次将石化、化工、建材、钢铁、民航共8家非发电行业企业纳入全国碳市场。2022年12月19日，生态环境部印发《企业温室气体排放核算与报告指南 发电设施》《企业温室气体排放核查技术指南 发电设施》，规范了纳入全国碳市场的发电行业控排企业温室气体排放核算与报告工作，强化对关键参数的过程管理。

2022年，全国碳市场运行平稳有序，交易价格稳中有升。全年共242个交易日，最高成交价为61.60元/吨，最低成交价为50.54元/吨，成交均价55.30元/吨。全年碳配额累计成交量达5088.95万吨，累计成交额达28.14亿元，[①] 其中，挂牌协议交易累计成交量、累计成交额分别为621.90万吨、3.58亿元，大宗协议交易累计成交量、累计成交额分别为4467.05万吨、24.56亿元。[②]

## 二　2022年福建碳市场运行情况

2022年11月29日，福建省生态环境厅发布《福建省2021年度碳排放配额分配实施方案》，明确纳入福建碳市场管理的控排企业行业仍为电力、石化、化工、建材、钢铁、有色、造纸、民航、陶瓷等9个，相比上一年度方案，纳入碳市场管理的控排企业条件中属于上述9个行业保持不变，另一个条件由“2013至2020年度任意一年综合能源消费总量达5000吨标准煤以上（含）”调整为“2018至2021年度任意一年综合能源消费总量达5000吨标准煤以上（含）”。

2022年福建省碳市场运行机制、交易情况及存在的问题具体分析如下。

---

① 资料来源：Wind数据库。

② 资料来源：上海环境能源交易所。

## （一）运行机制

相比于2020年度的方案，《福建省2021年度碳排放配额分配实施方案》进一步完善了配额分配机制。

配额分配方法上，针对电网行业，将历史强度法改为行业基准线法。配额调整机制上，采用行业基准线的控排企业，碳配额缺口超过控排企业年度碳排放核算量20%的部分无效；采用历史强度法的控排企业，根据控排企业年度碳排放核算量制定碳配额盈余（或缺口）阶梯比例标准，超出标准部分无效。同时，所有控排企业的碳配额盈余（或缺口）绝对值不超过20万吨二氧化碳当量，该机制对控排企业碳配额盈余（或缺口）设置了上限，防止控排企业在碳市场中产生不正常的盈利或亏损。减排系数调整上，相比于上一年度方案，对采用历史强度法的钢铁、造纸、陶瓷等行业调高减排系数，即分配更多碳配额；缩小建筑陶瓷、平板玻璃行业的能源结构调节系数上下限差距，即减小控排企业用能结构中燃气占比对碳配额分配的影响，属于对上一年度新引入调节机制的修正。

## （二）交易情况

### 1. 交易主体

交易主体方面，相比上一年度，仍为40家发电行业控排企业划归全国碳市场开展交易，福建碳市场控排企业由284家增加至296家，其中由于市场准入条件变化，移出24家控排企业，新增36家控排企业。

### 2. 成交情况

福建碳市场于2016年12月22日开市。截至2022年底，福建碳市场碳配额累计成交量达2124万吨，累计成交额达4.5亿元。其中，2022年碳配额成交量766.1万吨，同比增长245.6%；成交额18964万元，同比增长495%（见图1）。[①]

① 福建省碳交易数据来自海峡股权交易中心。

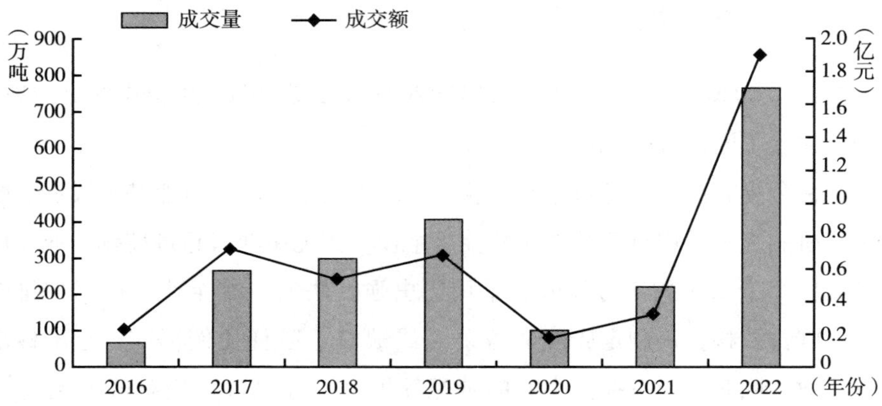


**图 1　2016~2022 年福建碳市场碳配额成交量和成交额**

资料来源：海峡股权交易中心。

截至 2022 年底，福建碳市场碳配额累计成交均价 21.4 元/吨。其中，2022 年成交均价为 24.8 元/吨，同比上涨 72.2%，在连续 4 年维持在 16 元/吨左右之后，成交均价回升至 24.8 元/吨（见图 2），但仍远低于全国碳市场碳配额年成交均价。

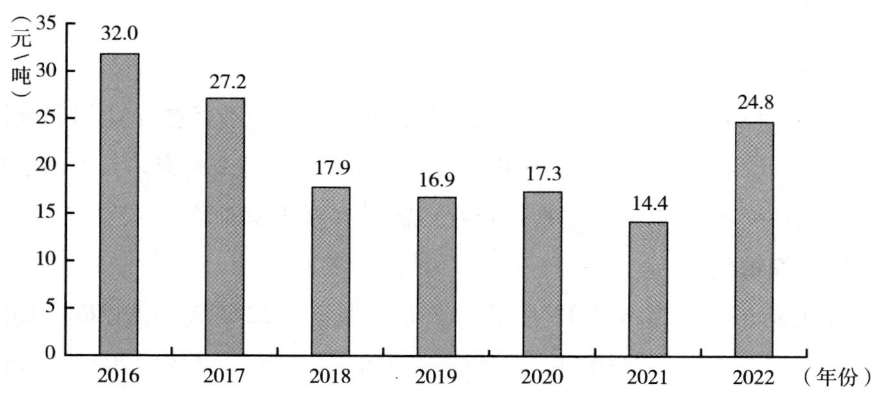


**图 2　2016~2022 年福建碳市场碳配额年成交均价**

资料来源：海峡股权交易中心。

3. 交易规律

目前，碳市场仍存在明显的履约驱动现象。

2017~2022 年度，福建碳市场履约截止日分别为 6 月 30 日、8 月 15 日、6 月 30 日、8 月 31 日、11 月 30 日、1 月 10 日（2023 年）。从成交量分布来看，交易多集中在履约截止日附近，呈现尖峰形态（见图 3），反映出福建碳市场存在明显的履约驱动现象，碳金融交易潜力有待进一步激发。

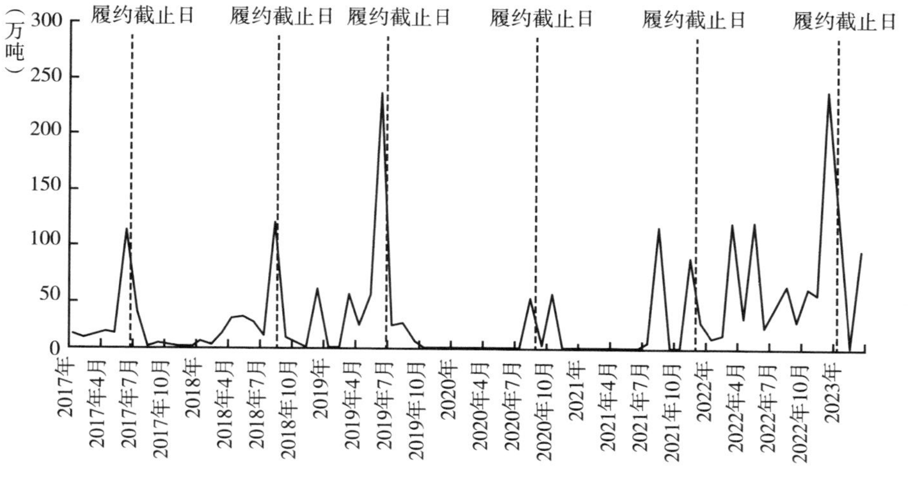


**图 3　2017~2022 年度福建碳市场月成交量分布**

资料来源：Wind 数据库。

2022 年，由于全国碳市场的履约周期为两年，第二个履约周期的配额清缴截止日为 2023 年 12 月 30 日，2022 年底并无履约清缴要求，市场需求较为低迷，成交量和成交额较 2021 年均大幅下降；成交价格基本在 50~62 元/吨的区间波动，整体成交均价为 55.30 元/吨，较 2021 年增长 29.05%。

2022 年，全国碳市场的交易活跃期主要集中在年初和年末。1 月中上旬，由于 2021 年履约清缴工作的滞后性，碳市场交易仍有较大需求量，但市场活跃度明显低于 2021 年底。10 月 31 日，生态环境部发布《关于公开征求〈2021、2022年度全国碳排放权交易配额总量设定与分配实施方案（发电行业）〉（征求意见稿）意见的函》，确定2021年度、2022年度预分配配额量方案并征求意见，刺激碳市场的交易需求，拉动11~12月成交量逐渐攀升，并在12月21日达到913.76万吨的顶峰（见图4）。2022年1月中上旬、11~12月成交量分别占全年累计成交量的15.34%、65.93%。

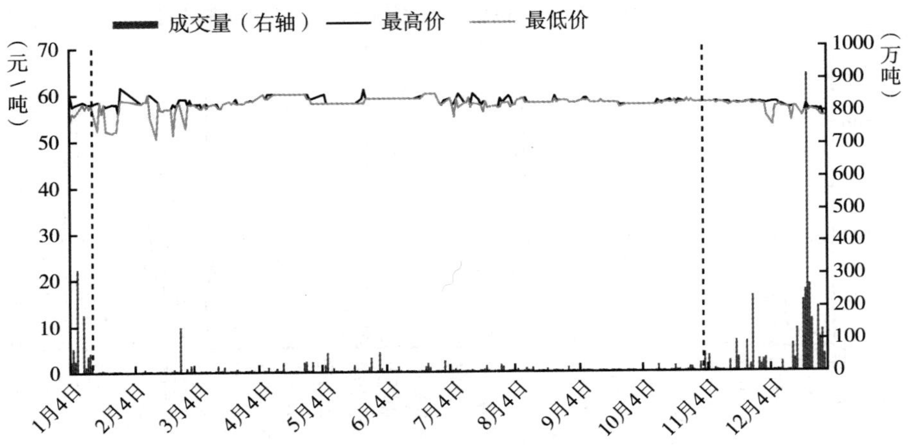


**图4 2022年1~12月全国碳市场交易规模**

资料来源：Wind数据库。

4. 履约情况

福建碳市场：配额清缴方面，截至2022年底，福建碳市场已连续运行2016~2021年度共计6个履约周期，2021年度控排企业应清缴碳排放配额总量13182.7万吨、同比增长4.6%，履约率保持100%，彰显福建省在碳市场建设方面积极作为的卓越成效。国家核证自愿减排量（CCER）流通方面，受CCER停止核发及全国碳市场开市以来存量大幅减少影响，2022年福建碳市场CCER成交量仅0.93万吨、同比下降99.6%，成交总额54.06万元，成交均价58.1元/吨。

全国碳市场：配额清缴方面，根据《第一个履约周期报告》，全国碳市场第一个履约周期履约完成率为91.15%，共1833家重点排放单位按时足额完成配额清缴，178家重点排放单位仅部分完成配额清缴，累计约3273万吨CCER用于配额清缴抵消。2022年2月15日，生态环境部发布《关于做好全国碳市场第一个履约周期后续相关工作的通知》，要求控排企业所在地设区的市级生态环境主管部门于2022年2月28日前完成第一个履约周期未按时足额清缴配额的重点排放单位的限期改正和处理工作。CCER流通方面，与福建省类似，全国全年CCER交易量仅795.9万吨，较2021年同比下降95.46%。

## （三）存在的问题

### 1. 碳金融产品法律依据不足

碳金融产品的核心标的是碳配额，因此碳配额的资产属性界定对碳金融产品的法律依据、交易规则影响巨大。但目前国家和福建省级层面尚无专门的法律对碳配额的资产属性做出明晰界定，导致与碳配额相关的交易财税处理与权益保护纠纷都缺乏相应的法律依据。例如碳配额质押贷款中，债权人对抵押物碳配额的处置权无法得到法律保护，因此银行在办理该类贷款业务时大多仍按照信用贷的利率和形式，在一定程度上限制了碳资产管理在提升资金流动与配置效率中的正面作用。

### 2. 碳市场信息披露制度不完善

信息是市场的灵魂，是交易的催化剂和润滑油。福建碳市场信息披露仍处于初级发展阶段，福建省生态环境厅每年会发布碳配额分配方法、碳市场总体履约结果等，海峡资源环境交易中心作为福建碳市场交易机构，按日、按月公布市场整体交易情况。但对于配额总量、配额分配数据、企业碳排放情况等市场关键信息并未完全公开，信息披露的不足导致监管机构、机构和个人投资者、研究人员无法获取准确的信息，进而导致市场主体大多采取保守的交易策略，出现市场主体惜售、市场交易集中度高等现象，同时不利于研究人员对福建碳市场开展深入研究，很大程度上影响了福建碳市场的发展前景。

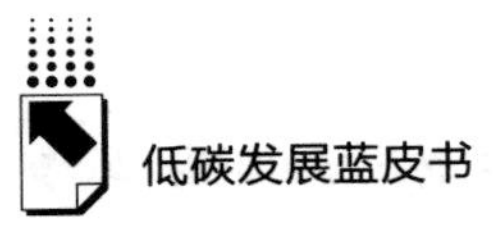


## 三　福建碳市场发展形势预测

### （一）逐步扩大碳配额有偿分配比例

碳配额有偿拍卖分配的方式具有提升市场减排力度和信息效率的作用。除北京、福建外，广东、上海等6个试点碳市场均已开展碳配额有偿拍卖分配，截至2021年12月，共计开展42场次，累计成交量达4769.3万吨，成交价9~60元/吨不等。《福建省碳排放权交易管理暂行办法》明确提出，“碳排放配额初期采取免费分配方式，适时引入有偿分配机制，逐步提高有偿分配的比例”。《福建省碳排放权交易市场调节实施细则（试行）》提出，用于调节碳配额过紧的市场调节配额必要时将以拍卖等形式投放市场。下阶段，福建碳市场或将学习借鉴其他试点碳市场先行先试实践经验，组织开展碳配额有偿拍卖分配并逐步提高有偿分配比例，通过碳市场调节机制促进碳配额优化配置。

### （二）推动碳普惠与碳市场衔接贯通

实现碳普惠与碳市场的衔接贯通将有力推动全社会自发参与低碳减排行动。广东省在碳普惠工作上走在全国前列，先后开发了自行车骑行、废衣再利用、节能热水器等领域的碳普惠方法学，更是在2022年重新编制的《广东省碳普惠交易管理办法》中明确提出“碳普惠核证减排量可作为补充抵消机制进入广东省碳排放权交易市场”，打通了碳普惠与碳市场之间的通道。截至2022年底，广东省已核发5.38万吨自行车骑行项目碳普惠核证减排量，按2022年广东70.5元/吨的碳配额成交均价计算，自行车骑行项目碳减排收益达379.3万元。2022年2月，上海市生态环境局就《上海市碳普惠体系建设工作方案》公开征求意见，方案指出上海将引导碳普惠减排量通过抵消机制进入上海碳排放权交易市场。同年8月，福建省人民政府办公厅发布《福建省推进绿色经济发展行动计划（2022—2025年）》，提出

"鼓励有条件的地方探索建立碳普惠机制"。未来，福建省将逐步建立碳普惠机制，适时将碳普惠减排量纳入碳市场交易体系，以"真金白银"激励民众参与日常低碳减排活动。

### （三）强化碳市场与电力市场融合发展

碳市场与电力市场协同发展有利于充分凝聚清洁低碳发展的政策合力，提高引导企业节能减排的政策效率。2022 年 4 月，湖北省核发了全国第一张获得电力交易中心和碳排放权交易中心共同认证的绿色电力交易凭证，凭证上不仅记录了绿色电力的来源和电量，还登记了本次绿电交易的等效二氧化碳减排量，标志着电碳协同迈出关键一步。2022 年 7 月，福建省启动绿电交易，首场交易成交电量达 2842.7 万千瓦时。2022 年 8 月，福建省印发《关于完整准确全面贯彻新发展理念做好碳达峰碳中和工作的实施意见》，明确提出"加强电力交易、用能权交易和碳排放权交易的统筹衔接"。下阶段，福建省将着手建立健全电碳协同机制，切实体现绿色电力的碳减排属性，推动碳市场和电力市场协调运行。

## 四　福建碳市场发展对策建议

### （一）探索灵活高效的配额分配模式

一是探索"柔性履约"的配额清缴方式。生态环境部研究制定仅适用于全国碳市场第二个履约周期的柔性履约政策，配额缺口大的企业可预支 2023 年度的部分配额用于当前履约周期的清缴。建议探索适合福建碳市场的柔性履约模式，有效衔接全国碳市场两年一次的履约清缴工作。二是加快探索配额免费与有偿发放相结合制度。逐步收紧免费配额发放，适时引入拍卖机制，发挥市场的竞争和激励作用，降低碳减排成本，加大碳减排收益，促进绿色发展"正循环"。

## （二）建立健全碳普惠与碳市场贯通机制

一是探索结构完善、科学规范、特色突出的碳普惠制度体系，建立健全碳普惠数据统计、核算和核查制度，加强碳普惠方法学的开发与申报，合理制定低碳行为减排量的计算方法。二是强化碳普惠与碳市场数据对接，对碳普惠减排量核证与签发机制、交易与消纳规则进行统一规范，推动碳普惠减排量通过核证减排量等形式进入碳市场。三是加强碳普惠数据监管，建立规范高效的数据复核机制，从严惩治数据造假、信息泄露等数据安全问题，强化碳普惠与碳市场贯通的风险管控。

## （三）加速推动电碳市场融合发展

一是建立碳市场与电力市场数据贯通机制。依托东南能源大数据中心，由政府牵头推动碳市场和电力市场数据互通、信息共享，辅助市场主体决策，形成促进能源清洁低碳转型的市场合力。二是做好绿色电力证书与碳市场的衔接工作。《关于做好可再生能源绿色电力证书全覆盖工作　促进可再生能源电力消费的通知》明确绿证核发范围将覆盖所有可再生能源电力，进一步夯实电-碳协同发展的政策基础，下一步应统筹协调绿证、绿电、碳排放权、用能权等市场，以及可再生能源消纳责任权重制度的顶层设计，做好市场机制衔接。

## 参考文献

王芳源：《全国碳市场运行特征及趋势》，《甘肃科技》2023 年第 8 期。

# B.9 "双碳"目标下电-碳市场协同发展策略研究

林晓凡　李益楠　林昶咏*

**摘　要：** 随着"双碳"工作的推进，作为碳减排重要市场机制的电力市场和碳市场按下了改革"加速键"。电力市场初步形成"省级市场为主、省间市场为辅"的格局，多省启动绿电交易试点；碳市场迈入"全国碳市场+地方试点碳市场"双轨制的新阶段。我国推动碳达峰碳中和相关文件中多次指出，要统筹电力交易和碳交易，加强市场机制衔接与协调。考虑到电-碳市场在参与主体、交易价格、交易产品间存在耦合关系，可以此为突破口，通过市场交易品种协同、电-碳市场数据协同、价格传导空间协同"三个协同"，将能源价格与碳排放成本有机结合，促进清洁能源消纳、产业结构调整，助力"双碳"目标实现。

**关键词：** 电力市场　碳市场　电-碳协同　绿电交易

## 一　电-碳市场建设运行情况

### （一）全国统一电力市场加快建设

目前，我国初步形成"省级市场为主、省间市场为辅"的电力市场

* 林晓凡，工学硕士，国网福建省电力有限公司经济技术研究院，研究方向为能源经济、能源战略与政策、电力市场；李益楠，工学硕士，国网福建省电力有限公司经济技术研究院，研究方向为能源经济、战略与政策；林昶咏，工学硕士，国网福建省电力有限公司经济技术研究院，研究方向为能源经济、配电网规划、能源战略与政策。

体系，市场建设呈现“中长期市场全面铺开、现货市场试点开展”格局，交易主体覆盖所有工商业用户和发电企业，交易产品包括电能量和辅助服务等。自2021年9月7日我国绿电交易正式启动以来，交易范围从山西、江苏等17个省份逐步扩大至大部分省份，华东、京津唐等区域也陆续组织开展跨省绿电交易，通过市场化方式有力促进了可再生能源消纳。

### （二）全国和地方碳市场双轨运行

经过多年发展，我国碳市场进入“全国碳市场+地方试点碳市场”同步运行阶段。目前，全国碳市场仅纳入2162家发电相关企业，交易产品主要为碳配额。福建、上海等8个省份试点碳市场，管控范围各不相同，涵盖化工、钢铁、石化等行业，交易产品包括碳配额、国家核证自愿减排量（CCER）和地方特色减排量。

## 二　电-碳市场相互影响机理

电力市场与碳市场的形成根源不同，电力市场是需求驱动型市场，交易需求来源于市场主体的发电、用电需求，交易标的主要为电能量，以实物交割为主；碳市场是政策驱动型市场，交易需求来源于政府设定的强制减排目标，交易标的为碳配额及其衍生品，皆为金融属性产品。现阶段，电力市场和碳市场相对独立，二者在市场政策、管理体系、交易流程等方面截然不同，但又在参与主体、交易价格、交易产品等方面相互影响。

一是参与主体存在重叠。电力市场参与主体由发电企业、电力用户和售电公司组成；碳市场参与主体主要包括全国碳市场纳入的发电企业，地方试点碳市场纳入的化工、钢铁等行业相关企业。在试点碳市场区域，火电企业和部分电力用户同时参与两个市场，其他区域仅火电企业同时参与其中。随着碳市场参与主体范围逐步扩大，两个市场的覆盖主体将更加重叠。

二是交易价格耦合联动。在电力市场中，如果碳价上涨，火电企业购买碳配额部分的生产成本将增加，并纳入发电边际成本核算，进而推高电力市场出清价格。相比于常规电力，绿电附加环境价值，存在一定溢价，表征为绿色电力证书（以下简称“绿证”）。因此，通过电力市场与碳市场协同，有助于充分发挥政策和成本的双重作用，进一步提高绿电的市场竞争力。

三是交易产品互有交叉。绿电具有零碳排放的环境价值，同时蕴藏于电力市场和碳市场的交易产品之中。在电力市场中，绿电交易的溢价体现环境价值；在碳市场中，绿电项目可申请核发 CCER，通过出售 CCER 获得环境权益价值。绿电的电量和 CCER 的碳减排量存在换算关系，电-碳市场经由绿电交易可实现交易互通。

## 三　电-碳市场协同发展思考及建议

### （一）产品协同提升政策效力

可再生能源消纳责任权重制和碳市场交易机制的本质和目的都是促进全社会绿色低碳发展。为满足可再生能源消纳责任权重制考核要求，企业需要通过绿电交易等途径获取足量绿证；为履行碳市场清缴履约义务，企业需要购买足额碳配额或 CCER。考虑到绿电具有零碳特征，应与 CCER 一样享有减少碳排放的环境权益，但在现行政策体系下，两种机制各自独立开展考核，使得参与企业需要重复支付环境费用。

建议：统筹优化绿证与 CCER 管理机制。增加对绿证碳减排量的核定和认证，推动绿证获得电-碳市场双认证。同时，进一步明晰绿电项目申请绿证和 CCER 的规则，避免绿电环境权益重复计算，实现电-碳考核机制有机协同。

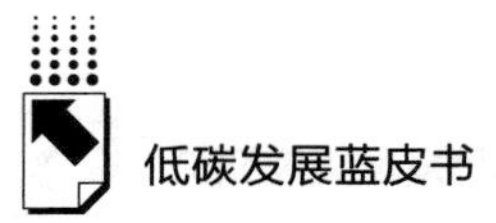


## （二）数据协同助力核算核查

企业碳排放核算主要计及生产过程的直接碳排放和购买电力热力的间接碳排放。目前，碳排放核算尚未考虑企业购买绿电占比情况，无法客观真实反映企业碳排放水平。

建议：推动电-碳市场数据互联互通。一是依托各省能源大数据中心，汇集电力市场、碳市场数据，探索用电与排放一体化监测方法，构建省级多维监测体系，实现企业层面碳排放数据实时监测，提高统计核算水平。二是以电力市场交易数据为基础，充分考虑企业的用电结构，精细化核算火电、核电、绿电等不同发电类型的碳排放，优化企业购电碳排放核算核查机制，提升碳排放数据核算的准确性。

## （三）空间协同保障能源安全

随着碳配额逐年收紧，火电企业经营压力不断增大，按企业碳配额缺口5%计算，55.3元/吨碳价（2022年全国碳市场平均成交价）将导致火电企业平均发电成本提高2.3厘/千瓦时。同时，火电企业碳价疏导空间有限，主要有电能量市场和辅助服务市场两个渠道。电能量市场方面，由于煤炭、天然气等能源价格高企，自放开燃煤电价以来多省电力市场出清价大幅上涨；辅助服务市场方面，需疏导煤电机组灵活性改造费用，但多省辅助服务费用尚未向用户侧分摊或分摊力度较小。碳价的持续走高与疏导空间不足的矛盾，将严重挤压火电生存空间，降低火电企业发电意愿，给电力保供带来巨大压力。

建议：双管齐下合理控制碳价影响。一是在能源转型过渡期，优先考虑保供要求，近期暂不引入碳配额有偿拍卖，精准稳妥推进碳配额收紧进程。二是健全辅助服务市场机制，完善辅助服务交易品种，探索推出适应新型电力系统建设的火电机组容量补偿机制，加快落实第三监管周期用户电价构成中的辅助服务费用项目，按照“谁受益，谁承担”的原则推动辅助服务费向用户侧分摊，畅通碳价传导机制。

## 参考文献

尚楠、陈政、冷媛：《电碳市场背景下典型环境权益产品衔接互认机制及关键技术》,《中国电机工程学报》，网络首发时间：2023 年 3 月 17 日。

岳铂雄等:《碳交易机制推动电力行业低碳转型》,《电气自动化》2022 年第 4 期。

《湖北颁发全国首批双认证“绿电交易凭证”》,《中国能源报》2022 年5 月9 日。

# B.10

# “双碳”目标下福建省电力市场及价格机制发展情况

叶颖津　韩雅儒　阮　迪　张承圣*

**摘　要：** 践行“双碳”目标，能源是主战场，电力是主力军。“双碳”目标提出后，我国在2015年新一轮电力体制改革的基础上，深化能源价格改革，加快构建有效竞争的市场结构和市场体系，为加快规划建设新型能源体系，积极稳妥推进碳达峰碳中和提供重要保障。福建省电源结构合理，拥有较为丰富的海上风电、核电等清洁电力资源，电力市场运行平稳，市场规则体系逐渐完备，能源低碳转型的基础条件较优。下一步，需要深化落实电力体制改革要求，依托有效市场和有为政府的积极作用，加快完善电力市场机制和价格体系，探索福建参与全国统一电力市场的融合发展路径，更好发挥市场在资源配置中的决定性作用和价格在资源配置中的“牛鼻子”作用，为顺利实现“双碳”目标创造有利条件。

**关键词：** 代理购电价格　输配电价　销售电价　电力市场

---

* 叶颖津，管理学硕士，国网福建省电力有限公司经济技术研究院，研究方向为电力价格及理论、电力市场；韩雅儒，管理学硕士，国网福建省电力有限公司经济技术研究院，研究方向为电力价格及理论、电力市场；阮迪，管理学硕士，国网福建省电力有限公司经济技术研究院，研究方向为电力价格及理论、电力市场；张承圣，工程硕士，国网福建省电力有限公司经济技术研究院，研究方向为电力价格及理论、电力市场。

## 一　福建省电力价格水平分析[①]

电力价格是电力系统供电成本和价值的集中反映，电力价格水平能够在一定程度上反映出“双碳”目标下新型电力系统建设的经济高效程度。目前，福建省电力用户分为居民生活、农业生产用电和工商业用电。

### （一）居民生活、农业生产用电的电力价格水平

2021 年 10 月，我国推动燃煤发电上网电价市场化改革，建立电网企业代理购电机制[②]，要求居民生活、农业生产用电的电力价格继续执行有权价格主管部门核定的目录销售电价，由电网企业保障，保持价格稳定。电网企业为保障居民生活、农业生产用电价格稳定产生的新增损益（含偏差电费），按月由全体工商业用户分摊或分享。根据《2023 年福建省电力中长期市场交易方案》，福建省将水电、燃气发电、生物质发电、光伏发电、华龙一号核电机组上网电量和市场合约外的风电机组上网电量用于保障居民生活、农业生产优先购电。从现状看，福建省居民生活用电[③]第一档电价为 0.4983 元/千瓦时，排名全国第 21（见图 1）；合表用户电价为 0.5330 元/千瓦时，排名全国第 18（见图 2）。以不满 1 千伏电压等级对应电价为例，福建省农业生产用电电价[④]为 0.5750 元/千瓦时，排名全国第 8（见图 3）。

### （二）工商业用户的电力价格水平

根据 2023 年 5 月国家发展改革委发布的《关于第三监管周期省级电网输

① 除特殊说明外，本文电力价格数据均为含税价。

② 电网企业代理购电是指对暂未直接参与市场交易的用户，由电网企业通过市场化方式代理购电。

③ 福建省居民生活用电价格含重大水利工程建设基金 0.196875 分钱，大中型水库移民后期扶持资金 0.62 分钱，可再生能源电价附加 0.1 分钱。

④ 福建省农业生产用电（不含农业生产排灌用电）价格含重大水利工程建设基金 0.196875 分钱，大中型水库移民后期扶持资金 0.62 分钱，小型水库移民扶助基金 0.05 分钱。

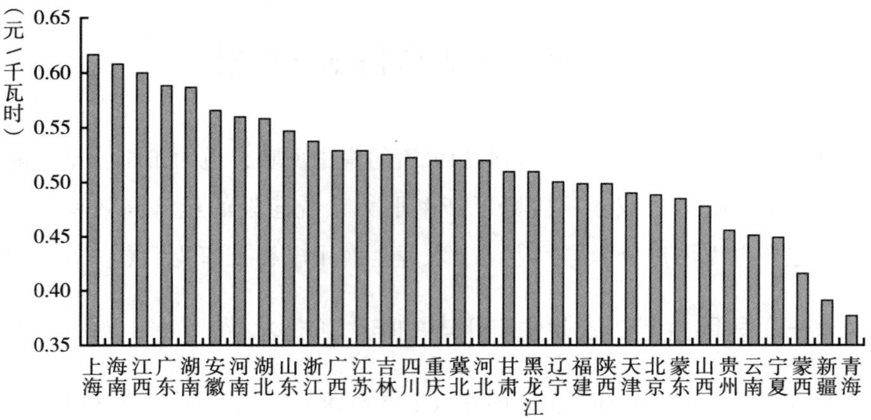


**图 1　全国居民生活用电第一档电价情况**

注：除特殊说明外，本文所指“全国”的统计范围为中国大陆除西藏以外的 30 个省（区、市），其中冀北与河北其他地区分开统计，蒙东地区与蒙西地区分开统计，广东省统计范围不含深圳市。

资料来源：根据价格主管部门公开发布的销售电价整理。

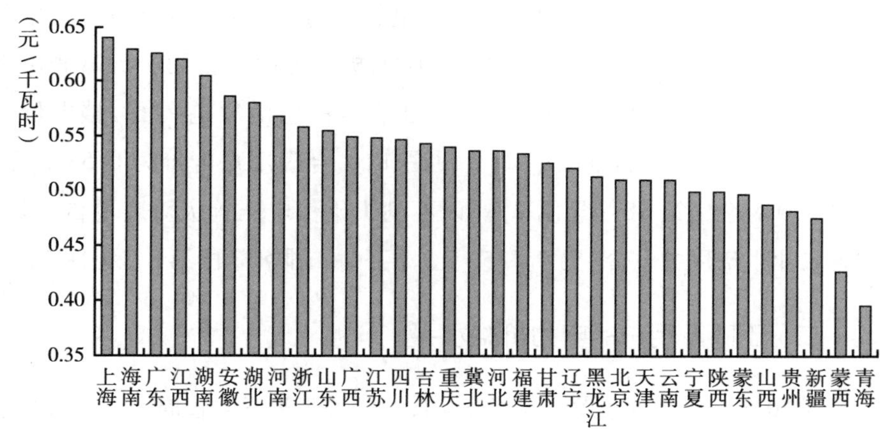


**图 2　全国居民生活用电合表用户电价情况**

资料来源：根据价格主管部门公开发布的销售电价整理。

配电价及有关事项的通知》及福建省发展改革委下发的《关于落实第三监管周期输配电价有关事项的通知》，福建省工商业用户的电力价格由上网电价、上网环节线损费用、输配电价、系统运行费用、政府性基金及附加五个部分

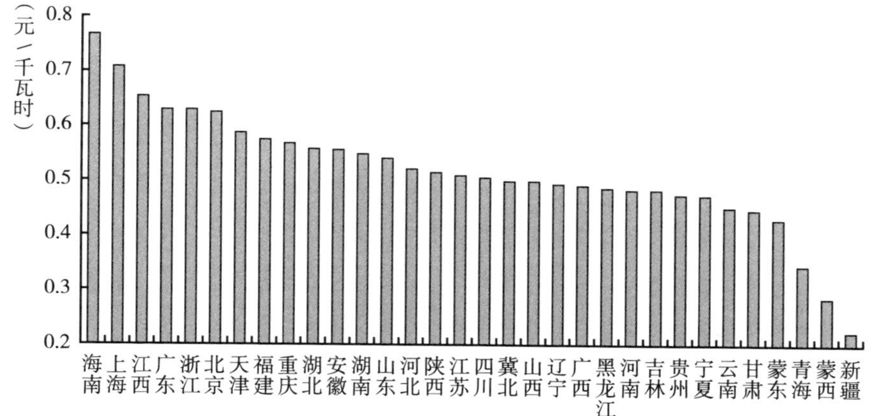


**图 3　全国不满 1 千伏电压等级农业生产用电电价情况**

资料来源：根据价格主管部门公开发布的销售电价整理。

组成。其中，上网电价对于直接交易用户即为市场交易电价，对于电网企业（含增量配电网、地方电网）代理购电用户即为代理购电价格①。综合考虑电力价格数据的可获取程度，本文以福建省代理工商业用户购电价格及到户电价作为电力价格水平的参照进行分析。此外，由于上网环节线损费用、系统运行费用、政府性基金及附加三个部分的合计值占电力价格的比重不足 10%，因此本文重点针对电力价格水平总体情况、代理购电价格以及输配电价进行分析。

1. 总体情况

从现状看，福建省电力价格水平总体处于全国中下游。以 1～10（20）千伏电压等级对应电价为例，2022 年福建省两部制工商业用电代理购电到户价格为 0.6231 元/千瓦时，排名全国第 18（见图 4）；单一制工商业用电代理购电到户价格为 0.6258 元/千瓦时，排名全国第 22（见图 5）。从趋势看，一次能源价格水平高位震荡、能源加快低碳转型、福建电网发展投入持续增加等客观形势，将成为福建省电力价格水平波动上涨的驱动因素。

① 本文代理购电价格及代理购电到户价格数据来自“网上国网”、“南网在线”及“蒙电 e 家”App 中各省（区、市）电网公司代理购电工商业用户电价公告，数据截至 2023 年 8 月。

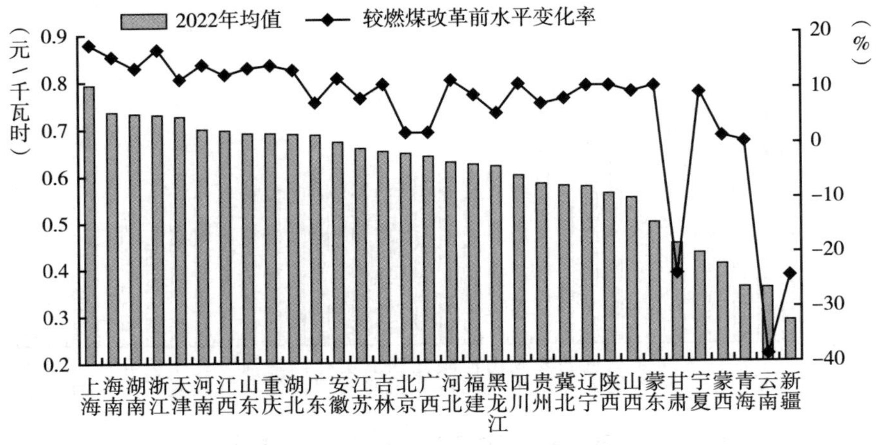


**图4　2022年全国1~10（20）千伏电压等级两部制工商业用电代理购电到户价格及较燃煤改革前水平变化情况**

注：甘肃电网1~10（20）千伏电压等级两部制工商业用电的燃煤改革前销售电价采用0.5943元/千瓦时（含税）作为比较基数。

资料来源："网上国网"、"南网在线"及"蒙电e家"App中各省（区、市）电网公司代理购电工商业用户电价公告。

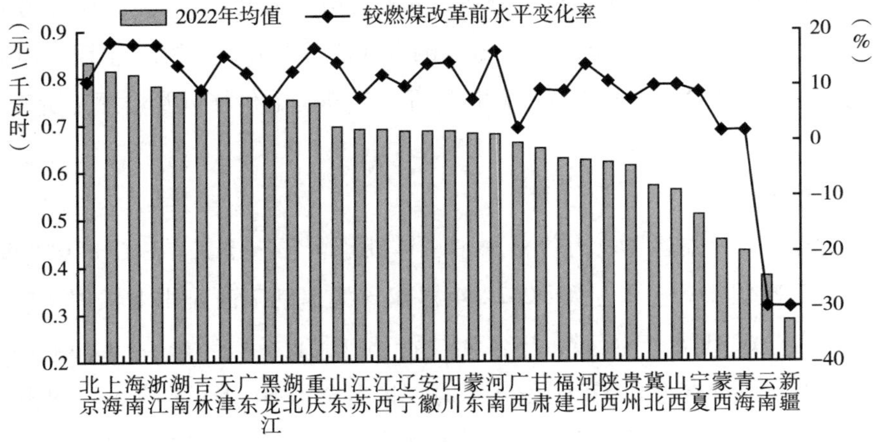


**图5　2022年全国1~10（20）千伏电压等级单一制工商业用电代理购电到户价格及较燃煤改革前水平变化情况**

资料来源："网上国网"、"南网在线"及"蒙电e家"App中各省（区、市）电网公司代理购电工商业用户电价公告。

### 2. 代理购电价格水平

2021 年 12 月，代理购电用户电价数据首次公布，此后，代理购电价格按月公布、次月执行。从现状看，福建省代理购电价格水平总体处于全国中游，与燃煤基准价相比上涨幅度相对较小，主要由于福建省低价水电资源较为丰富。2022 年，福建省代理购电价格均值为 0.4432 元/千瓦时，排名全国第 14；较福建省燃煤基准价[①]上浮 12.7%，涨幅排名全国第 22（见图 6）。从变化趋势看，2021 年 12 月至 2023 年 5 月，受福建省水情夏汛冬枯等因素影响，福建省代理购电价格先波动下降后呈“几”字形波动态势（见图 7）。

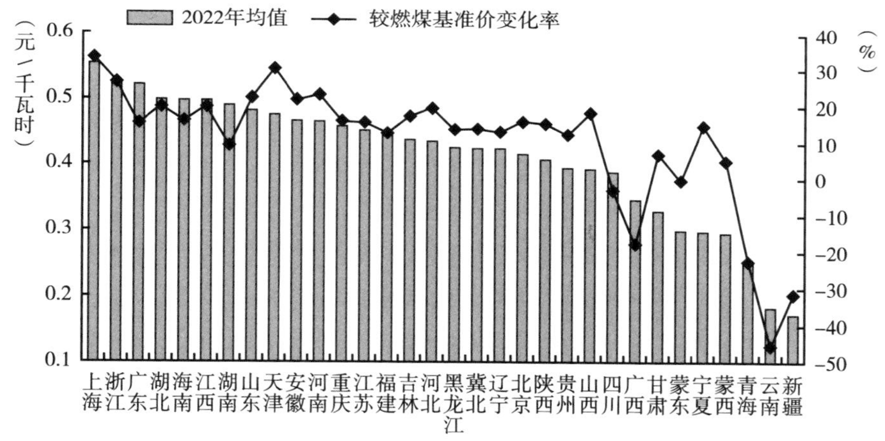


**图 6　2022 年全国代理购电均价及较燃煤基准价变化情况**

资料来源：“网上国网”、“南网在线”及“蒙电 e 家”App 中各省（区、市）电网公司代理购电工商业用户电价公告。

### 3. 输配电价水平

从现状看，第三监管周期福建省输配电价水平总体处于全国中下游。以 1~10（20）千伏电压等级对应电价为例，福建省两部制工商业用电电量电价排名全国第 19，单一制工商业用电电量电价排名全国第 25（见表 1、表 2）。目前，福建省输配电价占销售电价比重约为 30%，与我国平均水平相

① 福建省燃煤基准价为 0.3932 元/千瓦时（含税）。

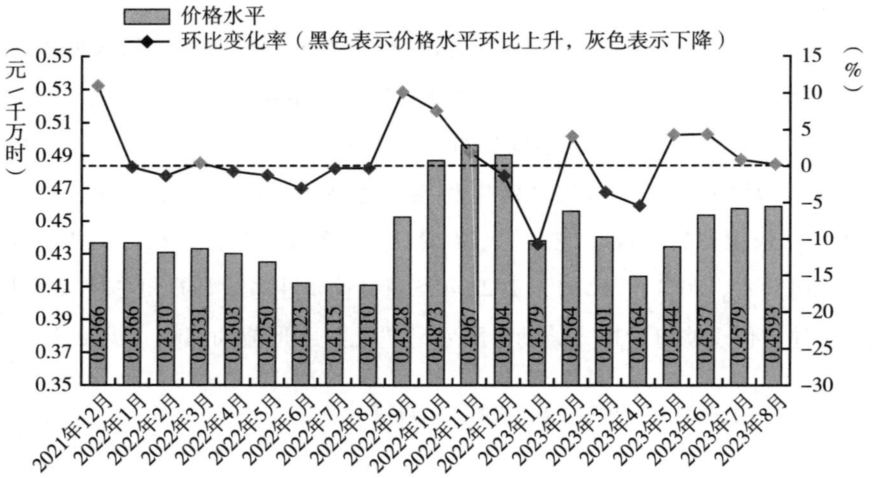


**图7　2021年12月至2023年8月福建省代理购电价格水平及环比变化情况**

资料来源：福建省电网公司代理购电工商业用户电价公告。

当，低于美国、日本等发达国家。新型电力系统构建迫切需要电网加大建设与升级改造力度，福建省输配电价结构占比仍有提升空间。从变化趋势看，主要受到福建电网发展投入增加等因素影响，第三监管周期福建省输配电价水平较第二监管周期总体小幅上涨。

**表1　全国1~10（20）千伏电压等级两部制工商业用电电量电价水平及排名情况**

单位：元/千瓦时

| 地区 | 电量电价 | 排名 | 地区 | 电量电价 | 排名 |
|---|---|---|---|---|---|
| 北京 | 0.2065 | 1 | 江西 | 0.1505 | 8 |
| 上海 | 0.2039 | 2 | 吉林 | 0.1497 | 9 |
| 湖南 | 0.1694 | 3 | 山东 | 0.1491 | 10 |
| 天津 | 0.1687 | 4 | 蒙东 | 0.1483 | 11 |
| 河南 | 0.1680 | 5 | 广西 | 0.1476 | 12 |
| 河北 | 0.1533 | 6 | 安徽 | 0.1428 | 13 |
| 重庆 | 0.1529 | 7 | 四川 | 0.1390 | 14 |

续表

| 地区 | 电量电价 | 排名 | 地区 | 电量电价 | 排名 |
| --- | --- | --- | --- | --- | --- |
| 黑龙江 | 0.1358 | 15 | 陕西 | 0.1231 | 24 |
| 江苏 | 0.1357 | 16 | 新疆 | 0.1204 | 25 |
| 海南 | 0.1350 | 17 | 山西 | 0.1040 | 26 |
| 云南 | 0.1296 | 18 | 甘肃 | 0.1028 | 27 |
| 冀北 | 0.1292 | 19 | 辽宁 | 0.1024 | 28 |
| 福建 | 0.1292 | 19 | 广东 | 0.0985 | 29 |
| 贵州 | 0.1280 | 21 | 宁夏 | 0.0920 | 30 |
| 湖北 | 0.1263 | 22 | 青海 | 0.0834 | 31 |
| 浙江 | 0.1260 | 23 | 蒙西 | 0.0795 | 32 |

资料来源：《国家发展改革委关于第三监管周期省级电网输配电价及有关事项的通知》（发改价格〔2023〕526号）。

**表2　全国1~10（20）千伏电压等级单一制工商业用电电量电价水平及排名情况**

单位：元/千瓦时

| 地区 | 电量电价 | 排名 | 地区 | 电量电价 | 排名 |
| --- | --- | --- | --- | --- | --- |
| 北京 | 0.3900 | 1 | 贵州 | 0.2062 | 17 |
| 蒙东 | 0.3361 | 2 | 陕西 | 0.2015 | 18 |
| 甘肃 | 0.2765 | 3 | 湖北 | 0.1903 | 19 |
| 黑龙江 | 0.2726 | 4 | 青海 | 0.1807 | 20 |
| 吉林 | 0.2564 | 5 | 河北 | 0.1750 | 21 |
| 天津 | 0.2510 | 6 | 广东 | 0.1719 | 22 |
| 广西 | 0.2462 | 7 | 河南 | 0.1680 | 23 |
| 海南 | 0.2361 | 8 | 宁夏 | 0.1646 | 24 |
| 湖南 | 0.2358 | 9 | 福建 | 0.1633 | 25 |
| 上海 | 0.2305 | 10 | 江西 | 0.1616 | 26 |
| 四川 | 0.2296 | 11 | 安徽 | 0.1614 | 27 |
| 浙江 | 0.2144 | 12 | 新疆 | 0.1606 | 28 |
| 江苏 | 0.2134 | 13 | 云南 | 0.1520 | 29 |
| 重庆 | 0.2121 | 14 | 冀北 | 0.1442 | 30 |
| 辽宁 | 0.2085 | 15 | 蒙西 | 0.1289 | 31 |
| 山东 | 0.2069 | 16 | 山西 | 0.1256 | 32 |

资料来源：《国家发展改革委关于第三监管周期省级电网输配电价及有关事项的通知》（发改价格〔2023〕526号）。

## 二 “双碳”目标推进下福建省电力价格机制发展情况及相关建议

### （一）上网电价机制发展情况

不同电源类型的电力生产经营方式和成本结构不同，上网电价机制也存在较大差异。随着电力市场化改革纵深推进，我国上网电价逐步从政府定价向市场化定价转变。根据各类型电源在新型电力系统中的功能作用，逐步优化完善各类电源的上网电价机制，是保障电力安全稳定供应、促进能源电力清洁低碳转型的重要举措。

**1. 燃煤发电上网电价机制**

“双碳”目标下能源向清洁化、低碳化发展成为大趋势，煤电正由传统提供电力、电量的主体性电源，向基础保障性、系统调节性和应急备用电源转变，为构建新型电力系统提供支撑保障。福建省煤电装机容量占比大，目前仍是福建电力供应最主要的电源。2004～2017 年，为引导煤电清洁化改造，福建省燃煤标杆上网电价一共经历 11 次调整，相继在上网电价中对脱硫、脱硝、除尘给予不同的加价补偿。其中，2016 年福建省按照国家政策要求对煤电超低排放实行电价支持政策，促进了煤电清洁化发展。随着电力市场化改革不断推进，煤电逐步进入市场参与交易，燃煤标杆电价机制的局限性逐渐凸显。2019 年，煤电开始执行“基准价+上下浮动”的市场化价格机制。2021 年燃煤发电上网电价市场化改革后，煤电全部进入市场，价格浮动范围扩大为上下均不超过 20%，其中，高耗能企业市场交易电价不受上浮 20%限制。现阶段，煤电真正建立了“能跌能涨”的市场化价格机制，为能源低碳转型和电力安全稳定供应提供保障。

**2. 燃气发电上网电价机制**

气电是一种污染较小的清洁能源，与煤电相比，气电调峰能力强、速度快、受限制条件少，是理想的灵活性电源。2015 年起，我国气电上网电价机制实行省级负责制，由省级政府价格主管部门制定各地气电上网电价具体管理办法。福建共建成莆田、晋江、厦门三个燃气电厂，LNG 原料来源于印度尼西亚东固气田，LNG 门站价格与燃气电厂标杆上网电价均由福建省价格主管部门核定。福建省气电上网电价采用单一制电价形式并与 LNG 门站价格联动，2008~2023 年，受到 LNG 门站价格变动等因素影响，福建省气电上网电价共经历 7 次调整。

### 3. 核电上网电价机制

核电作为清洁电源和稳定可靠的基荷电源，是能源绿色低碳转型中必不可少的一员，在保障新型电力系统安全稳定运行方面具有重要作用。2014~2017 年，福建充分发挥沿海地区优势，安全稳妥发展核电，结合其间燃煤机组标杆上网电价和增值税税率变动情况，相继核定和调整了省内 8 台在运核电机组的标杆上网电价（见表 3）。2015 年以后，福建逐步推动核电机组进入电力市场，核电上网电价机制逐步转向市场化定价。2022 年，除华龙一号以外，福建省核电机组原则上全部上网电量参与电力市场交易，市场化电量根据全省电力电量平衡及外送情况进行动态调整。

**表 3　福建在运核电机组标杆上网电价情况**

单位：万千瓦，元/千瓦时

| 核电厂 | 机组 | 容量 | 商运时间 | 上网电价 |
|---|---|---|---|---|
| 宁德核电厂 | #1 | 108.9 | 2013 年 4 月 | 0.4153 |
| | #2 | 108.9 | 2014 年 5 月 | |
| | #3 | 108.9 | 2015 年 6 月 | 0.3916 |
| | #4 | 108.9 | 2016 年 7 月 | 0.3590 |
| 福清核电厂 | #1 | 108.9 | 2014 年 11 月 | 0.4153 |
| | #2 | 108.9 | 2015 年 10 月 | 0.3916 |
| | #3 | 108.9 | 2016 年 10 月 | 0.3590 |
| | #4 | 108.9 | 2017 年 9 月 | 0.3779 |
| | #5（华龙一号） | 115 | 2021 年 1 月 | 未发布 |
| | #6（华龙一号） | 115 | 2022 年 1 月 | 未发布 |

资料来源：《中国广核电力股份有限公司 2022 年环境、社会及管治报告》《中国广核电力股份有限公司 2022 年年度报告》《中国核能电力股份有限公司 2021 年年度报告》。

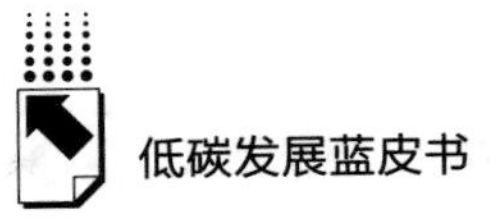


4. 水力发电上网电价机制

福建省水电上网电价实行“一厂一价”的价格机制，即由政府依据电厂的投资额与年均发电量等指标，单独核定每个水电厂的上网电价。2007年，福建省发布水电标杆电价，区分总装机容量、库容调节系数核定新建水电机组上网电价。2009 年，福建省根据国家鼓励可再生能源发电政策，综合考虑新建水电站水力资源较差、发电小时数下降等因素，调整新建小水电机组上网标杆电价。2012 年，为缓解水电企业生产经营压力，福建省水电上网标杆电价每千瓦时提高 2.1 分钱。2015 年，福建省公布了省级结算水电上网电价，价格水平集中在 0.2410~0.4633 元/千瓦时，电厂数量达 457个。2021 年，为落实国家生态环境保护要求，福建出台《水电站生态下泄流量监督管理办法》，按照核定的最小生态下泄流量对省内投产并网运行的水电站实行监管和考核，探索将水电站对生态环境产生的外部成本“内部化”，引导解决早期过度开发水电导致的河流减水、脱流、断流、污染物淤积、自净能力显著下降等问题，进一步提升“双碳”目标下水电的绿色环保价值。

5. 风力发电和光伏发电上网电价机制

“双碳”目标下以风电和光伏发电为主的新能源逐步替代传统电源成为我国能源清洁低碳转型的重要路径。2009~2014 年，我国风电和集中式光伏发电相继确定了首个标杆上网电价，福建属于Ⅳ类风能资源区和Ⅲ类太阳能资源区，执行最高水平的标杆电价；分布式光伏发电未制定标杆电价，实行全电量补贴政策。随着风光项目装机容量大规模增长，为科学合理引导项目投资和促进资源高效利用，国家多次下调风光上网标杆电价，同时可再生能源发电补贴逐年退坡。2019 年后，国家将集中式风电和光伏发电的标杆上网电价改为指导价，并规定新核准项目的上网电价通过竞争方式确定，不得高于指导价。目前，我国风电和光伏发电的价格机制已实现从“标杆电价+补贴”到平价上网的转变（见表 4、表 5），但已纳入补贴清单的存量风光项目仍然执行对应时点的标杆电价或指导价。

**表 4　2009~2021 年风电上网电价变化情况**

单位：元/千瓦时

| 政策出台年份 | 陆上风电 | | | | 海上风电 | |
|---|---|---|---|---|---|---|
| | Ⅰ类 | Ⅱ类 | Ⅲ类 | Ⅳ类 | 近海 | 潮间带 |
| 2009 | 0.51 | 0.54 | 0.58 | 0.61 | / | / |
| 2014 | 0.49 | 0.52 | 0.56 | 0.61 | 0.85 | 0.75 |
| 2015 | 0.47 | 0.50 | 0.54 | 0.60 | / | / |
| 2016 | 0.40 | 0.45 | 0.49 | 0.57 | 0.85 | 0.75 |
| 2019 | 0.34 | 0.39 | 0.43 | 0.52 | 0.8 | 不得高于陆上风电指导价 |
| | 0.29 | 0.34 | 0.38 | 0.47 | 0.75 | |
| 2020 | / | | | | 平价上网 | |
| 2021 | 平价上网 | | | | / | |

资料来源：根据国家发展改革委、国家能源局、财政部印发的风电上网电价及补贴政策整理。

**表 5　2011~2021 年光伏上网电价和补贴标准变化情况**

单位：元/千瓦时

| 政策出台年份 | 普通光伏电站上网电价 | | | 常规分布式光伏发电项目补贴标准 | |
|---|---|---|---|---|---|
| | Ⅰ类 | Ⅱ类 | Ⅲ类 | 户用 | 工商业 |
| 2011 | 1.15 或 1 | 1.15 或 1 | 1.15 或 1 | / | / |
| 2013 | 0.9 | 0.95 | 1 | 0.42 | 0.42 |
| 2015 | 0.8 | 0.88 | 0.98 | / | / |
| 2016 | 0.65 | 0.75 | 0.85 | / | / |
| 2017 | 0.55 | 0.65 | 0.75 | 0.37 | 0.37 |
| 2018 | 0.5 | 0.6 | 0.7 | 0.32 | 0.32 |
| 2019 | 0.4 | 0.45 | 0.55 | 0.18 | 0.1 |
| 2020 | 0.35 | 0.4 | 0.49 | 0.08 | 0.05 |
| 2021 | 平价上网 | | | 补贴额度 5 亿元 | 平价上网 |

资料来源：根据国家发展改革委、国家能源局、财政部印发的光伏上网电价及补贴政策整理。

### 6. 生物质发电上网电价机制

生物质能是清洁环保的可再生能源，生物质发电是目前生物质能应用中最普遍有效的方法之一，具有较大的减排潜力。2006 年，根据国家政策，福建生物质发电项目的上网电价由2005年福建省脱硫燃煤机组的标杆上网电价和补贴电价两个部分组成，其中补贴电价为0.25元/千瓦时，且自2010年起每年新批准和核准建设项目的补贴电价比上一年递减2%。也是从2010年起，我国生物质发电进入分类标杆电价阶段，农林生物质发电的标杆上网电价核定为0.75元/千瓦时；生活垃圾焚烧发电标杆上网电价核定为0.65元/千瓦时，其中高于福建省脱硫燃煤机组标杆上网电价的部分属于补贴电价，补贴电价由央地分摊，即福建省级财政负担0.1元/千瓦时，其余通过中央财政可再生能源发电补贴疏导；沼气发电仍然沿用2006年的标杆上网电价机制，未出台单独的价格政策。随着生物质发电产业技术进步和市场化运行机制逐步形成，生物质发电将逐步摆脱补贴依赖，以竞争方式确定上网电价。自2021年起，规划内已核准未开工以及新核准的生物质发电项目，全部通过竞争方式配置并确定上网电价。

7. 储能价格形成机制

抽水蓄能和新型储能是支撑新型电力系统的重要技术，对推动能源绿色转型、应对极端事件、保障能源安全、促进能源高质量发展、支撑应对气候变化目标实现具有重要意义。

（1）抽水蓄能电站

仙游抽蓄电站是福建首座抽水蓄能电站，其首台机组于2013年投入商业运行，目前尚未进入现货市场，抽水电量电价按福建省燃煤基准价的75%执行，上网电量电价按福建省燃煤基准价执行。2021年，抽蓄电站价格机制进一步优化，主要概括为“以竞争性方式形成电量电价，将容量电价纳入输配电价回收，同时强化与电力市场建设发展的衔接”。2023年5月，福建在运4座抽蓄电站的容量电价经国家核定并公布（见表6），原包含在输配电价内的抽蓄电站容量电费首次在输配电价以外单列。抽蓄电站价格机制更加清晰独立，一是能够激励全社会对抽蓄电站进行投资，并保障抽蓄电站平稳运行；二是推动抽蓄电站作为独立市场主体参与电力市场，促进抽蓄电站以市场化方式合理疏导成本。

**表 6　福建在运抽蓄电站第三监管周期容量电价情况**

| 电站名称 | 装机容量(万千瓦) | 容量电价(元/千瓦) |
|---|---|---|
| 仙游抽蓄 | 120 | 405. 40 |
| 厦门抽蓄 | 140 | 612. 65 |
| 永泰抽蓄 | 120 | 551. 21 |
| 周宁抽蓄 | 120 | 548. 11 |

资料来源：《国家发展改革委关于抽水蓄能电站容量电价及有关事项的通知》（发改价格〔2023〕533 号）。

（2）新型储能

当前，福建省通过引导新能源电站配置新型储能、研究完善新型储能市场价格机制等多种方式，加快畅通新型储能成本疏导路径。2022 年，福建电力调频辅助服务市场交易规则修订，福建晋江储能电站作为独立新型储能电站，参与快速动作区报价并获得调频收益。2023 年 8 月，福建省发展改革委发布政策，鼓励新核准（备案）的风电、光伏及未纳入保障性并网规模的分布式光伏配置储能，配建规模为项目总规模的 10%及以上（时长 2 小时及以上）。

## （二）输配电价机制发展情况

电网企业的输配电业务具有自然垄断属性，我国输配电业务接受政府管制，输配电价由国家价格主管部门核定。科学合理的输配电价体系和形成机制，不仅关系电网健康可持续发展、电力安全稳定供应和能源清洁低碳转型，也关系民生大计和国民经济社会发展。

现阶段，国家发展改革委明确按照“准许成本加合理收益”的原则核定并定期调整省级电网输配电价。2016 年 9 月，福建省开展输配电价改革工作。2023 年 5 月，国家发展改革委在严格成本监审基础上，核定并公布第三监管周期福建电网输配电价，为促进电力安全稳定供应、保障“双碳”目标实现提供重要支撑。一是首次实现分电压等级核定容（需）量电价并进一步拉大电价级差，有利于促进“大小电网”协调发展，推动电网形态加速向能源互联网转变。二是将原包含在输配电价中的抽蓄电站容量电费在“系统运行费”科目中单列。“双碳”目标下可再生能源渗透率不断提高，需要电力系统提供更强的灵活调节能力和更丰富的辅助服务产品。第三监管周期福建抽蓄电站的容量电费合计为78.7亿元（含税），单列抽蓄电站容量电费、辅助服务费用等成本，将促进电力系统调节成本更好疏导，进而引导全社会投资建设灵活调节资源，提升电网对新能源的消纳能力，同时保障电力安全稳定供应。三是对负荷率较高的两部制用户的需量电价给予打折优惠。随着“双碳”目标加快推进，能源消费高度电气化，负荷特性由传统的刚性、纯消费型，向柔性、生产与消费兼具型转变。用户的用电行为将对输配电网的运行及投资产生影响，第三监管周期对于执行需量电价的两部制用户，当每月每千伏安用电量达到260千瓦时及以上时，当月需量电价按标准的九折执行，这将有利于引导用户合理报装容量，提升电力系统的运行效率，提高新型电力系统构建的经济性。

## （三）销售电价机制发展情况

销售电价作为电力供应成本和价值的反映，应该为电力用户提供准确的价格信号，引导用户对用电方式做出响应，以提高用电效率、促进节能降耗、节约用电成本、优化资源配置，服务“双碳”目标实现。销售电价的调整不仅牵涉消费者的利益，还直接关系电力企业的生存与发展，影响我国能源低碳转型的效率。目前，我国销售电价制度主要包括两部制电价、峰谷分时电价、季节性电价以及居民阶梯电价等，本文主要对峰谷分时电价以及居民阶梯电价进行介绍。

### 1.峰谷分时电价机制

1984年起，国家陆续批准在福建省、西南地区、华中地区试行峰谷电价。福建现行峰谷电价政策中的时段划分和峰谷电价浮动比率等内容形成于2004年，并于2017年做出进一步明确；居民峰谷分时电价政策于2012年出台并执行至今，由“一户一表”居民用户自愿申请执行。2021年燃煤发电上网电价市场化改革后，福建执行峰谷分时电价的工商业用户全部进入市场。《2023 年福建省电力中长期市场交易方案》规定，电力用户参与现货结算试运行前，购电价格按照 4 个时段划分标准和各时段的价格系数比执行（见表 7）；电力用户参与现货结算试运行期间，市场主体各时段交易电价由市场交易形成，不再执行上述时段划分标准和价格系数比；发电侧各时段结算价格均为交易成交价格，即平时段交易价格。

**表 7　福建现行代理购电工商业用户及居民用户峰谷分时电价情况**

| 用户类别 | 峰谷时段 | 电价水平 |
| --- | --- | --- |
| 代理购电工商业用户 | 尖峰时段为 11:00~12:00、17:00~18:00 | 尖峰、高峰、平、低谷时段的价格系数比为 1.8 : 1.6 : 1 : 0.4 |
| | 高峰时段为 10:00~11:00、15:00~17:00、18:00~20:00、21:00~22:00 | |
| | 平时段为 8:00~10:00、12:00~15:00、20:00~21:00,22:00~24:00 | |
| | 低谷时段为 00:00~8:00 | |
| 居民用户 | 高峰时段为 8 : 00~22 : 00 | 在各档电价基础上加价 0.03 元/千瓦时 |
| | 低谷时段为 22:00~次日 8:00 | 在各档电价基础上降低 0.2 元/千瓦时 |

资料来源：《福建省发展和改革委员会　国家能源局福建监管办公室关于印发 2023 年福建省电力中长期市场交易方案的通知》（闽发改电力〔2022〕682 号）、《福建省物价局关于全省居民生活用电实行阶梯电价暨用电同价的通知》（闽价商〔2012〕241 号）。

### 2. 居民阶梯电价机制

福建于 2004 年开始试行居民阶梯电价制度，并于 2012 年 6 月全面推行。截至 2012 年 7 月，全国已有 29 个省（区、市）① 出台了居民阶梯电价文件。2013 年起，福建按照国家关于完善居民阶梯电价制度的要求，加大居民用电“一户一表”改造力度。2016 年 11 月 1 日起，福建居民阶梯电价进一步提档不提价，各档电价水平保持不变并延续至今（见表 8）。

① 29 个省（区、市）包括北京、天津、上海、重庆、河北、山西、辽宁、吉林、黑龙江、江苏、浙江、安徽、福建、江西、山东、河南、湖北、湖南、广东、海南、四川、贵州、云南、陕西、甘肃、青海、内蒙古、广西、宁夏。

**表 8　福建“一户一表”居民生活用电价格变化情况**

| 分档 | | 月用电量（千瓦时） | 电价（元/千瓦时） |
|---|---|---|---|
| 2012 年 7 月 | 第一档 | 200 及以下 | 0.4983 |
| | 第二档 | 201～400 | 0.5483 |
| | 第三档 | 401 及以上 | 0.7983 |
| 2016 年 11 月 | 第一档 | 230 及以下 | 0.4983 |
| | 第二档 | 231～420 | 0.5483 |
| | 第三档 | 421 及以上 | 0.7983 |

资料来源：《福建省物价局关于全省居民生活用电实行阶梯电价暨用电同价的通知》（闽价商〔2012〕241 号）、《福建省物价局关于调整居民生活用电阶梯分档电量有关问题的通知》（闽价商〔2016〕298 号）。

### （四）“双碳”目标推进下福建省电力价格机制优化建议

#### 1. 加快完善促进能源低碳转型的电力市场价格机制

一是完善适应电力市场的气电上网电价机制。探索建立气电两部制上网电价机制，为气电参与福建电力现货市场创造良好条件。二是进一步理顺煤电市场化价格机制。在煤电利用小时数下降以及 CCUS 等清洁化改造成本增加的趋势下，统筹设计电能量市场价格机制、容量成本补偿机制等，保障煤电机组成本回收及合理收益。

#### 2. 稳妥优化引导用户节能减排的电价机制

一是完善峰谷分时电价机制。逐步推动分时信号统一由电力市场形成，鼓励电动汽车充换电基础设施执行峰谷分时电价政策，提高电力系统利用效率。二是优化居民阶梯电价机制。落实国家节能优先战略，结合福建省情、网情，合理调整电量划分标准和电价水平，并探索将居民阶梯电价与峰谷分时电价相结合，进一步引导居民用户优化电力消费行为。

## 三　“双碳”目标推进下福建省电力市场发展情况及相关建议

### （一）福建省电力市场发展情况

2010 年，福建省开展电力直接交易试点。2015 年，我国开启新一轮电力体制改革，电力市场体系建设进一步提速。2016 年，福建省启动售电侧改革试点，明确“初步建立‘多买方、多卖方’的售电市场结构和体系”目标。“双碳”目标提出后，电力市场在能源转型与资源配置中的重要作用逐步凸显。经过多年建设发展，现阶段福建电力市场已初步形成模式上涵盖批发、零售两侧市场，空间上覆盖省内、省间两个层次，时间上覆盖中长期、现货两个尺度，品种上覆盖电能量、辅助服务等多类产品的市场体系（见图 8）。

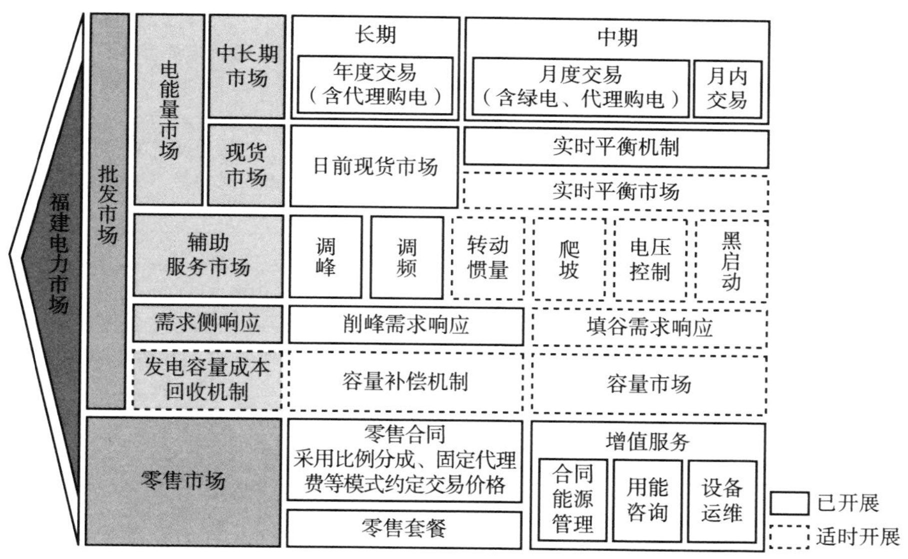


**图 8　福建省电力市场体系**

资料来源：根据福建能监办、福建省发展改革委联合印发的《福建电力市场运营基本规则（试行）》（闽监能市场规〔2023〕2 号），国家发展改革委、国家能源局印发的《关于同意福建省开展售电侧改革试点的复函》（发改经体〔2016〕1855 号）等政策文件整理。

### 1. 电力中长期市场

市场建设初期，福建省电力中长期市场以年度和月度交易为主开展。2020 年，福建能监办、省发展改革委、省工信厅印发《福建省电力市场中长期交易规则》，并在完善市场成员管理等方面进行多次修订（见表 9）。为适应“双碳”目标下市场主体的多元化发展趋势，强化交易的灵活性与规范性，反映新能源的绿色价值并促进新能源更好消纳，福建省形成了“年度交易为主、月度交易为辅、月内灵活调整”的中长期交易机制，并增加月度绿电双边协商、年度与月度清洁能源挂牌等交易品种，更好衔接电力现货市场建设要求，发挥电力中长期市场“压舱石”作用。

**表 9　2017~2022 年福建省电力市场中长期交易规则修订情况**

| 年份 | 政策名称及文号 | 重点内容 |
|---|---|---|
| 2017 | 《福建省电力市场交易规则(试行)》(闽监能市场〔2017〕96 号) | 明确福建省电力市场中长期交易初期以年度交易和月度交易为主,根据需要可组织开展年度以上、季度交易等 |
| 2018 | 《福建省电力市场交易规则(试行)》修订版(闽监能市场〔2018〕20 号) | |
| | 《福建省电力市场交易规则(2018版)》(闽监能市场〔2018〕147 号) | 鼓励开展一年以上的长周期交易,根据市场需要可开展周期和方式灵活的不定期交易,具备条件时可开展月内交易 |
| 2020 | 《福建省电力市场中长期交易规则》(闽监能市场〔2020〕17 号) | 明确电力市场中长期交易包括批发市场交易和零售市场交易,并围绕市场成员、交易周期和方式、交易价格、交易组织、安全校核与交易执行、交易电量调整及处理、计量和结算、偏差考核、信息披露、市场调控、信用评价等做出具体规定 |
| 2021 | 《关于印发〈福建省电力市场中长期交易规则〉补充修订内容的通知》(闽监能市场〔2021〕18 号) | 完善市场成员管理、交易组织方式、交易价格机制等方面内容,并删除部分不适用条款 |
| 2022 | 《关于完善福建省电力市场中长期交易规则有关条款的通知》(闽监能市场〔2022〕11 号) | 为适应国家进一步深化燃煤发电上网电价市场化改革要求进行配套规则完善 |

资料来源：笔者整理。

### 2. 电力现货市场

2019 年，福建省印发《福建省电力现货市场建设试点方案》，明确遵循“安全可靠、因地制宜、有序推进、多方共赢”的原则，分两个阶段建设电力现货市场，并启动第一阶段建设工作，构建以“日前现货市场+实时平衡机制”集中优化为核心的电力现货市场结构，采用单边市场模式。2020 年，福建省印发《福建电力现货市场交易规则（2020 年版）》，并于 8 月 18 日启动电力现货市场连续结算试运行。2022 年，福建省贯彻落实深化燃煤发电上网电价市场化改革精神，推进电力现货市场第二阶段建设方案编制，有序扩大发电侧市场主体，引入用户侧以不报量不报价方式参与现货市场，并有序衔接省内与省间市场。2023 年 3 月，福建电力现货市场正式启动第二阶段模拟试运行。

### 3. 电力辅助服务市场

2017 年，福建省以电力调峰辅助服务市场为起点，启动电力辅助服务市场试点工作。2018 年，福建省启动电力调频辅助服务市场。2019 年以来，福建省结合电力辅助服务市场试运行情况，在丰富交易品种、优化补偿机制、完善独立储能电站参与市场机制等方面，多次修订完善市场交易规则（见表 10），促进福建电力行业绿色低碳转型发展。

**表 10　2017~2022 年福建省电力辅助服务交易规则修订情况**

| 年份 | 政策名称及文号 | 重点内容 |
| --- | --- | --- |
| 2017 | 《福建省电力辅助服务（调峰）交易规则（试行）》（闽监能市场〔2017〕107 号） | 规定机组深度调峰交易、机组启停调峰交易、用户侧参与调峰机制、可中断负荷调峰交易、电储能调峰交易等共 11 个章节、69 条细则 |
| 2018 | 《关于印发〈福建省电力辅助服务（调峰）交易规则（试行）〉补充修订内容的通知》（闽监能市场〔2018〕138 号） | 提出 6 条补充修改意见，涉及费用分摊、偏差考核、交易组织等内容 |
|  | 《福建省电力调频辅助服务市场交易规则（试行）》（闽监能市场〔2018〕140 号） | 规定市场成员、调频市场交易、计量与费用管理、信息发布、市场监管等实施细则 |
| 2019 | 《福建省电力调频辅助服务市场交易规则（试行）（2019 年修订版）》（闽监能市场〔2019〕113 号） | 结合福建省调频辅助服务市场试运行情况进行首次修订 |
| 2020 | 《福建省电力调峰辅助服务交易规则（试行）（2020 年修订版）》（闽监能市场〔2020〕44 号） | 细化机组深度调峰交易实施要求，明确"尽量减少安排核电机组调峰"、因系统需要调用未报价机组补偿机制等内容 |

续表

| 年份 | 政策名称及文号 | 重点内容 |
| --- | --- | --- |
| 2022 | 《福建省电力调峰辅助服务市场交易规则(试行)(2022 年修订版)》(闽监能市场规〔2022〕37 号) | 发电侧加大对火电机组深度调峰、启停调峰补偿力度;在用户侧增设可调节负荷调峰市场交易品种,引导分布式储能、电动汽车(充电桩、充换电站)等可调节负荷资源提供调峰服务;进一步完善独立储能电站参与电力调峰辅助服务市场机制 |
|  | 《福建省电力调频辅助服务市场交易规则(试行)(2022 年修订版)》(闽监能市场规〔2022〕45 号) | 第二次修订规则,修订方向为主要深挖存量机组潜力、构建多元化的调频市场,修订内容包括细化联络线区域控制偏差(ACE)分区,提高常规机组参与调频服务的里程补偿报价上限等 |

资料来源：笔者整理。

4. 绿色电力交易

2022 年，福建省依托电力中长期市场开展绿电交易试点，明确绿电交易应坚持“绿电优先、安全可靠、市场导向、试点先行”的原则，在市场交易和调度运行中优先组织、优先安排、优先执行、优先结算。现阶段，福建省绿电交易以省内为界、以月度为周期组织开展，由批发用户或售电公司与发电企业等市场主体，通过双边协商的方式在“e-交易”电力市场服务平台开展交易，暂不区分时段。

5. 电力需求响应

2022 年 5 月，为进一步优化电力资源配置，充分调动电力需求侧灵活负荷资源，促进负荷高峰时段福建省电力供需平衡，福建省试行电力削峰需求响应，当电力缺口小于等于当年预计最高负荷的 5%，且缺口持续时间小于 4 个小时时启动，年需求响应补贴价格按照“边际出清”原则确定，补贴资金由福建省统筹安排，并鼓励各地方政府因地制宜列支财政专项资金予以支持。2023 年 6 月，福建省首次应用虚拟电厂技术对用电侧的负荷需求响应进行精准管控，“实战”完成对厦门地区可调资源的压降，印证了实施需求响应政策的有效性。

6. 电网企业代理购电

2021 年以来，福建省落实改革要求，推进实施福建省电网企业代理购电，并按照国家要求不断优化代理购电机制。现阶段，福建电网企业代理购电主要依托年度集中竞价交易和月内挂牌交易开展，辅以挂牌补充交易，以“报量不报价”方式参与并优先出清。

## （二）“双碳”目标推进下福建省电力市场机制优化建议

1. 完善清洁能源参与电力市场交易机制

一是健全适应清洁能源特性的市场运行模式。逐步推动核电、风电等清洁能源以自主报量、报价的方式参与福建省电力现货市场第二阶段试运行；进一步缩短福建省电力中长期市场交易周期、增加交易频次，推动中长期交易时间颗粒度与风电等新能源出力特征吻合。二是探索保障清洁能源收益预期的机制。推动用于保障居民生活、农业生产优先购电的清洁能源向政府授权合约转变，统筹清洁能源入市和合理收益预期，确保清洁能源投资积极性。

2. 健全电力辅助服务市场机制

一是优化电力辅助服务共享分担机制。稳妥推进发电企业与电力用户共同分担辅助费用，扩大辅助服务资金来源，激励更多市场主体参与电力系统调节。二是完善新兴主体参与辅助服务市场机制。合理测算、分析新兴主体的电力辅助服务价值，充分挖掘福建地区抽蓄、新型储能、虚拟电厂、负荷聚合商等灵活调节能力。三是逐步丰富电力辅助服务品种。结合福建省能源转型进程，分阶段健全适应新型电力系统建设的爬坡、备用、转动惯量等辅助服务品种，适应电网“双高”特性，平抑新能源间歇性、波动性对电力系统运行带来的扰动影响。

3. 优化各类电力市场间的衔接机制

一是加强中长期与现货电能量市场的有效衔接。积极稳妥推进福建省电力现货市场第二阶段建设，理顺中长期与现货市场衔接关系，强化市场风险管控与监督管理。二是深化电能量与辅助服务市场的融合。完善现货市场与调峰市场的衔接机制，适时设计爬坡辅助服务等新品种；明确现货市场与调频市场的电量出清次序。三是积极探索参与全国统一电力市场的融合发展路径。做好福建省现货市场与华东区域现货市场的有效衔接，促进福建清洁能源在更大范围内消纳，助推东南清洁能源大枢纽建设。

## 参考文献

叶泽主编《电价理论与方法》，中国电力出版社，2014。

武泽辰、马莉、范孟华：《“双碳”目标下电力市场的关键问题探讨》，《中国电力企业管理》2021 年第 25 期。

姚军等：《两部制电价政策执行方式对市场资源配置效率的影响》，《中国电力》2023 年第 3 期。

杨娟：《输配电价改革进展及进一步推进的建议》，《价格理论与实践》2018 年第 4 期。

杨娟、刘树杰：《市场化电力体制中保底供电及其价格形成机制研究》，《价格理论与实践》2019 年第 5 期。

李成仁：《立足新形势　进一步深化输配电价改革》，《中国电力企业管理》2023 年第 7 期。

尤培培：《高比例新能源发展下促进安全保供的电价政策建议》，《中国电力企业管理》2023 年第 16 期。

# 低碳政策篇

Low Carbon Policy

## B.11 2023年福建省控碳减碳政策分析报告

李源非　陈紫晗　陈文欣　施鹏佳*

**摘　要：** 控碳减碳政策作为碳达峰碳中和的实操路线图，有利于更好指导、推进、保障福建省碳减排工作。2022 年以来福建省进一步出台控碳减碳系列政策，提出顺应数字化转型趋势持续推动产业结构优化升级，培育一批新兴产业；加强能源转型顶层设计，构建福建省绿色低碳转型路径的总体蓝图和发展路径；加快健全绿色低碳标准、完善计量监测体系，加强能耗双控监测保障；从林业碳汇、农业碳汇、海洋碳汇三方面，巩固提升生态系统碳汇能力建设；不断深化省内环境权益交易与绿色金融体系机制建设，将生态价值合理转换为经济价值；大力倡导绿色生产生活方式，营造培育低碳节约的社会风尚。预计下一阶段福建省将加快形成

* 李源非，管理学硕士，国网福建省电力有限公司经济技术研究院，研究方向为能源经济、战略与政策；陈紫晗，工学硕士，国网福建省电力有限公司经济技术研究院，研究方向为战略与政策、企业管理；陈文欣，工学硕士，国网福建省电力有限公司经济技术研究院，研究方向为战略与政策、能源经济；施鹏佳，工学硕士，国网福建省电力有限公司经济技术研究院，研究方向为配电网规划、企业管理。

全省范围内系统性、全局性的控碳减碳政策体系，促进传统产业与数字产业共同高效转型，推动绿色交易市场建设纵深迈进，深化多维度低碳试点建设。建议福建省协同推进数字产业化和产业数字化，加快建立碳排放统计核算体系，强化高质量数据支撑，保障政策部署在市场建设工作中落细落实。

**关键词：** 控碳减碳　碳汇市场　生态碳汇

## 一　控碳减碳政策现状

福建省积极稳妥推进碳达峰、碳中和，控碳减碳系列政策多维布局、多点开花，构建了省级碳达峰碳中和“1+N”政策体系，计划陆续出台1个实施意见、9个实施方案、20个保障方案。截至2023年8月，福建省已出台1个实施意见、3个实施方案、9个保障方案，具体见表1~表3。

**表1　福建省碳达峰碳中和实施意见**

| 政策名称 | 福建省发布情况 | 对应国家文件 |
| --- | --- | --- |
| 《关于完整准确全面贯彻新发展理念做好碳达峰碳中和工作的实施意见》 | 2022年8月，《关于完整准确全面贯彻新发展理念做好碳达峰碳中和工作的实施意见》（闽委发〔2022〕14号） | 2021年9月，《中共中央　国务院关于完整准确全面贯彻新发展理念做好碳达峰碳中和工作的意见》 |

**表2　福建省碳达峰碳中和实施方案**

| 分领域分行业实施方案 | 福建省发布情况 | 对应国家文件 |
| --- | --- | --- |
| 2030年前碳达峰实施方案 | 2022年8月，《福建省碳达峰实施方案》（闽政〔2022〕21号） | 2021年10月，《2030年前碳达峰行动方案》（国发〔2021〕23号） |
| 城乡建设领域碳达峰实施方案 | 2023年3月，《福建省城乡建设领域碳达峰实施方案》（闽建科〔2023〕11号） | 2022年6月，《城乡建设领域碳达峰实施方案》（建标〔2022〕53号） |
| 工业领域碳达峰实施方案 | 2023年7月，《福建省工业领域碳达峰实施方案》（闽工信规〔2023〕5号） | 2022年7月，《工业领域碳达峰实施方案》（工信部联节〔2022〕88号） |

**表 3　福建省碳达峰碳中和保障方案**

| 保障方案 | 福建省发布情况 | 对应国家文件 |
| --- | --- | --- |
| 价格政策支持碳达峰碳中和实施方案 | 2021 年 11 月,《福建省"十四五"时期深化价格机制改革行动方案》(闽发改商价〔2021〕653 号) | 2021 年 5 月,《"十四五"时期深化价格机制改革行动方案》(发改价格〔2021〕689 号) |
| 数据中心和 5G 等新型基础设施绿色高质量发展实施方案 | 2022 年 3 月,《福建省贯彻落实碳达峰碳中和目标要求推动数据中心和 5G 等新型基础设施绿色高质量发展实施方案》(闽发改数字〔2022〕154 号) | 2021 年 11 月,《贯彻落实碳达峰碳中和目标要求推动数据中心和 5G 等新型基础设施绿色高质量发展实施方案》(发改高技〔2021〕1742 号) |
| 加强全社会节约用能促进碳达峰实施方案 | 2022 年 6 月,《福建省"十四五"节能减排综合工作实施方案》(闽政〔2022〕17 号) | 2021 年 12 月,《"十四五"节能减排综合工作方案》(国发〔2021〕33 号) |
| 绿色消费实施方案 | 2022 年 6 月,《福建省促进绿色消费实施方案》(闽发改规〔2022〕6 号) | 2022 年 1 月,《促进绿色消费实施方案》(发改就业〔2021〕107 号) |
| 减污降碳协同增效实施方案 | 2022 年 7 月,《福建省减污降碳协同增效实施方案》(闽环保综合〔2022〕12 号) | 2022 年 6 月,《减污降碳协同增效实施方案》(环综合〔2022〕42 号) |
| 氢能产业发展规划 | 2022 年 12 月,《福建省氢能产业发展行动计划(2022—2025 年)》(闽发改高技〔2022〕690 号) | 2022 年 3 月,《氢能产业发展中长期规划(2021—2035 年)》(发改高技〔2021〕1742 号) |
| 领导干部碳达峰碳中和教育培训实施方案 | 《关于加强干部碳达峰碳中和教育培训的实施方案》(闽委组通〔2022〕28 号) | 《关于加强干部碳达峰碳中和教育培训的意见》(中组发〔2022〕8 号) |
| 完善能源绿色低碳转型体制机制和政策措施的意见 | 2023 年 5 月,《福建省发展和改革委员会关于福建省完善能源绿色低碳转型体制机制和政策措施的意见》(闽发改能源综函〔2023〕150 号) | 2022 年 1 月,《关于完善能源绿色低碳转型体制机制和政策措施的意见》(发改能源〔2022〕206 号) |
| 绿色低碳发展国民教育体系建设实施方案 | 2023 年 8 月,《福建省绿色低碳发展国民教育体系建设实施方案》(闽教综〔2023〕11 号) | 2022 年 11 月,《绿色低碳发展国民教育体系建设实施方案》(教发〔2022〕2 号) |

总的来看，2022 年以来福建省级层面碳达峰碳中和“1+N”政策体系走深走实，结合 2022 年地市层面出台的政策来看，整体涵盖产业升级、能源转型、计量监测、生态碳汇、市场机制、低碳生活等方面。

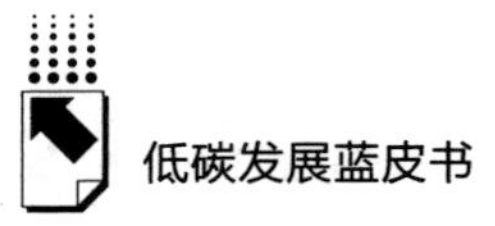


## （一）持续推动产业结构绿色升级

加快构建现代化产业体系，推动产业智能化、数字化、绿色化转型，是实现碳达峰碳中和目标的必由之路。2022 年，福建省从产业数字化转型、培育新兴产业、产业能效提升等方面，全力推动产业结构绿色升级。

在产业数字化转型方面，福建省发布《福建省推进绿色经济发展行动计划（2022—2025 年）》，支持企业建立智慧能源管理平台，进一步推动高碳制造业数字化减碳降碳（见表 4）。地市层面，泉州市提出聚焦石油化工等 9 个主导产业以及新能源等 3 个战略性新兴产业，分行业推进产业数字化转型；三明市提出推动数字经济先进技术与绿色低碳产业深度融合，培育新技术、新产品、新业态、新模式（见表 5）。

**表 4　2022 年以来福建省级推动产业结构绿色升级主要政策**

| 发布时间 | 政策名称 | 主要相关内容 |
| --- | --- | --- |
| 2022 年 3 月 | 福建省冶金、建材、石化化工行业"十四五"节能降碳实施方案 | 到 2025 年，全省钢铁、有色等行业能效达到标杆水平的产能比例超过 30%；水泥、平板玻璃、建筑卫生陶瓷等行业能效达到标杆水平的产能比例超过 30%；炼油、乙烯、对二甲苯、合成氨、离子膜烧碱等重点细分行业能效达到标杆水平的产能超过相应比例 |
| 2022 年 3 月 | 《2022 年数字福建工作要点》 | 做大做强 5G、大数据、卫星应用等特色优势产业，培育发展人工智能、区块链、超高清视频及电竞等未来产业 |
| 2022 年 3 月 | 《关于推动工业节能降碳和资源综合利用的若干措施》 | 推动重点行业存量项目开展节能降碳技术改造；支持工业企业牵头实施低效设备更新改造、能效水平提升、能量系统优化、能源梯级利用等节能改造项目、重大示范引领工程建设 |
| 2022 年 4 月 | 《福建省"十四五"生态省建设专项规划》 | 组织实施绿色产业指导目录，持续壮大新材料、新能源、新能源汽车、生物与新医药、节能环保、海洋高新等新兴产业 |
| 2022 年 4 月 | 《关于做好重点领域节能降碳改造升级工作的实施方案》 | 分步实施、有序推进重点行业节能降碳工作；对全省重点领域开展能效水平摸底梳理，对重点企业开展实地核查，建立企业能效清单 |

续表

| 发布时间 | 政策名称 | 主要相关内容 |
| --- | --- | --- |
| 2022 年 5 月 | 《福建省水泥玻璃行业产能置换实施意见》 | 省内需要制定产能置换方案的水泥熟料和平板玻璃建设项目,产能置换比例分别不低于 1.5∶1 和 1∶1;使用国家产业结构调整目录限制类水泥熟料生产线作为置换指标和跨省置换水泥熟料指标的,产能置换比例不低于 2∶1 |
| 2022 年 6 月 | 《福建省"十四五"节能减排综合工作实施方案》 | 以钢铁、有色金属、建材、石化化工等行业为重点,对标能效标杆水平,促进行业整体能效水平提升;坚决遏制高耗能高排放项目盲目发展 |
| 2022 年 7 月 | 《福建省减污降碳协同增效实施方案》 | 到 2025 年,重点行业产能和数据中心达到能效标杆水平的比例超过 30%;依法实施"双超双有高耗能"企业强制性清洁生产审核,开展重点行业清洁生产改造,推动一批重点企业达到国际领先水平 |
| 2022 年 8 月 | 《福建省推进绿色经济发展行动计划(2022—2025 年)》 | 到 2025 年,工业战略性新兴产业产值占规上工业产值比重提高到 23%;推动企业建设智慧能源管理平台,推动高碳制造业数字化减碳降碳工作 |
| 2022 年 11 月 | 《福建省人民政府关于支持莆田市践行木兰溪治理理念建设绿色高质量发展先行市的意见》 | 加快异质结太阳能电池技术迭代升级,做大做强国家新能源产业创新示范区核心区;持续完善集成电路、生物医药、高端装备等产业发展链条,培育壮大战略性新兴产业集群 |
| 2022 年 12 月 | 《福建省氢能产业发展行动计划(2022—2025 年)》 | 在产业培育方面,完善氢能全产业链,到 2025 年,培育 20 家具有全国影响力的知名企业,覆盖氢能制备、存储、运输、加注、燃料电池和应用等领域,实现产值 500 亿元以上 |
| 2022 年 12 月 | 《福建省人民政府关于全面实施标准化战略的意见》 | 到 2025 年,研制战略性新兴产业相关标准 150 项,战略性新兴产业标准体系进一步完善 |
| 2023 年 7 月 | 《福建省工业领域碳达峰实施方案》 | 围绕新一代信息技术、生物技术、新能源、新材料、高端装备、新能源汽车、绿色环保以及航空航天、海洋装备等战略性新兴产业,打造低碳转型效果明显的先进制造业集群 |

**表 5　2022 年福建省地市级推动产业结构绿色升级主要政策**

| 发布时间 | 政策名称 | 主要相关内容 |
| --- | --- | --- |
| 1 月 | 《福州市"十四五"工业和信息化产业发展专项规划》 | 紧盯高端化、智能化、绿色化"三化"发展方向，着力培育新材料、新能源和新一代信息技术"三新"产业，构建具有福州特色的"三化三新"现代产业体系 |
| 2 月 | 《漳州市"十四五"战略性新兴产业发展专项规划》 | 到 2025 年，全市战略性新兴产业综合实力明显提升，增加值突破 650 亿元，工业战略性新兴产业产值占规上工业产值比重达到 23% |
| 3 月 | 《厦门市加快建立健全绿色低碳循环发展经济体系工作方案》 | 重点发展新一代信息技术、生物医药与健康、新材料与新能源、数字创意和海洋高新等战略性新兴产业 |
| 4 月 | 《龙岩市加快建立健全绿色低碳循环发展经济体系实施方案》 | 到 2025 年，产业结构、能源结构、运输结构持续优化；到 2030 年，绿色产业规模迈上新台阶，重点行业能源利用效率大幅提升；到 2035 年，产业结构全面优化，现代产业体系基本建成 |
| 4 月 | 《泉州市制造业数字化转型行动方案》 | 聚焦 9 个主导产业，以及生物医药、新材料、新能源等 3 个战略性新兴产业，分行业推进产业数字化转型 |
| 5 月 | 《龙岩市"十四五"支持战略性新兴产业高质量发展十二条措施》 | 对符合龙岩市产业发展方向、投资 10 亿元以上的战略性新兴产业重大项目，通过"一企一策""一事一议"方式，按相关规定给予扶持；对固定资产投资超过 2 亿元的战略性新兴产业项目，优先列入省、市重点项目盘子，享受重点项目"绿色通道" |
| 8 月 | 《宁德市"十四五"海洋强市建设专项规划》 | 突出技术创新，重点发展海洋信息、临海新能源、海洋药物与生物制品、海水综合利用等新兴产业，到 2025 年海洋新兴产业发展实现能级新突破 |
| 10 月 | 《三明市"十四五"生态文明建设专项规划》 | 加快发展先进装备制造、新材料、新能源、生物医药、数字经济、节能环保等战略性新兴产业，推动数字经济先进技术与绿色低碳产业深度融合 |
| 11 月 | 《福州市"十四五"节能减排综合工作实施方案》 | "十四五"时期，规模以上工业单位增加值能耗下降 14% 以上；钢铁、水泥、平板玻璃、合成氨等重点行业产能和数据中心达到能效标杆水平的比例超过 30%，鼓励高耗能重点行业能效水平应提尽提 |
| 11 月 | 《莆田市加快建立健全绿色低碳循环发展经济体系实施方案》 | 到 2025 年，产业结构、能源结构、运输结构进一步优化，绿色产业比重显著提升；到 2035 年，产业结构全面优化，现代产业体系基本建成 |

续表

| 发布时间 | 政策名称 | 主要相关内容 |
|---|---|---|
| 12月 | 《厦门市"十四五"节能减排综合工作实施方案》 | "十四五"时期，规模以上工业单位增加值能耗下降14%以上，万元工业增加值用水量下降18%；到2025年，通过实施节能降碳行动，数据中心达到能效标杆水平的比例超过30%，鼓励高耗能重点行业能效水平应提尽提 |

在培育新兴产业方面，福建省发布《2022年数字福建工作要点》，提出培育壮大5G、大数据等新兴数字产业。《福建省氢能产业发展行动计划（2022—2025年）》提出完善氢能全产业链，到2025年培育20家具有全国影响力的知名企业，实现产值500亿元以上。《福建省工业领域碳达峰实施方案》提出围绕新一代信息技术、生物技术、新能源等战略性新兴产业，打造低碳转型效果明显的先进制造业集群。地市层面，漳州市提出到2025年全市战略性新兴产业增加值超650亿元；龙岩市明确对符合条件的战略性新兴产业给予政策扶持；宁德市提出到2025年海洋新兴产业发展实现能级突破。

在产业能效提升方面，福建省发布《福建省"十四五"节能减排综合工作实施方案》，提出以传统高耗能产业为重点，对标能效标杆水平，促进产业整体能效提升。福建省冶金、建材、石化化工行业"十四五"节能降碳实施方案明确到2025年传统高耗能行业能效达到标杆水平的产能比例超过30%。《福建省减污降碳协同增效实施方案》明确对"双超双有高耗能"企业开展强制性清洁生产审核，实施重点行业清洁生产改造，推动一批重点企业达到国际领先水平。地市层面，龙岩市明确到2030年重点行业能效大幅提升；福州市、厦门市提出在"十四五"期间，规模以上工业企业的单位增加值能耗下降14%以上，鼓励高耗能重点行业能效水平应提尽提。

总体来看，2022年以来福建省以培育战略性新兴产业和传统产业升级为重点，顺应数字化转型趋势，持续优化产业结构体系。但传统产业数字化转型普遍存在不想转、不敢转、不会转等问题，战略性新兴产业的规模体量及影响力仍显不足。

## （二）深化能源绿色低碳转型顶层设计

能源发展专项规划和“双碳”目标能源保障方案是推动能源高质量发展、优化能源绿色低碳转型路径的总体蓝图和行动纲领。2022 年以来，福建省统筹发展与安全、稳增长和调结构，持续深化能源领域体制机制改革创新，深入探索能源绿色低碳转型路径，加快构建现代能源体系，为全方位推进高质量发展、如期实现“双碳”目标提供有力保障。

省级层面，《福建省发展和改革委员会关于福建省完善能源绿色低碳转型体制机制和政策措施的意见》提出“十四五”时期，基本建立推进能源绿色低碳发展的制度框架，初步形成能源绿色低碳发展政策、标准、市场和监管综合体系；到 2030 年，形成非化石能源既基本满足能源需求增量又规模化替代化石能源存量、能源安全有效供应和节能高效利用并重的能源生产消费格局。《福建省“十四五”能源发展专项规划》提出持续增强能源安全保障能力，加快能源绿色低碳转型，推进产业结构和能源消费结构调整，着力构建智慧高效能源系统，全面提升城乡优质用能水平，加快形成煤、油、气、核和可再生能源多轮驱动、协调发展的能源供应体系（见表 6）。

**表 6　2022 年以来福建省级推动能源低碳转型主要政策**

| 发布时间 | 政策名称 | 主要相关内容 |
| --- | --- | --- |
| 2022 年 6 月 | 《福建省“十四五”能源发展专项规划》 | 持续增强能源安全保障能力，加快能源绿色低碳转型，推进产业结构和能源消费结构调整，着力构建智慧高效能源系统，推动能源创新开放发展，全面提升城乡优质用能水平，探索海峡两岸能源融合发展新路，加快形成煤、油、气、核和可再生能源多轮驱动、协调发展的能源供应体系 |
| 2023 年 5 月 | 《福建省发展和改革委员会关于福建省完善能源绿色低碳转型体制机制和政策措施的意见》 | “十四五”时期，基本建立推进能源绿色低碳发展的制度框架，能源绿色低碳循环发展的体系初步形成，重点行业能源利用效率大幅提升，能源绿色低碳发展政策、标准、市场和监管综合体系初步形成。到 2030 年，基本建立完整的能源绿色低碳发展基本制度和政策体系，形成非化石能源既基本满足能源需求增量又规模化替代化石能源存量、能源安全有效供应和节能高效利用并重的能源生产消费格局 |

地市层面，漳州、泉州、莆田等地市出台“十四五”能源发展专项规划。《漳州市“十四五”能源发展专项规划》提出以打造“东南沿海最大的清洁能源基地”为目标，坚持资源与产业协同发展，坚持清洁低碳、安全高效的能源发展理念，构建多元化能源协同发展的重要能源基地。《泉州市“十四五”能源发展专项规划》提出以建设清洁低碳、安全高效现代能源体系为导向，以新技术、新产业、新业态、新模式为核心，构建多元清洁能源供应体系，全面推进能源消费方式变革（见表7）。

**表7　2022年福建省地市级推动能源低碳转型主要政策**

| 发布时间 | 政策名称 | 主要相关内容 |
| --- | --- | --- |
| 3月 | 《漳州市“十四五”能源发展专项规划》 | 以打造“东南沿海最大的清洁能源基地”为目标，坚持资源与产业协同发展、相互促进，坚持清洁低碳、安全高效的能源发展理念，确保能源供应安全，构建多元化能源协同发展的重要能源基地 |
| 7月 | 《泉州市“十四五”能源发展专项规划》 | 以建设清洁低碳、安全高效现代能源体系为导向，以新技术、新产业、新业态、新模式为核心，构建多元清洁能源供应体系，全面推进能源消费方式变革，实施创新驱动发展战略，持续增强能源安全保障能力，加快能源绿色低碳转型，建设智慧高效能源系统，推动能源创新开放发展 |
| 8月 | 《莆田市“十四五”能源发展专项规划》 | 坚持立足保障莆田本地能源发展需要，构建区域互联互通的能源枢纽，为全方位推进高质量发展超越提供有力支撑。着力优化能源结构，构建多元化能源供应体系；着力提升能源科技水平，推进新能源产业开发应用；着力构建智慧高效能源系统，推动能源创新开放发展；着力推动能源体制机制改革，优化资源配置 |

## （三）健全绿色低碳标准和计量监测体系

标准和计量监测是实现“双碳”目标的重要技术支撑，也是提升社会经济质量效益的有效手段。2022年，福建省就健全绿色低碳标准、完善计量监测体系等方面出台多份实施办法。

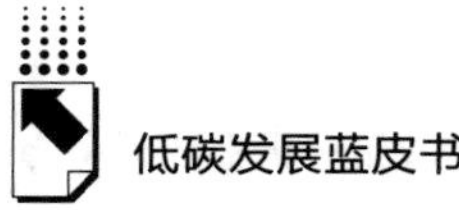


在健全绿色低碳标准方面，福建省发布《福建省“十四五”节能减排综合工作实施方案》，提出加快完善省级节能标准体系，组织制定符合福建实际的重点行业地方标准。《福建省人民政府关于全面实施标准化战略的意见》提出，建立健全支持碳达峰、碳中和的标准体系，到 2025 年研制相关标准 50 项（见表 8）。地市层面，龙岩市、漳州市、福州市、厦门市明确鼓励支持企业和社会团体积极参与国家标准、行业标准、省地方标准等标准体系的制定（见表 9）。

**表 8　2022 年福建省级健全标准和计量监测体系主要政策**

| 发布时间 | 政策名称 | 主要相关内容 |
| --- | --- | --- |
| 3 月 | 福建省冶金、建材、石化化工行业“十四五”节能降碳实施方案 | 督促企业健全完善节能管理制度、能源统计制度，建设能耗在线监测系统，按国家相关要求落实能源统计和能源计量要求 |
| 3 月 | 《关于推动工业节能降碳和资源综合利用的若干措施》 | 鼓励重点用能企业建设二级、三级能耗在线监测系统，按系统建设级别分别给予不超过 10 万元、15 万元一次性补助 |
| 6 月 | 《福建省“十四五”节能减排综合工作实施方案》 | 加快完善省级节能标准体系，组织制定符合福建实际的重点行业地方标准。健全能源计量体系，加快推进重点用能单位能耗在线监测系统建设，进一步丰富应用场景，推动节能信息化平台整合及节能数据共享 |
| 7 月 | 《福建省人民政府关于贯彻落实国务院〈计量发展规划（2021—2035 年）〉的实施意见》 | 加强碳排放关键计量测试技术研究和应用，强化绿色低碳计量服务能力建设；推动成立国家碳计量中心，探索开展低碳计量试点 |
| 8 月 | 《关于完整准确全面贯彻新发展理念做好碳达峰碳中和工作的实施意见》 | 建立健全支持碳达峰碳中和的标准计量体系；健全电力、钢铁、石化化工、建材等重点行业和领域能耗统计监测体系，加快省重点用能单位能耗在线监测系统建设；加强二氧化碳排放统计核算能力建设，建立覆盖陆地和海洋生态系统的碳汇监测核算体系，开展森林、湿地、海洋、土壤等碳汇本底调查和碳储量评估 |
| 10 月 | 《深化生态省建设　打造美丽福建行动纲要（2021—2035 年）》 | 到 2025 年，探索建立海洋碳汇监测和评估技术标准体系；加强能源与碳排放数据计量、监测与分析，建立企业碳排放和重点产品碳足迹基础数据库 |
| 12 月 | 《福建省数字政府改革和建设总体方案》 | 构建动态立体的生态环境智能感知体系，推进碳排放智能监测与精准核算 |

续表

| 发布时间 | 政策名称 | 主要相关内容 |
| --- | --- | --- |
| 12 月 | 《福建省人民政府关于全面实施标准化战略的意见》 | 建立健全支持碳达峰、碳中和的标准体系，推进落实生态碳汇、碳捕集利用与封存标准。到 2025 年，研制相关标准 50 项 |

**表 9　2022 年福建省地市级健全标准和计量监测体系主要政策**

| 发布时间 | 政策名称 | 主要相关内容 |
| --- | --- | --- |
| 1 月 | 《三明市“十四五”生态环境保护专项规划》 | 有序推进钢铁企业超低排放评估监测工作，对有组织排放、无组织排放和清洁运输情况开展评估监测 |
| 3 月 | 《漳州市“十四五”能源发展专项规划》 | 进一步健全漳州市能耗统计分析和能源消费总量控制体系，完善能源消费监测预警机制，跟踪监测并及时调控高耗能行业能源消费、煤炭消费和用电量等指标 |
| 3 月 | 《厦门市加快建立健全绿色低碳循环发展经济体系工作方案》 | 加强节能环保、清洁生产、清洁能源等领域统计监测及重点用能单位能耗在线监测，强化统计信息共享；配合省研究建立覆盖陆地和海洋生态系统的碳汇监测核算体系 |
| 4 月 | 《龙岩市加快建立健全绿色低碳循环发展经济体系实施方案》 | 积极参与国家标准、行业标准和省直部门标准体系制修订工作；加强节能环保、清洁生产、清洁能源等领域统计监测，加强重点用能单位能耗在线监测系统建设 |
| 5 月 | 《漳州市“十四五”生态市建设专项规划》 | 鼓励并支持企业、社会团体等组织主导或参与国家、省标准、行业标准制修订工作。配合上级部门健全电力、钢铁、石化、化工、建材等重点行业和领域能耗、碳排放统计监测体系，加强重点用能单位能耗在线监测系统建设 |
| 8 月 | 《宁德市“十四五”海洋强市建设专项规划》 | 开发养殖碳汇监测技术体系及规程，探索建立海水养殖碳汇核算标准；探索制订海洋碳汇监测系统、核算标准 |
| 11 月 | 《福州市“十四五”节能减排综合工作实施方案》 | 鼓励支持社会团体和企业研究制定更加科学合理的团体标准、企业标准；健全能源计量体系，加快推进重点用能单位能耗在线监测系统建设 |
| 11 月 | 《漳州市人民政府关于贯彻落实国务院〈计量发展规划（2021—2035 年）〉的实施意见》 | 开展重点能耗行业“以电折碳”监测碳排放技术研究；充分利用碳监测平台，实现预测预警和趋势分析 |
| 11 月 | 《莆田市加快建立健全绿色低碳循环发展经济体系实施方案》 | 支持企业、社会团体等组织主导或参与国家标准、行业标准和省地方标准的制修订工作。推动节能环保、清洁生产、清洁能源等领域统计监测落实 |

续表

| 发布时间 | 政策名称 | 主要相关内容 |
| --- | --- | --- |
| 12 月 | 《厦门市“十四五”节能减排综合工作实施方案》 | 加强区级能耗指标统计分析；健全能源计量体系，加快推进重点用能单位能耗在线监测系统建设，鼓励高耗能行业企业建设二级、三级能耗在线监测系统 |

在完善计量监测体系方面，福建省发布《福建省人民政府关于贯彻落实国务院〈计量发展规划（2021—2035 年）〉的实施意见》，提出强化绿色低碳计量服务能力，推动建立国家碳计量中心，试点开展低碳计量。《福建省数字政府改革和建设总体方案》明确要以数字化技术推进碳排放智能监测与精准核算。地市层面，漳州市提出进一步健全市级能耗统计分析和能源消费总量控制体系，充分利用碳监测平台，实现预测预警和趋势分析；厦门市提出加强区级能耗指标统计分析，加快推进能耗在线监测系统建设。

总体来看，2022 年福建省持续健全支持碳达峰碳中和的标准体系和计量监测体系，省级标准化政策文件已出台，各地市的相关工作也在有序推进。但低碳计量试点仍处于起步阶段，地市层面的相关规划方案较少，相关机制有待进一步完善。

### （四）巩固提升生态系统碳汇能力

生态系统碳汇是指森林、草原、湿地、海洋等生态系统从大气中清除二氧化碳的过程。2022 年，福建省主要从林业碳汇、农业碳汇、海洋碳汇三方面，持续巩固提升生态系统碳汇能力。

在巩固提升林业碳汇方面，福建省发布《福建省生态环境保护条例》，提出科学发展森林生态产业，有序推进林业碳汇交易。《福建省“十四五”推进农业农村现代化实施方案》鼓励创新林业碳汇方法学研究，增强林业碳汇能力（见表 10）。地市层面，三明市、龙岩市作为国家林业碳汇试点市，林业碳汇开发工作走在全省前列。其中，三明市提出进一步优化林业碳票碳减排计量方法，探索创建“碳汇+碳中和”“碳汇+生态司法”等应用场景；龙岩市提出健全森林碳汇补偿机制，鼓励各县（市、区）适时推动林业碳汇项目合作开发（见表11）。

**表10　2022年福建省级巩固提升碳汇能力主要政策**

| 发布时间 | 政策名称 | 主要相关内容 |
| --- | --- | --- |
| 3月 | 《关于做好2022年全面推进乡村振兴重点工作的实施意见》 | 积极推动减碳增汇型农业技术研发应用，探索建立碳汇产品价值实现机制 |
| 4月 | 《福建省"十四五"生态省建设专项规划》 | 开展森林碳汇重点生态工程建设，增加森林面积和蓄积量；推动海洋碳汇交易基础能力建设，探索海洋碳汇市场化交易机制；推广应用增汇型农业技术，推广二氧化碳气肥等技术 |
| 5月 | 《福建省生态环境保护条例》 | 科学发展森林生态产业，增强森林生态功能，推进林业碳汇交易工作，促进林业经济健康发展 |
| 6月 | 《福建省"十四五"推进农业农村现代化实施方案》 | 吸引市场主体开发农业碳汇项目，探索开展农业碳汇交易试点；创新林业碳汇方法学研究，鼓励通过森林经营、植树造林等措施增强森林生态系统碳汇能力 |
| 8月 | 《福建省推进绿色经济发展行动计划(2022—2025年)》 | 持续推进林业碳汇交易，探索开展省级海洋产业发展示范县藻类海水养殖碳汇试点 |
| 8月 | 《关于完整准确全面贯彻新发展理念做好碳达峰碳中和工作的实施意见》 | 实施森林碳汇重点生态工程，增强林业固碳能力；开展海水养殖增汇、滨海湿地和红树林增汇、海洋微生物增汇等试点工程，促进海洋生态系统固碳增汇；加快农业减排固碳，推行绿色种植，增强作物碳汇能力 |
| 10月 | 《深化生态省建设　打造美丽福建行动纲要(2021—2035年)》 | 开展林业生态碳汇提升行动、农业生态碳汇提升行动、湿地碳汇能力提升行动、"蓝碳"能力提升行动 |

**表11　2022年福建省地市级巩固提升碳汇能力主要政策**

| 发布时间 | 政策名称 | 主要相关内容 |
| --- | --- | --- |
| 1月 | 《三明市"十四五"生态环境保护专项规划》 | 开展林业碳汇交易，探索推动农村承包分散经营林地纳入林业碳汇组织体系，探索碳汇交易、碳汇金融、森林碳汇补偿等 |
| 1月 | 《福州市"十四五"海洋经济发展专项规划》 | 支持海洋碳汇等领域技术研究，争取在海水贝藻类养殖区开展碳中和试点示范；鼓励发展碳汇渔业，支持连江县探索碳汇渔业发展新路径 |

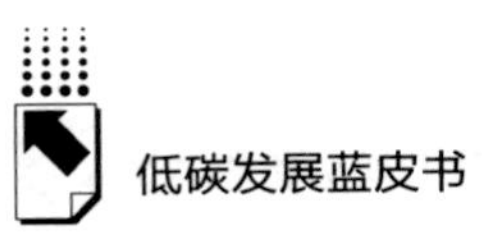

续表

| 发布时间 | 政策名称 | 主要相关内容 |
| --- | --- | --- |
| 3月 | 《厦门市加快建立健全绿色低碳循环发展经济体系工作方案》 | 支持厦门大学碳中和创新研究中心与福建省海洋碳汇重点实验室建设，深化海洋负排放相关理论基础和技术标准研究，推动创建国家重点实验室、海洋碳汇基础科学中心 |
| 4月 | 《龙岩市加快建立健全绿色低碳循环发展经济体系实施方案》 | 健全森林碳汇补偿机制，鼓励各县(市、区)适时推动林业碳汇项目合作开发，鼓励国有林场、林业企业积极参与林业碳汇项目开发与交易，鼓励各类社会资本积极参与森林碳汇减排行动 |
| 5月 | 《漳州市"十四五"生态市建设专项规划》 | 巩固提升森林质量，增强森林固碳能力；综合开展各类蓝碳试点项目，积极推动海洋碳汇开发利用；推动耕地质量保护与提升，不断提升生态农业碳汇 |
| 6月 | 《三明市人民政府办公室关于实施林业碳汇"三建两创"行动助力实现"双碳"目标的通知》 | 将林业碳票碳减排计量方法上升为省级或国家顶层设计，进一步优化林业碳汇运行机制；探索创建"碳汇+碳中和""碳汇+生态司法""碳汇+义务植树""碳汇+金融""碳汇+信用积分"等应用场景 |
| 8月 | 《宁德市"十四五"海洋强市建设专项规划》 | 深化海洋人工增汇、海洋负排放相关规则和技术标准研究，开发海水养殖增汇技术，提高海洋固碳增汇能力 |
| 10月 | 《漳州市"十四五"推进农业农村现代化实施方案》 | 吸引市场主体开发农业碳汇项目，探索开展农业碳汇交易试点。探索研究林业碳汇方法学，鼓励通过森林经营、植树造林等措施增强森林生态系统碳汇能力 |
| 10月 | 《三明市"十四五"生态文明建设专项规划》 | 策划一批林业碳汇项目，增强林业固碳能力；综合开展各类碳汇试点项目，积极开展岩溶碳汇、土壤碳汇开发利用 |
| 12月 | 《厦门市"十四五"节能减排综合工作实施方案》 | 支持海洋碳汇机制，完善海洋"蓝碳"交易平台建设 |

在稳步提升农业碳汇方面，福建省发布《福建省"十四五"生态省建设专项规划》，提出积极推动减碳增汇型农业技术研发应用，推广二氧化碳气肥等技术。《关于完整准确全面贯彻新发展理念做好碳达峰碳中和工作的实施意见》明确加快农业减排固碳，增强作物碳汇能力。地市层面，漳州市提出吸引市场主体开发农业碳汇项目，不断提升生态农业碳汇，探索开展

农业碳汇交易试点。

在探索开发海洋碳汇方面，福建省发布《福建省“十四五”生态省建设专项规划》，提出探索海洋碳汇市场化交易机制。《福建省推进绿色经济发展行动计划（2022—2025年）》提出探索开展省级海洋产业发展示范县藻类海水养殖增汇试点，促进海洋系统固碳增汇。地市层面，福州市、厦门市、宁德市明确支持海洋碳汇等领域技术研究。其中，福州市提出争取在海水贝藻类养殖区开展试点示范；厦门市提出推动创建海洋碳汇基础科学中心；宁德市提出开发海水养殖增汇技术。

总体来看，2022年福建省在生态系统碳汇方面的探索不断深入，进一步强化技术和方法研究。但目前仍处于生态系统碳汇项目的试点实施阶段，距离真正的碳汇市场化和碳汇经济的发展还有很大的差距。

### （五）持续深化绿色交易和绿色金融创新

绿色交易和绿色金融市场建设通过将生态价值转换为经济价值，推动解决经济与环境、发展与保护之间的矛盾。2022年，福建省主要聚焦生态产品交易市场和绿色金融体系两方面，出台一系列省级、地市级层面政策文件，鼓励推动市场体系建设创新发展。

2022年，在生态产品交易方面，福建省先后出台《福建省“十四五”能源发展专项规划》《福建省推进绿色经济发展行动计划（2022—2025年）》《关于完整准确全面贯彻新发展理念做好碳达峰碳中和工作的实施意见》等多份文件，提出要持续深化用能权有偿使用和交易机制、推进完善碳排放权和碳汇交易制度体系、完善生态产品市场交易平台、健全绿色收费价格机制，进一步扩大碳市场参与的行业范围和交易主体范围（见表12）。地市层面，漳州市在《漳州市“十四五”生态市建设专项规划》中提出，培育生态产品交易市场，探索生态产品价值实现机制与价值核算体系；三明市在《三明市“十四五”生态文明建设专项规划》等多份文件中提出，开展生态产品交易与碳配额分配工作，探索创新“碳汇+金融”“碳汇+信用积分”等交易体系（见表13）。

**表 12　2022 年福建省级深化绿色市场建设主要政策**

| 发布时间 | 政策名称 | 主要相关内容 |
|---|---|---|
| 2 月 | 《福建省加快建立健全绿色低碳循环发展经济体系实施方案》 | 推进排污权、用能权、碳排放权、用水权等资源环境权益交易市场建设，进一步完善拓展在全国走前列做示范的福建排污权综合交易模式 |
| 4 月 | 《福建省“十四五”生态省建设专项规划》 | 深入推进三明、南平省级绿色金融改革试验区建设，支持试验区完善绿色金融标准体系；支持在闽金融机构完善绿色金融发展战略布局，设立绿色金融专营机构；鼓励金融机构创新绿色信贷和绿色直接融资模式，积极开发绿色消费贷、绿色按揭贷、绿色理财等金融产品；鼓励碳排放配额抵押质押融资、碳债券等碳金融创新；完善环境信用评价和绿色金融联动机制 |
| 5 月 | 《福建省“十四五”能源发展专项规划》 | 进一步扩大碳市场参与的行业范围和交易主体范围，逐步增加交易品种；统筹完善可再生能源配额制度，积极扩大绿证交易市场范畴；推进碳排放权交易市场体系建设；完善有利于绿色低碳发展的财税、价格、金融、土地、政府采购等政策 |
| 6 月 | 《福建省“十四五”节能减排综合工作实施方案》 | 持续深化用能权有偿使用和交易试点，进一步完善用能权交易制度体系，加强用能权交易与能耗双控以及碳排放权交易的统筹衔接；继续开展地区间能耗指标交易试点，支持跨区域开展能耗双控协作 |
| 8 月 | 《福建省推进绿色经济发展行动计划（2022—2025 年）》 | 推进资源环境权益交易市场建设，探索开展土地、矿产地、森林、湿地等自然资源整体收储，借鉴“生态银行”经验，鼓励各地开展自然资源平台化运营试点；健全排污权有偿使用制度，拓展排污权的污染物交易种类；探索用能权交易机制，扩大交易试点行业；依托“金服云”平台设立省级绿色金融服务专区；积极开发绿色消费贷、绿色按揭贷、绿色理财等金融产品；力争 2022~2025 年，绿色信贷年均增速高于 25% |
| 8 月 | 《关于完整准确全面贯彻新发展理念做好碳达峰碳中和工作的实施意见》 | 构建金融支持绿色低碳发展的长效机制，有序开发绿色金融产品和服务；研究设立省级绿色低碳发展基金、绿色低碳转型基金，支持绿色低碳项目发展；开展碳金融专项行动，有效利用碳期权、碳期货及其他衍生品等金融工具；积极参与国家碳排放权交易市场建设，健全福建碳排放权交易机制 |

续表

| 发布时间 | 政策名称 | 主要相关内容 |
| --- | --- | --- |
| 9月 | 《福建省绿色金融改革试验工作领导小组关于印发推动绿色金融发展的若干措施的通知》 | 培育绿色金融专营机构，推动建设"碳中和"网点、机构；丰富绿色金融产品服务，推广电力绿色贷、"能效+金融"服务模式、碳中和债等产品；建立绿色低碳发展项目库；支持资源环境交易市场建设 |
| 10月 | 《深化生态省建设　打造美丽福建行动纲要(2021—2035年)》 | 探索推进生态资产权益抵押质押贷款，完善绿色保险产品及服务体系 |

**表13　2022年福建省地市级深化绿色市场建设主要政策**

| 发布时间 | 政策名称 | 主要相关内容 |
| --- | --- | --- |
| 3月 | 《厦门市加快建立健全绿色低碳循环发展经济体系工作方案》 | 鼓励辖区内金融机构加强绿色金融产品和服务创新，推动建立绿色融资企业及融资项目认定机制；开展环境污染责任保险等绿色保险业务，发挥保险费率调节机制作用；鼓励发行绿色债券、设立绿色基金 |
| 4月 | 《泉州市制造业数字化转型行动方案》 | 推广碳排放权、排污权等环境权益融资，依托"金服云""产融云"等平台，提供智能化、精准化科技金融对接服务 |
| 5月 | 《漳州市"十四五"生态市建设专项规划》 | 完善环境信用评价和绿色金融联动机制，探索建立绿色产业项目清单；创新绿色直接融资模式，引导鼓励发行绿色债券；培育生态产品交易市场；探索生态产品价值实现机制；探索构建生态系统价值核算体系，推动华安县国家生态综合补偿试点建设 |
| 5月 | 《三明市人民政府办公室关于实施林业碳汇"三建两创"行动助力实现"双碳"目标的通知》 | 打造区域林业综合交易中心，加快福建沙县农村产权交易中心建设，努力打造立足三明、辐射全省全国的林业综合交易平台；探索"碳汇+金融"，深化碳权益质押；探索将林业碳票作为贷款的抵质押物；鼓励保险机构积极开发碳资产类的保险、再保险业务；探索创新"碳票+信用积分"激励机制，依托三明市碳普惠平台，通过购买碳票抵消碳足迹获取碳积分 |
| 7月 | 《支持南平市光伏产业发展十条措施(试行)》 | 支持光伏制造企业和项目纳入南平市绿色企业和绿色项目库；开展"一对一"金融服务对接，帮助解决企业融资需求 |
| 10月 | 《三明市"十四五"生态文明建设专项规划》 | 开展生态产品交易，提供供需对接、定价咨询、交易信息发布等交易服务。逐步将林票、林业碳票等自然资源要素及生态产品交易纳入平台统一管理，为跨行政区域的生态产品市场交易、生态补偿制度实施提供平台支持；配合开展配额分配工作，指导重点排放单位获取和管理配额 |

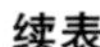
续表

| 发布时间 | 政策名称 | 主要相关内容 |
| --- | --- | --- |
| 11月 | 《莆田市加快建立健全绿色低碳循环发展经济体系实施方案》 | 完善绿色金融政策配套措施,加大对金融机构绿色金融业绩评价考核力度;支持绿色新基建发展,创新绿色信贷模式,拓展绿色保险服务;落实绿色收费价格机制 |
| 12月 | 《厦门市"十四五"节能减排综合工作实施方案》 | 大力发展绿色信贷,注重使用"财政政策+金融工具"的做法;用好碳减排支持工具和支持煤炭清洁高效利用专项再贷款,积极探索绿色贷款财政贴息、奖补、风险补偿、信用担保等配套支持政策;加快绿色债券发展;推动能源要素向优质项目、企业、产业流动和集聚 |

在绿色金融方面，福建省陆续出台多份规划文件推进绿色金融创新发展，汇聚绿色金融资源。如《福建省“十四五”生态省建设专项规划》提出，依托“金服云”平台设立省级绿色金融服务专区，加大绿色信贷投放力度；《深化生态省建设　打造美丽福建行动纲要（2021—2035 年）》提出，探索推进生态资产权益抵押质押贷款，完善绿色保险产品及服务体系；《福建省绿色金融改革试验工作领导小组关于印发推动绿色金融发展的若干措施的通知》围绕做大绿色投融资市场规模、完善绿色金融服务体系、搭建绿色金融服务专区、强化绿色金融配套保障等方面全方位部署绿色金融发展工作。地市层面，厦门市在《厦门市“十四五”节能减排综合工作实施方案》中提出，大力发展绿色信贷，充分发挥“财政政策+金融工具”效能；莆田市在《莆田市加快建立健全绿色低碳循环发展经济体系实施方案》中要求完善绿色金融政策配套措施，支持金融机构、企业发行绿色债券、绿色项目收益债等债种，鼓励碳债券等碳金融创新。

总体来看，福建省持续深化绿色市场建设，致力打造走在全国前列的福建资源环境权益综合交易模式，同时以三明、南平作为省级金融改革试验区，大力推动绿色金融平台服务落地，漳州、莆田等地市不断创新绿色金融产品体系。目前，福建省绿色市场建设仍处于试点阶段，实操过程中相关要素保障机制仍需进一步完善。

## （六）倡导绿色生产生活方式

在全社会培育营造绿色低碳的生活风尚是实现碳达峰碳中和的关键前提，2022 年以来，福建省深入机关、工厂、学校、家庭大力推行文明环保、简约适度的生产生活方式，鼓励全民切实践行低碳减排目标。

省级层面，《福建省“十四五”全民科学素质行动规划纲要实施方案》倡导低碳绿色出行，以福州、厦门作为绿色出行主要创建对象，落实绿色生活创建行动计划，全面推进绿色家庭、绿色学校、绿色社区、绿色商场、绿色出行、节约型机关等绿色生活创建；《福建省促进绿色消费实施方案》利用促进重点领域消费绿色转型、强化绿色消费科技和服务支撑、健全绿色消费制度保障体系、完善绿色消费激励约束政策等手段推进绿色低碳理念贯彻融入全民消费行为；《福建省公共机构绿色低碳引领行动促进碳达峰实施方案》提出，充分发挥公共机构的示范表率作用，从科技应用、数字赋能、建筑建设、办公行动等方面深入推进节约能源资源绿色低碳发展；《深化生态省建设　打造美丽福建行动纲要（2021—2035 年）》明确提出三个阶段目标，即全社会生产生活方式绿色转型、成为自觉、广泛形成；《福建省城乡建设领域碳达峰实施方案》从城市、县城、乡村、社区、建筑、住宅、基础设施、用能结构、建造等 9 个方面提出具体任务，推动打造绿色低碳城市、县城、乡村。《福建省绿色低碳发展国民教育体系建设实施方案》提出，各地各校把绿色低碳发展理念全面融入国民教育体系各层次、各领域，在学校厚植绿色发展理念，加强青少年绿色低碳教育（见表 14）。

**表 14　2022 年以来福建省级倡导绿色生产生活方式主要政策**

| 发布时间 | 政策名称 | 主要相关内容 |
| --- | --- | --- |
| 2022 年 2 月 | 《福建省“十四五”全民科学素质行动规划纲要实施方案》 | 开展垃圾分类示范片区考评，至 2025 年实现设区城市垃圾分类全覆盖；倡导低碳绿色出行，以福州、厦门作为绿色出行主要创建对象，鼓励周边中小城镇积极参与创建行动 |

续表

| 发布时间 | 政策名称 | 主要相关内容 |
| --- | --- | --- |
| 2022 年 5 月 | 《福建省"十四五"能源发展专项规划》 | 创新智慧用能模式,推进能源消费节约高效,鼓励消费侧节能降耗和用能新业态发展;推行全社会用能节约绿色,引导工商业生产、城乡建设、交通运输、居民生活等方面实现全方位节能 |
| 2022 年 6 月 | 《福建省促进绿色消费实施方案》 | 提升食品消费绿色化水平;鼓励绿色衣着消费;推广绿色居住消费;发展绿色交通消费;促进绿色用品消费;引导文旅领域绿色消费;激发绿色电力消费潜力,组织电网公司定期发布新能源电力时段分布,有序引导用户优化用能时序,持续推动智能光伏创新发展;推进公共机构消费绿色转型 |
| 2022 年 6 月 | 《福建省"十四五"节能减排综合工作实施方案》 | 深入推进节约型机关、绿色家庭、绿色学校、绿色社区、绿色出行、绿色商场、绿色建筑等绿色生活创建行动,增强全民节约意识,建立完善绿色生活相关的政策和管理制度 |
| 2022 年 8 月 | 《福建省公共机构绿色低碳引领行动促进碳达峰实施方案》 | 持续推进节约型机关、节约型公共机构示范单位、公共机构能效领跑者等各层次的示范创建活动;践行绿色低碳办公行动,在大型活动、公务会议中实施碳中和行动,使用碳配额、碳汇减排量抵消碳排放 |
| 2022 年 8 月 | 《关于完整准确全面贯彻新发展理念做好碳达峰碳中和工作的实施意见》 | 大力推进节能减排,全面推行清洁生产,加快发展绿色低碳循环经济,提高资源综合利用效率 |
| 2022 年 10 月 | 《深化生态省建设　打造美丽福建行动纲要(2021—2035 年)》 | 第一阶段(2021~2025 年):美丽中国示范省建设取得重大进展,生产生活方式绿色转型;第二阶段(2026~2030 年):美丽中国示范省基本建成,绿色生产生活方式成为自觉;第三阶段(2031~2035 年):美丽中国示范省全面建成,绿色生产生活方式广泛形成 |
| 2023 年 4 月 | 《福建省城乡建设领域碳达峰实施方案》 | 建设绿色低碳城市,优化城市结构和布局;建设绿色低碳社区;提高绿色低碳建筑水平;建设绿色低碳住宅;提高基础设施运行效率;优化城市建设用能结构;推进绿色低碳建造。建设绿色低碳县城和乡村,强化县城建设管控;营造自然紧凑的乡村格局;推进绿色低碳农房建设;推广应用可再生能源 |
| 2023 年 8 月 | 《福建省绿色低碳发展国民教育体系建设实施方案》 | 要求各地各校把绿色低碳发展理念全面融入国民教育体系各层次、各领域,在学校厚植绿色发展理念,加强青少年绿色低碳教育,提升生态文明素养 |

地市层面，《厦门市“十四五”节能减排综合工作实施方案》提出，积极响应、组织参与全国节能宣传周、全国低碳日、世界环境日等主题宣传活动，倡导简约适度、绿色低碳、文明健康的生活方式；《龙岩市加快建立健全绿色低碳循环发展经济体系实施方案》提出，至2025年实现各县（市、区）中心城区建成区垃圾分类全覆盖，无害化处理率达100%（见表15）。

**表15　2022年地市级倡导绿色生产生活方式主要政策**

| 发布时间 | 政策名称 | 主要相关内容 |
| --- | --- | --- |
| 3月 | 《厦门市加快建立健全绿色低碳循环发展经济体系工作方案》 | 广泛开展节约型机关、绿色家庭、绿色学校、绿色社区、绿色出行、绿色商场、绿色建筑等绿色生活创建行动，大力宣传推广简约适度、绿色低碳、文明健康的生活理念和生活方式 |
| 4月 | 《龙岩市加快建立健全绿色低碳循环发展经济体系实施方案》 | 全面实施城市生活垃圾强制分类，至2025年实现各县（市、区）中心城区建成区垃圾分类全覆盖，无害化处理率达100% |
| 5月 | 《漳州市“十四五”生态市建设专项规划》 | 持续推进塑料污染全链条治理，建立健全塑料制品长效管理机制；推进快递包装绿色转型，培育循环包装新型模式，到2025年电商快件基本实现不再二次包装；倡导低碳绿色出行，鼓励周边中小城镇积极参与创建行动 |
| 12月 | 《厦门市“十四五”节能减排综合工作实施方案》 | 深入开展绿色低碳社会行动示范创建活动；积极响应、组织参与全国节能宣传周、全国低碳日、世界环境日等主题宣传活动，倡导简约适度、绿色低碳、文明健康的生活方式 |

总体来看，福建省在各层级、各行业大力推行绿色生产生活方式，致力将低碳生活习惯在全社会范围内全面铺开，但目前地市实际推行工作中，开展形式、推广内容需更加丰富多元，激励手段、力度需进一步完善、加大。

## 二　福建省控碳减碳政策发展趋势

### （一）政策体系更健全

党的二十大报告强调，要立足我国能源资源禀赋，坚持“先立后破”，有计划分步骤实施碳达峰行动。总体上看，国家已构建目标明确、分工合理、措施有力、衔接有序的碳达峰碳中和“1+N”政策体系。下阶段，预计福建省或将加快完善碳达峰碳中和“1+N”政策体系，推动“双碳”工作不断迈上新台阶。一是衔接国家层面要求，陆续出台能源、钢铁、交通、农业农村等分领域碳达峰行动计划，进一步明确完成时间、细化目标、考核方式，以目标倒逼责任，以时间倒逼进度，以考核倒逼落实，有计划分步骤抓好政策落实落地。二是出台科技支撑、财政支持等保障方案，完善地方法规规章和相关配套制度。推进科研力量优化配置和资源共享，构建高效协同的绿色低碳技术创新体系；加大专项资金支持力度，落实税收优惠政策。

### （二）产业转型更高效

数字福建是数字中国的思想源头和实践起点，近年来，数字福建一直走在全国数字化发展的前列。在新一轮科技革命和产业变革纵深推进的大背景下，积极推动数字产业化和产业数字化，既是实现产业高质量发展的必由之路，又是建设中国式现代化的题中应有之义。下阶段，预计福建省或将围绕以下两方面进一步推动产业结构优化升级。一是促进传统产业的加速变革，畅通产业数字化转型升级的渠道，大力推广智能制造新模式，着力推动产业集群、产业园区、小微园、特色小镇等数字化转型，建成一批示范性数字化小微企业园。二是加大对数字产业领域的基础科学、产业共性技术以及“卡脖子”关键技术的研发投入力度，做大做强5G、大数据、卫星应用等特色优势产业，打造具有国际竞争力的数字产业集群。

### （三）市场机制更开放

福建省持续深化绿色交易市场体制机制改革，涵盖更多交易品种、更多交易主体及行业、更细交易规则，跨领域、跨部门、跨区域、跨学科的交融合作向纵深迈进，绿色市场建设工作取得积极进展。下阶段，预计福建省将在统筹协调好各利益相关方权利、责任的基础上，完善省内绿色市场交易体系。一是多措并举强化多主体联动。政府要汇聚好市场建设方、保障方、参与方等各类主体合力，通过推进政、产、学、研、金、服、用联动，充分发挥需求导向、资源配置、风险管理和市场定价作用，实现绿色市场多层次发展。二是推动金融生态与绿色金融双向赋能。进一步完善制度环境，明确市场和政府的权责划分、市场边界，营造良好健康的绿色金融生态环境；加快构建面向企业、社区、个人的绿色市场交易体系，加快制定务实可行的绿色市场发展规划及实施细则，引导绿色金融向好发展。

### （四）试点探索更全面

目前，福建省明确将三明市、南平市设为省级绿色金融改革试验区，同时鼓励各地区、各行业发挥首创精神，打造一批多类型、不同层级、具有代表性的试点示范，同时加快探索推动综合性改革、积极编制出台试点方案和建设评价标准。下阶段，福建省或将围绕以下两方面进一步深化试点示范工作。一是做大做优试点建设，面向城区、县域、社区和园区，开展不同层级近零碳排放试点，深化低碳城市、低碳园区、低碳社区建设，打造具有福建特色的低碳试点标杆。二是探索低碳试点建设范式，深化试点示范工程的资金、政策等要素保障，鼓励各地区积极探索因地制宜的发展路径，总结好省级、地市级低碳绿色发展范式，形成较为成熟的发展规划蓝本、标准体系、管理机制模式，并逐步向全国推广行之有效的经验做法。

## 三　福建省控碳减碳政策建议

### （一）充分发挥数字技术优势，通过产业数字化和数字产业化推动产业结构优化升级

一是充分发挥政府主导作用。发挥工信、发改、财政等部门合力，围绕提质、增效、降本、绿色、安全目标，加大专项资金统筹力度，重点支持数转领域重大项目及试点示范，加强基础设施布局和数据中心配套建设，传导智改数转的积极信号。二是强化数智化平台服务赋能作用。推动现有国家级、省级工业互联网等平台由试点应用向规模化推广发展，结合梳理的行业

共性和企业个性需求，培育、引进一批细分行业的优质数字化服务商，打造一批技术领先的工业互联网平台。三是差异化推进产业数字化。引导各地根据企业规模和产业类别，差异化推动数字化转型工作，打造一批材料、装备、汽车、食品、轻纺等传统产业标杆系统解决方案，形成可复制可推广的分领域转型标准规范。

### （二）加快建立碳排放统计核算体系，为全省减碳控碳工作提供高质量数据支撑

一是完善福建省碳排放在线监测与应用公共平台功能。推动传感器技术和数据分析算法等软硬件迭代升级，提升平台的数据监测、信息处理、可视化展示和互动体验功能，发挥数据赋能作用，更好地指导企业技术改造和生产管理。二是进一步提升碳排放数据质量。建立健全对重点排放单位碳排放数据的分级监督机制，采取“双随机、一公开”等方式对企业相关实测数据、台账记录等进行监督检查，将检查结果纳入企业环境信用评价，并作为监督的依据。三是有序开展重点产品碳足迹核算。按照福建主要产品类别，建立碳足迹基础数据库，鼓励各行业协会、大型企业、科研院所积极参与构建全生命周期碳足迹核算模型，研究制定碳标签制度体系，在此基础上引导消费者选择使用低碳产品。

### （三）持续完善控碳减碳市场化机制，更好地发挥市场对要素配置的决定性作用

一是持续建好地方碳市场。碳市场覆盖行业扩容对做好碳市场建设的规则设计和执行提出更高要求，福建省须科学完善碳市场配额分配、监测、报告、核查、交易、履约等环节的制度体系，优化各地市碳排放约束目标、考核范围、指标设计，从数据质量、交易服务水平、市场能力建设等方面强化福建碳市场基础能力，提升福建碳市场活跃度。二是加强控碳减碳市场衔接。发挥福建省试点优势，紧密衔接国家最新要求，加强用能权市场、绿电交易市场等与碳市场的联动衔接，围绕指标互认标准、平台互通、履约机制

等方面达成政策互补，特别注意避免环境权益在不同市场重复计算和交易。三是加强政金协同发力。探索金融支持碳达峰碳中和的福建方案，完善“双碳”金融政策供给，引导金融机构研究出台相关金融产品、工具，为金融机构服务环境权益市场发展提供政策支持和指导，打造生态产品价值实现机制。

## 参考文献


赵云平、司咏梅：《优化控能控碳政策　促进“双碳”目标与经济发展协同共赢》，《理论研究》2022 年第 6 期。

张友国：《中国降碳政策体系的转型升级》，《天津社会科学》2022 年第 3 期。

张瑜等：《减污降碳的协同效应分析及其路径探究》，《中国人口·资源与环境》2022 年第 5 期。

# B.12
# 能耗双控向碳排放双控机制转变分析

陈 彬　陈思敏　项康利*

**摘　要：** 2023年7月11日，中央深改委审议通过《关于推动能耗双控逐步转向碳排放双控的意见》①，再次强调要坚持先立后破，完善能源消耗总量和强度调控，逐步转向碳排放总量和强度双控制度。我国能耗双控制度不断优化完善，为碳排放双控制度执行创造有利条件。本文总结了当前福建省能耗双控和碳排放双控制度执行情况，分析得出双控制度的转变将推动福建省经济发展空间进一步打开、可再生能源发展进一步提速、终端电气化率加速提升，同时对碳排放数据提出更高要求。为更好推动能耗双控向碳排放双控机制转变，下一步应结合福建省情优化能耗总量和强度调控、健全碳排放双控配套制度、夯实碳排放核算和统计数据基础、合理加快可再生能源开发利用。

**关键词：** 能耗双控　碳排放双控　可再生能源　碳排放核算

## 一　我国能耗双控和碳排放双控制度总体情况

能耗双控是指对能源消费强度和总量的控制，碳排放双控是指对碳排放

---

* 陈彬，工学博士，教授级高级工程师，国网福建省电力有限公司经济技术研究院，研究方向为能源战略与政策、电网防灾减灾；陈思敏，工学硕士，国网福建省电力有限公司经济技术研究院，研究方向为综合能源、能源战略与政策；项康利，工学硕士，国网福建省电力有限公司经济技术研究院，研究方向为能源经济、战略与政策。

① 截至2023年10月，《关于推动能耗双控逐步转向碳排放双控的意见》正式文件尚未发布。

强度和总量的控制。能耗双控是“十一五”以来我国节能减排的主要手段，但为了高质量实现“双碳”目标，国家提出推动能耗双控逐步转向碳排放双控。

## （一）两种制度历史沿革

### 1. 能耗双控制度发展历程

能耗双控制度经历了三个发展阶段，已成为节能降碳的主要手段。三个发展阶段分别是制度形成期（2006～2015 年）、全面部署期（2016～2020 年）、新机制形成期（2021 年至今）。

制度形成期（2006～2015 年）：2006 年，我国首次将能耗强度作为约束性指标，明确“十一五”期间单位国内生产总值（GDP）能源消耗降低 20%左右；[①] 2011 年，进一步完善能耗强度指标约束，明确“十二五”期间单位 GDP 能源消耗降低 16%，同时，提出了合理控制能源消费总量的要求；[②] 2014 年，将 2014～2015 年能耗增量（增速）控制目标分解下达至各省级行政区，[③] 标志着能耗双控制度基本形成。“十一五”至“十二五”期间我国能耗强度累计下降 34%，节约能源达 15.7 亿吨标准煤。

全面部署期（2016～2020 年）：2015 年党的十八届五中全会首次提出实施能耗总量和强度双控行动，并将能耗双控正式纳入我国“十三五”规划，明确“十三五”期间能耗强度下降 15%、能源消费总量控制在 50 亿吨标准煤以内。此外，国务院将全国能耗双控目标分解至各地区，对能耗双控工作进行了全面部署。

新机制形成期（2021 年至今）：“双碳”目标提出后，2021 年中央经济工作会议首次提及“新增可再生能源和原料用能不纳入能源消费总量控制”

① 《中华人民共和国国民经济和社会发展第十一个五年规划纲要》，中国政府网，2006 年 3 月 14 日，http://www.npc.gov.cn/zgrdw/npc/xinwen/jdgz/bgjy/2006-03/18/content_347869.htm。

② 《国民经济和社会发展第十二个五年规划纲要（全文）》，中国政府网，2011 年 3 月 16 日，https://www.gov.cn/govweb/zhuanti/2011-03/16/content_2623428_2.htm。

③ 《国务院办公厅印发〈2014—2015 年节能减排低碳发展行动方案〉》，中国政府网，2014 年 5 月 26 日，https://www.gov.cn/govweb/xinwen/2014-05/26/content_2686898.htm。

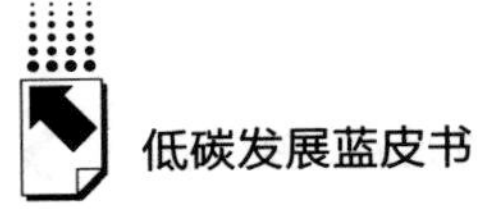



的能耗双控新机制。2022 年，国家进一步明确“新增可再生能源电力消费量不纳入能源消费总量控制”,[①] 准确界定了新增可再生能源电力消费量范围，明确“原料用能不纳入能源消费总量控制”,[②] 准确界定了原料用能范畴，并在“十四五”期间执行。2023 年，国家将绿证核发范围从陆上风电和集中式光伏发电项目扩展到所有已建档立卡的可再生能源发电项目,[③] 实现绿证核发全覆盖，绿证用于核算可再生能源消费，有力支撑落实可再生能源消费不纳入能源消耗总量和强度控制。

2. 碳排放双控制度发展历程

碳排放双控制度仍处于雏形期，总量约束指标至今未明确。“十二五”以来，碳排放强度开始作为约束性指标纳入国家规划。2011 年，国家提出“十二五”期间单位 GDP 二氧化碳排放降低 17%;[④] 2016 年，国家提出“十三五”期间单位 GDP 二氧化碳排放下降 18%;[⑤] 2021 年，国家提出实施以碳排放强度控制为主、碳排放总量控制为辅的制度，要求“十四五”期间单位 GDP 二氧化碳排放下降 18%。[⑥] 此外，国家至今未明确碳排放总量约束性指标（见图 1）。

---

① 《关于进一步做好新增可再生能源消费不纳入能源消费总量控制有关工作的通知》，国家发展改革委网站，2022 年 11 月 16 日，https：//www. ndrc. gov. cn/xwdt/tzgg/202211/t20221116_ 1341324. html? code=&state=123。

② 《关于进一步做好原料用能不纳入能源消费总量控制有关工作的通知》，国家发展改革委网站，2022 年 11 月 1 日，https：//www. ndrc. gov. cn/xwdt/tzgg/202211/t20221101_ 1340643. html? code=&state=123。

③ 《国家发展改革委、财政部、国家能源局关于做好可再生能源绿色电力证书全覆盖工作促进可再生能源电力消费的通知》，国家发展改革委网站，2023 年 7 月 25 日，https：//www. ndrc. gov. cn/xxgk/zcfb/tz/202308/t20230803_ 1359092. html。

④ 《国民经济和社会发展第十二个五年规划纲要（全文）》，中国政府网，2011 年 3 月 16 日，https：//www. gov. cn/govweb/zhuanti/2011-03/16/content_ 2623428_ 2. htm。

⑤ 《中华人民共和国国民经济和社会发展第十三个五年规划纲要》，中国政府网，2016 年 3 月 17 日，https：//www. gov. cn/xinwen/2016-03/17/content_ 5054992. htm。

⑥ 《中华人民共和国国民经济和社会发展第十四个五年规划和 2035 年远景目标纲要》，中国政府网，2021 年 3 月 13 日，https：//www. gov. cn/xinwen/2021-03/13/content_ 5592681. htm。

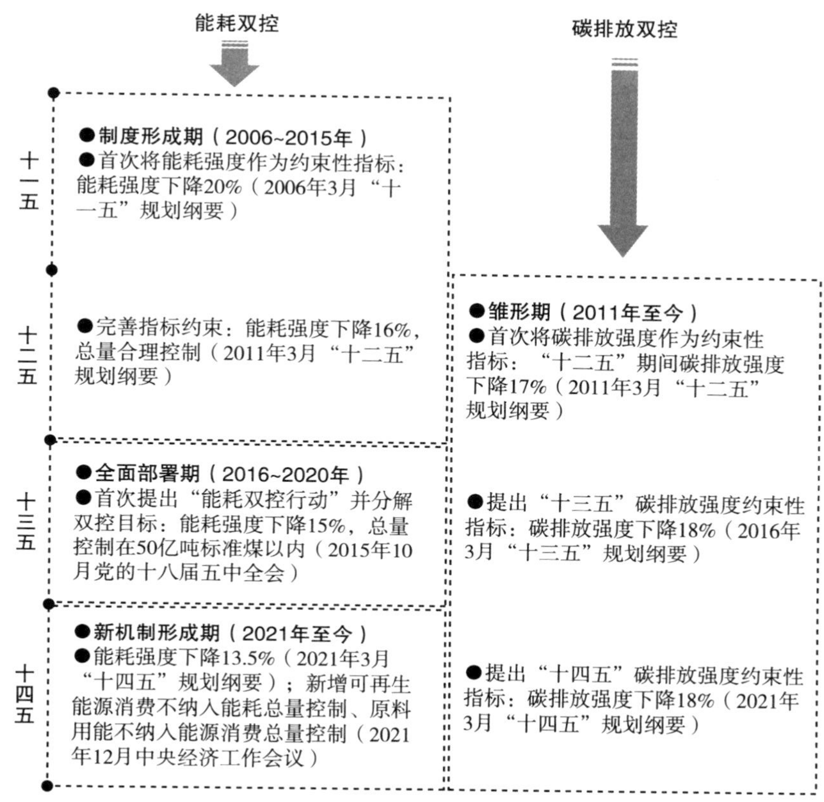


**图 1　我国两种双控制度历史沿革**

## （二）能耗双控向碳排放双控转变的必要性

一是驱动因素变化，解决气候问题成为最紧迫的任务。能耗双控的背后逻辑是认为化石能源是有限的，预计全球化石能源可使用 150～200 年，应解决化石能源危机问题。碳排放双控的背后逻辑是解决气候问题，若当前不控制温室气体排放，30 年后全球温升将超过 2℃，届时地球将面临大陆淹没、物种灭绝、可再生地表水和地下水减少、洪灾风暴潮多发等毁灭性灾难。因此，推动全社会低碳发展较控制化石能源使用更为紧迫。

二是为经济发展松绑，保障合理用能需求。我国正处于推进中国式现代化的关键进程，经济发展仍需必要的用能增量，当前我国人均能源消费与发达国家相比仍有差距，约为G7国家的53%、OECD国家的63%。从能耗双控转向碳排放双控，企业原料用能需求将被满足，并可依靠新增非化石能源满足新增用能需求，有力支撑经济发展。

三是与国际发展接轨，破除碳贸易壁垒，助力企业高质量发展。当前，国际绿色贸易壁垒加速形成，欧盟已实施碳边境调节机制，对部分进口商品加征碳关税，碳壁垒将成为影响我国对外贸易的重大阻碍。因此，能耗双控逐步转向碳排放双控，有利于与国际接轨、面向未来，促进能源、工业等各行业提升国际竞争力。

## 二　福建省能耗双控和碳排放双控执行情况

福建省两种双控制度均有执行，两者之间存在异同点。

### 1. 两种双控制度的约束目标

福建省能耗双控考核目标较为明确，碳排放双控约束目标仅明确强度下降值。能耗双控方面，2007年起福建省便提出能耗总量控制目标，明确“十一五”期间全省万元地区生产总值能耗下降16%，并将指标分解至各地区；[①] 2011年，提出“十二五”期间能耗强度下降16%；[②] 2017年，福建省进一步量化能耗总量控制目标，明确“十三五”期间全省万元地区生产总值能耗下降16%，能源消费总量控制在14500万吨标准煤以内。[③] 2007～

① 《福建省人民政府关于印发福建省节能减排综合性工作方案的通知》，福建省人民政府网站，2007年6月30日，http://www.fujian.gov.cn/zwgk/zxwj/szfwj/200710/t20071019_1463665.htm。

② 《福建省人民政府关于印发福建省“十二五”节能减排综合性工作方案的通知》，福建省人民政府网站，2011年10月30日，http://www.fujian.gov.cn/zwgk/zxwj/szfwj/201111/t20111108_1180376.htm。

③ 《福建省人民政府关于印发福建省“十三五”节能减排综合工作方案的通知》，福建省人民政府网站，2017年8月8日，http://www.fujian.gov.cn/zwgk/zfxxgk/szfwj/jgzz/jmgjgz/201708/t20170808_1180656.htm。

2020 年福建省能耗强度累计下降 58.2%。2022 年，福建省政府提出 2025 年全省能耗强度较 2020 年下降 14%，能源消费总量得到合理控制。① 碳排放双控方面，“十二五”以来福建省明确碳排放强度下降目标，“十二五”规划、“十三五”规划分别要求碳排放强度下降 17.5%②、19.5%③，“十四五”规划仅明确“碳排放强度下降要完成国家下达目标”，对于碳排放总量暂未作要求。

2. 两种双控制度的考核范围

福建省能耗双控和碳排放双控制度均采用“抓大放小”原则。能耗双控方面，福建省对纳入用能权市场的重点用能单位进行能耗管控，如 2020 年对水泥制造、火力发电、炼钢、玻璃、铜冶炼、原油加工、合成氨、铁合金冶炼、电解铝等行业中，年综合能源消费量达到 5000 吨标准煤及以上的 102 家用能单位进行管控。④ 碳排放双控方面，福建省对纳入全国碳市场、福建碳市场的重点排放单位进行碳排放管控，其中，纳入全国碳市场管理的行业企业为综合排放温室气体达到 2.6 万吨二氧化碳当量及以上的发电行业企业及自备电厂；纳入福建碳市场的行业企业为电力、石化、化工、建材、钢铁、有色、造纸、民航、陶瓷等 9 个行业中综合排放温室气体达到 1.3 万吨二氧化碳当量及以上的单位。⑤ 2022 年，纳入福建省碳市场重点排放单位

---

① 《福建省人民政府关于印发福建省“十四五”节能减排综合工作实施方案的通知》，福建省人民政府网站，2022 年 6 月 17 日，http：//fujian.gov.cn/zwgk/zxwj/szfwj/202206/t20220617_5932061.htm。

② 《福建省人民政府关于印发福建省“十二五”控制温室气体排放实施方案的通知》，福建省人民政府网站，2013 年 1 月 31 日，http：//www.fujian.gov.cn/zwgk/zfxxgk/szfwj/jgzz/hjnyzcwj/201302/t20130216_1185974.htm。

③ 《福建省人民政府关于印发福建省“十三五”节能减排综合工作方案的的通知》，福建省人民政府网站，2017 年 8 月 8 日，http：//www.fujian.gov.cn/zwgk/zfxxgk/szfwj/jgzz/jmgjgz/201708/t20170808_1180656.htm。

④ 《福建省工业和信息化厅关于印发福建省 2020 年度用能权指标分配方案的通知》，福建省工信厅网站，2020 年 12 月 8 日，http：//gxt.fujian.gov.cn/zwgk/zfxxgk/fdzdgknr/gzdt/202012/t20201210_5479654.htm。

⑤ 《福建省生态环境厅关于做好 2022 年温室气体排放报告管理相关重点工作的通知》，福建省生态环境厅网站，2022 年 3 月 25 日，http：//sthjt.fujian.gov.cn/zwgk/zfxxgkzl/zfxxgkml/mlstbh/202204/t20220401_5872763.htm。

名录的企业共 296 家。①

3. 两种双控制度的指标分解

福建省能耗双控分解机制健全、碳排放双控分解机制尚未建立。能耗双控方面，“十一五”以来，福建省为强化各地区节能减排责任，综合考虑地区经济发展水平、产业结构、节能减排潜力、新上项目需求等因素，将能耗控制指标分解至各地区。从“十三五”期间福建省各地市能耗双控目标分解情况来看，在能耗强度控制上，内陆地区能耗强度降低目标高于沿海地区，南平、三明、龙岩能耗强度下降指标分别为 20%、20%、19%，普遍较福州、厦门、泉州等沿海地区高 3~8 个百分点；在能耗总量控制上，各地区能源消费增量控制目标与当地新增项目等相关，相互之间存在差异，福州、厦门、泉州、南平、龙岩能源消费增加幅度分别为 15.6%、15.6%、13.4%、16.7%、17.9%，总体维持在 13%~18%，而漳州、莆田、宁德地区受石化化工、锂电新能源等大项目投产等因素影响，能源消费增加幅度目标分别高达 41.4%、35.1%、25.3%（见表 1）。碳排放双控方面，福建省暂未将控制目标进行分解。

**表 1 “十三五”期间福建省各地市能耗双控目标分解情况**

| 地区 | “十三五”能耗强度降低目标(%) | 2015 年能源消费总量（万吨标准煤） | “十三五”能耗增量控制目标(万吨标准煤) |
|---|---|---|---|
| 福州市（含平潭） | 16 | 2245 | 350 |
| 厦门市 | 12 | 1279 | 200 |
| 漳州市 | 14 | 1111 | 460 |
| 泉州市 | 16 | 3426 | 460 |
| 三明市 | 20 | 1285 | 160 |
| 莆田市 | 14 | 484 | 170 |
| 南平市 | 20 | 778 | 130 |
| 龙岩市 | 19 | 951 | 170 |
| 宁德市 | 10 | 672 | 170 |

资料来源：《福建省“十三五”节能减排综合工作方案》（闽政〔2017〕29 号）。

① 《福建省 2021 年度碳排放配额分配实施方案》，福建省生态环境厅网站，2022 年 11 月 29 日，http://sthjt.fujian.gov.cn/zwgk/zfxxgkzl/zfxxgkml/mlwrfz/202212/t20221201_6068935.htm?eqid=c10151db000a4b43000000066437f6a7。

## 三　能耗双控向碳排放双控转变对福建省的影响

推动能耗双控向碳排放双控转变，对经济社会全面绿色转型具有重要的里程碑意义。根据福建省当前经济发展的情况分析，能耗双控向碳排放双控转变将对福建省产生四个方面影响。

### 1. 推动经济发展空间进一步打开

2021 年 8 月，国家发展改革委发布各省能耗双控目标完成情况“晴雨表”，福建省能耗强度和能源消费总量均为一级预警，总体上福建省能耗双控指标较为紧张，难以满足中高速的经济发展需求。而随着能源消费总量控制的“松绑”，福建省经济发展动能将进一步激活，以 2020 年为例，若按能耗双控新制度执行，新增可再生能源及原料用能部分可扣减能源消费总量达 417. 4 万吨标准煤，能耗增量空间提升 18%，全省经济将随着能耗增量空间释放得到进一步增长。

### 2. 可再生能源发展将进一步提速

随着“新增可再生能源电力消费量不纳入能源消费总量控制”政策落地、绿证核发全覆盖政策的配套保障，可再生能源发展的政策支持力度逐步加大。未来，新增可再生能源消费将成为各地新上项目能耗指标的重要来源。一方面，为满足新增用能需求，各地将持续优化用能结构，提升可再生能源占比，加速供给侧转型进程；另一方面，社会各界对可再生能源项目的投资热情将被充分调动，风电、光伏等战略性新兴产业必然加速发展，尤其是周期短的分布式能源。根据统计数据，近年来福建省分布式可再生能源装机均为光伏，且占比逐年增长，截至 2021 年底、2022 年底、2023 年 7 月底全省分布式光伏占全省装机比重分别增长至 3. 5%、5. 7%、8. 3%，① 呈现加快扩张态势。

### 3. 终端电气化率将加速提升

双控制度转变将有效推动能源供给和消费结构低碳转型，而电能是可再

① 数据来源于国网福建省电力有限公司。

生能源终端利用的最直接方式，双控制度转变将促使企业优选电能作为终端能源，进而推动全社会电气化水平在制度转变中加速提升。据测算，在当前发展水平下，福建可再生能源消费占全省能源消费总量比重每提升1个百分点，终端电气化率将提升0.5个百分点。

**4. 对碳排放数据提出更高要求**

碳排放双控制度的实施需以科学的碳排放统计基础为前提，现阶段，我国尚未形成以能源活动、工业生产活动特性等为依据的碳排放因子，能—碳转换准确度有待提升；同时，省级层面碳排放数据高度依赖化石能源消费统计数据，企业层面碳排放数据以企业自查为主，总体存在颗粒度大、时间滞后、质量难以保障等问题，亟需建立健全统一规范的统计监测体系。

## 四　相关建议

### （一）优化能耗总量和强度调控

一是统筹落实能耗双控新机制。加强新增可再生能源不纳入能耗总量考核、原料用能不纳入能耗双控考核制度的组织实施，同时，推动绿证核发工作有序开展，切实发挥绿证对可再生能源消费认定的基础凭证作用，保障能耗双控优化制度有效落地。二是进一步优化能耗指标区域分配模式。强化全省统筹，通盘考虑经济增速与能源消费总量增速关系，能耗指标分配向能源利用效率较高、发展较快的地区适度倾斜。优化能耗考核方式和频次，推动各地市实施年度评价、中期评估和五年考核。三是探索省内能耗指标调配模式。在确保完成能耗强度降低基本目标的情况下，探索建立省内设区市间能耗指标调配交易机制，鼓励能耗强度降低进展顺利、总量指标富余的设区市出让能耗总量指标，提升能耗指标调整灵活度。

## （二）健全碳排放双控配套制度

一是探索开展碳减排指标的科学分解。健全碳减排目标责任分解机制，综合考虑各地区经济发展和能源消费水平等因素，将全省碳排放总量控制目标分解到各设区市、主要行业和重点碳排放单位。探索建立省、市、县三级碳排放预算管理体系，实施碳排放预算管理，促进各地区能源和产业结构转型升级。二是探索开展碳排放环境影响评价。研究建立重点行业建设项目碳排放环境影响评价工作机制，制定电力、石化、化工、建材、钢铁等行业碳排放水平评价标准和方法，测算各行业建设项目碳排放水平并分析其减排潜力，推动重点行业企业有效减排。

## （三）夯实碳排放核算和统计数据基础

一是建立健全省级碳排放统计监测平台。发挥电力数据准确性高、实时性强、价值密度大、采集范围广等优势，建立分行业“电—能—碳”统计核算标准体系，推动完善福建省碳排放在线监测与应用公共平台监测功能，实现监测范围逐步扩大至全行业。二是鼓励企业积极布局智能传感装置和智慧物联系统，实现设备级能耗数据实时监测和采集；同时，以电子信息产品等能耗数据基础较好的行业为试点，探索重点产品全生命周期的碳足迹、碳标签应用，精准定位高碳排环节、掌握碳排放周期。

## （四）合理加快可再生能源开发利用

一是统筹考虑福建省资源禀赋、负荷特性、网架特征等因素，在电力系统可承受范围内，合理加大海上风电等优势可再生能源开发建设力度，科学规划项目建设时序。二是进一步完善可再生能源并网规范和接网模式，特别是对于风电、光伏等新能源，要强化主体责任，出台调节支撑标准，明确其在电力电量平衡、调频调压等方面的履责要求，确保绿色转型和安全保供“两不误”。

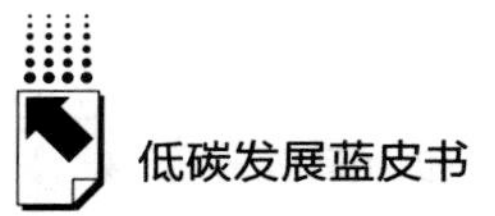


## 参考文献

张晓娣：《正确认识把握我国碳达峰碳中和的系统谋划和总体部署——新发展阶段党中央双碳相关精神及思路的阐释》，《上海经济研究》2022 年第 2 期。

刘华军等：《新时代的中国能源革命：历程、成就与展望》，《管理世界》2022 年第 7 期。

胡静、戴洁：《健全碳排放量化管理体系，推进能耗双控向碳排放双控转变》，《科学发展》2023 年第 8 期。

# 能源转型篇

Energy Transition

## B.13
## 2023年福建省能源低碳转型情况分析报告

杜 翼　陈 彬　林晓凡　陈思敏*

**摘　要：** 能源是支撑经济社会发展的重要物质基础，能源低碳转型是经济社会绿色发展的关键。近年来，能源领域碳排放呈现总量增长态势，能源供给结构不断优化，电源结构清洁化水平明显提升，能源消费总量规模控制较好，能耗强度明显下降。在深度优化场景下，本报告预测福建省能源领域将于2026年实现碳达峰。为有效推动福建省能源低碳转型，下一步应从推动风光核协同发展、建设可调节资源库、健全完善制度机制等方面精准发力。

**关键词：** 能源低碳转型　碳排放　能源供给　能源消费

* 杜翼，工学硕士，国网福建省电力有限公司经济技术研究院，研究方向为能源经济、电网规划、能源战略与政策；陈彬，工学博士，教授级高级工程师，国网福建省电力有限公司经济技术研究院，研究方向为能源战略与政策、电网防灾减灾；林晓凡，工学硕士，国网福建省电力有限公司经济技术研究院，研究方向为能源经济、能源战略与政策、电力市场；陈思敏，工学硕士，国网福建省电力有限公司经济技术研究院，研究方向为综合能源、能源战略与政策。

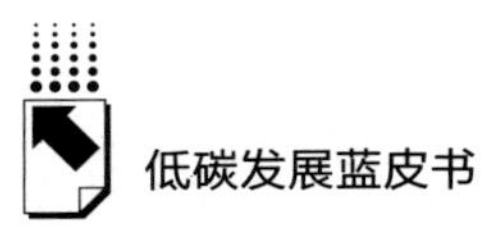


## 一　福建省能源低碳转型现状分析

### （一）能源领域碳排放情况

能源领域碳排放占全社会碳排放的绝对比重，呈现煤炭为主、总量增长态势。根据《福建统计年鉴》数据，2021 年福建省各类能源燃烧产生的碳排放总量约 2.63 亿吨[①]，占全社会碳排放比重约为 90%，其中，煤炭、石油、天然气分别占 63.3%、19.6%、4.8%。2018～2021 年，福建能源领域碳排放年均增速为 4.0%（见表 1）。

**表 1　2015～2021 年福建省能源领域碳排放总量及结构**

| 年份 | 能源领域碳排放（亿吨） | 碳排放占比（%） | | |
|---|---|---|---|---|
| | | 煤炭 | 石油 | 天然气 |
| 2015 | 2.09 | 60.4 | 19.9 | 4.8 |
| 2016 | 1.93 | 57.5 | 21.1 | 5.6 |
| 2017 | 2.09 | 59.3 | 19.8 | 5.3 |
| 2018 | 2.34 | 60.4 | 18.5 | 4.9 |
| 2019 | 2.45 | 58.0 | 19.5 | 4.7 |
| 2020 | 2.42 | 60.7 | 20.3 | 4.8 |
| 2021 | 2.63 | 63.3 | 19.6 | 4.8 |

资料来源：根据《福建统计年鉴》数据测算。

电力系统碳排放为能源领域碳排放的主要来源，呈现煤电为主、总量增长态势。根据政府部门统计口径、中国碳核算数据库（CEADs）全社会统计口径测算，2022 年，福建省电力系统碳排放 1.17 亿吨，约占全社会碳排放的 39.5%，均由发电环节产生，且 2019～2022 年碳排放平均增速为 3.3%，仍处于攀升阶段。其中，煤电为碳排放的最大来源，2022 年煤电碳

① 截至 2023 年 10 月，2022 年福建省能源领域碳排放数据尚未公布。

排放 1. 14 亿吨，占电力系统碳排放的 98%，2019～2022 年碳排放平均增速 3. 5%，为福建省电力系统碳排放增长的核心原因。

## （二）能源消费情况

能源消费总量规模控制较好但增速较快。规模控制方面，2021 年福建省能源消费总量为 15157. 5 万吨标准煤，① 排名全国第 15，较 GDP 排名低 7 位。增速控制方面，2021 年福建省能源消费总量同比增长 9%（见图 1），较全国水平高 3. 5 个百分点，排名全国第 5、较 GDP 增速排名高 8 位，经济发展仍以高能耗产业为主带动。“十四五”期间，古雷炼化一体、中沙古雷乙烯等大型石化项目，以及一批冶金产能转移项目将陆续建设投产，规上工业用能消费将较快增长，预计“十四五”期间福建省能源和电力消费增速分别达 3%、5. 1%，分别高于全国水平 0. 5 个、0. 3 个百分点，未来能耗增速控制仍面临较大挑战。

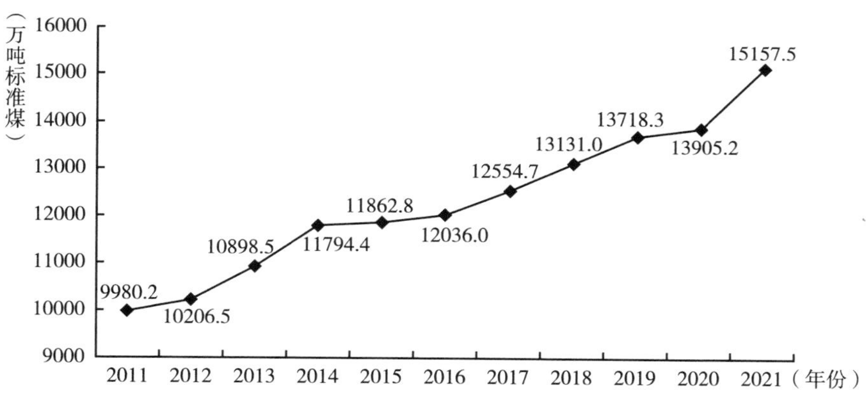


**图 1　2011～2021 年福建省能源消费总量变化趋势**

资料来源：《福建统计年鉴》。

能耗强度明显下降但相比于先进地区仍有差距。2011～2021 年，福建省能耗强度年均下降 5. 7%，2021 年能耗强度为 310 千克标准煤/万元（见图 2），②

---

① 数据来源于《福建统计年鉴》。

② 福建省能耗强度根据《福建统计年鉴》能源数据测算。

较全国平均水平低32.5%；2021年，福建能耗强度同比下降2%，增速排名全国第28，下降幅度低于绝大部分省份。2021年，福建省能耗强度分别是德国、法国、日本、美国的1.96倍、1.83倍、1.63倍、1.46倍，分别是北京、上海、江苏、重庆、广东的1.8倍、1.2倍、1.1倍、1.1倍、1.1倍，仍有较大提升空间。究其原因，主要是三次产业结构存在差异，2021年福建省三次产业结构为5.9∶46.8∶47.2，产业结构偏"重"，同年北京为0.3∶18∶81.7，上海为0.2∶26.5∶73.3，江苏为4.1∶44.5∶51.4，重庆为6.9∶40.1∶53，广东为4∶40.4∶55.6。

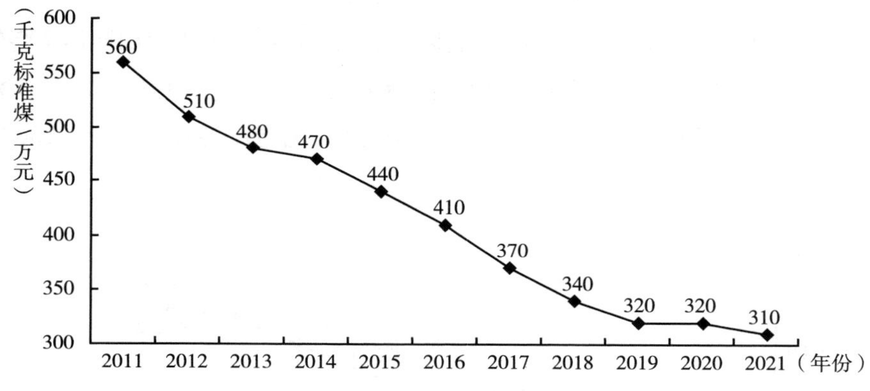


**图2　2011~2021年福建省能耗强度变化趋势**

资料来源：根据《福建统计年鉴》数据测算。

## （三）能源供给和消费结构情况

由于福建省化石能源生产较少，主要来自外省及海外，因此本部分讨论的福建能源供给包含了本省生产及外部调入的能源情况，能源消费情况则主要讨论终端用能情况。

### 1.能源供给结构情况

能源供给结构不断优化，但近年来调整速度放缓。2021年，福建省可供消费的能源总量达15157.5万吨标准煤，能源供给中煤炭、石油、天然气占比分别达 47.7%、22.8%、5%，分别较全国水平低 8.2 个、高 4.2 个、低 3.8 个百分点；一次电力及其他能源占比达 24.5%，较全国水平高 7.8 个百分点。2015~2021 年，福建省能源供给结构总体不变。除 2016 年受水电大发影响，煤炭、一次电力及其他能源占比波动较大，其余年份煤炭占比基本维持在 48%左右，一次电力及其他能源占比基本低于 26%（见表 2）。

**表 2　2015~2021 年福建省可供消费的能源总量及结构**

| 年份 | 可供消费的能源总量（万吨标煤） | 煤炭（%） | 石油（%） | 天然气（%） | 一次电力及其他能源（%） |
|---|---|---|---|---|---|
| 2015 | 11862.79 | 49.9 | 24.8 | 5.1 | 20.2 |
| 2016 | 12035.99 | 42.9 | 23.8 | 5.4 | 27.9 |
| 2017 | 12554.74 | 45.1 | 24.1 | 5.3 | 25.5 |
| 2018 | 13131.01 | 48.4 | 22.5 | 5.1 | 24.0 |
| 2019 | 13718.31 | 47.3 | 23.0 | 4.8 | 24.9 |
| 2020 | 13905.19 | 48.3 | 23.6 | 4.7 | 23.4 |
| 2021 | 15157.50 | 47.7 | 22.8 | 5.0 | 24.5 |

资料来源：《福建统计年鉴》。

电源结构清洁化水平明显提升。2022 年，福建省电力装机容量和发电量分别为 7531 万千瓦和 3074 亿千瓦时，[①] 非化石能源装机容量和发电量占比分别达 55.1%和 52.6%（见表 3、表 4），分别高于全国水平 5.5 个和 16.4 个百分点。2022 年，煤电、气电、水电、核电、风电、光伏发电量占比分别为 45.5%、1.9%、12.6%、27.1%、7.5%、1.2%，其中煤电、气电占比分别较 2015 年下降 6.7 个、1.7 个百分点，风电、光伏、核电占比分别较 2015 年提高 5.2 个、1.1 个、11.7 个百分点。风光发展速度总体落后，截至 2022 年，福建省风电、光伏装机规模分别达 742 万千瓦、465 万千瓦，分别排名全国第 20、第 23，总计占福建电源装机容量比重低于全国水平 13.5 个百分点；发电量分别达 231 亿千瓦时、38 亿千瓦时，分别排名全国第 12、第 24，总计占福建发电量比重低于全国水平 5 个百分点。

① 数据来源于国网福建省电力有限公司。

**表 3　2015~2022 年福建省电源装机容量结构**

| 年份 | 总装机容量（万千瓦） | 煤电占比（%） | 气电占比（%） | 水电占比（%） | 核电占比（%） | 风电占比（%） | 光伏占比（%） | 其他占比（%） |
|---|---|---|---|---|---|---|---|---|
| 2015 | 4919.5 | 48.5 | 7.9 | 26.4 | 11.1 | 3.5 | 0.3 | 2.4 |
| 2016 | 5209.5 | 46.0 | 7.4 | 25.0 | 14.6 | 4.1 | 0.5 | 2.3 |
| 2017 | 5596.7 | 45.5 | 7.0 | 23.4 | 15.6 | 4.5 | 1.7 | 2.5 |
| 2018 | 5769.7 | 44.6 | 6.8 | 22.9 | 15.1 | 5.2 | 2.6 | 2.8 |
| 2019 | 5909.2 | 43.8 | 6.6 | 22.4 | 14.7 | 6.4 | 2.9 | 3.3 |
| 2020 | 6371.6 | 44.9 | 6.1 | 20.9 | 13.7 | 7.6 | 3.2 | 3.6 |
| 2021 | 6983.3 | 42.0 | 5.6 | 19.8 | 14.1 | 10.5 | 4.0 | 3.9 |
| 2022 | 7531.0 | 39.7 | 5.2 | 20.4 | 14.6 | 9.9 | 6.2 | 4.0 |

资料来源：国网福建省电力有限公司。

**表 4　2015~2022 年福建省电源发电量结构**

| 年份 | 总发电量（亿千瓦时） | 煤电占比（%） | 气电占比（%） | 水电占比（%） | 核电占比（%） | 风电占比（%） | 光伏占比（%） | 其他占比（%） |
|---|---|---|---|---|---|---|---|---|
| 2015 | 1882.8 | 52.2 | 3.6 | 23.3 | 15.4 | 2.3 | 0.1 | 3.1 |
| 2016 | 2004.6 | 39.0 | 3.4 | 31.5 | 20.3 | 2.5 | 0.1 | 3.3 |
| 2017 | 2185.6 | 46.1 | 2.7 | 19.0 | 25.6 | 3.0 | 0.3 | 3.3 |
| 2018 | 2461.9 | 50.9 | 2.6 | 13.2 | 26.2 | 2.9 | 0.6 | 3.6 |
| 2019 | 2572.9 | 48.3 | 2.6 | 17.2 | 24.1 | 3.4 | 0.6 | 3.8 |
| 2020 | 2636.5 | 52.4 | 2.4 | 11.1 | 24.7 | 4.6 | 0.7 | 4.0 |
| 2021 | 2931.2 | 51.5 | 2.3 | 9.4 | 26.5 | 5.2 | 0.9 | 4.3 |
| 2022 | 3074.0 | 45.5 | 1.9 | 12.6 | 27.1 | 7.5 | 1.2 | 4.2 |

资料来源：国网福建省电力有限公司。

### 2. 终端能源消费结构情况

终端能源消费已呈现石油、电力、煤炭“三足鼎立”格局。2021 年，福建省石油、电力、煤炭、天然气消费量占终端能源消费总量的比重分别为 33.4%、32.9%、27.4%、6.4%，[①] 且电力占比整体呈现攀升态势（见图 3）。

① 根据《福建统计年鉴》能源数据测算。

改革开放以来，福建省电气化率整体提升，从 1978 年的 6.7%提升至 2021 年的 32.9%,① 电气化水平提升 3.9 倍（见图 4）。

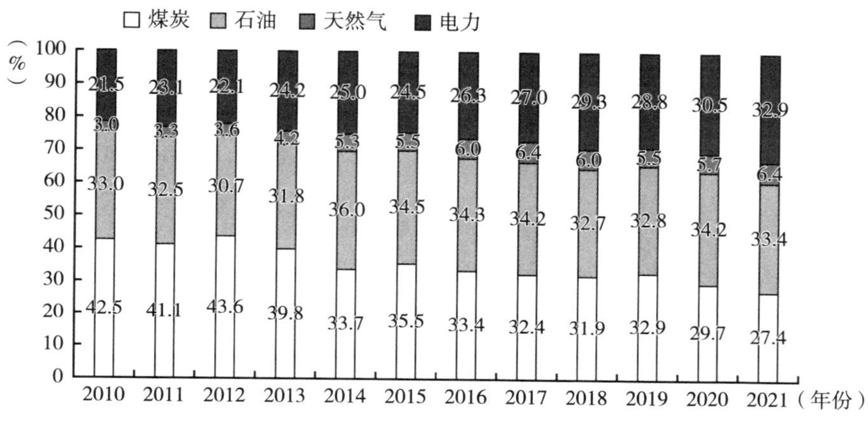


**图 3　2010~2021 年福建省终端能源消费结构**

资料来源：根据《福建统计年鉴》数据测算。

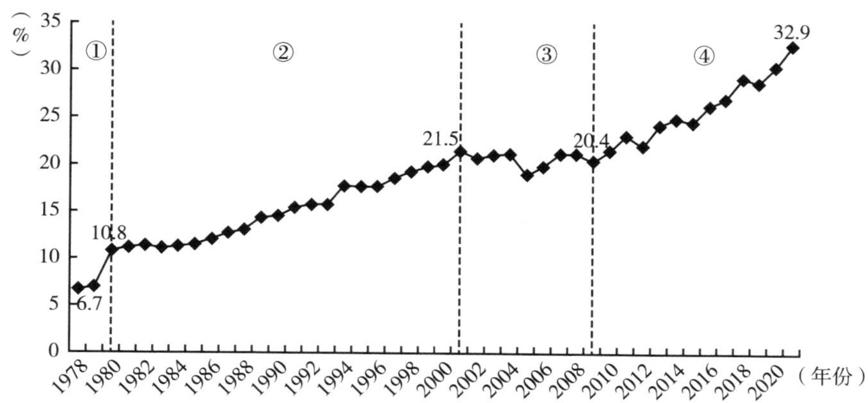


**图 4　1978~2021 年福建省电气化率变化情况**

资料来源：根据《福建统计年鉴》数据测算。

① 根据《福建省统计年鉴》能源数据测算。

## 二　福建省能源低碳转型发展趋势预测

### （一）能源供给侧低碳转型预测

2023~2030年，福建省经济发展将带动电力需求快速攀升，该阶段仍需合理建设先进煤电。根据福建省宏观经济和产业转型态势，预计2030年全社会用电量约为4577亿千瓦时，最大负荷约为7350万千瓦，装机总容量约为12390万千瓦。预计火电、核电、常规水电、风电、光伏装机容量占比由2022年的48.9%、14.6%、16%、9.9%、6.2%调整为2030年的38%、15.7%、9.7%、17.8%、11.3%（见图5）；发电量占比由2022年的51.6%、27.1%、11.5%、7.5%、1.2%调整为2030年的39%、30.9%、8%、15.6%、2.8%。

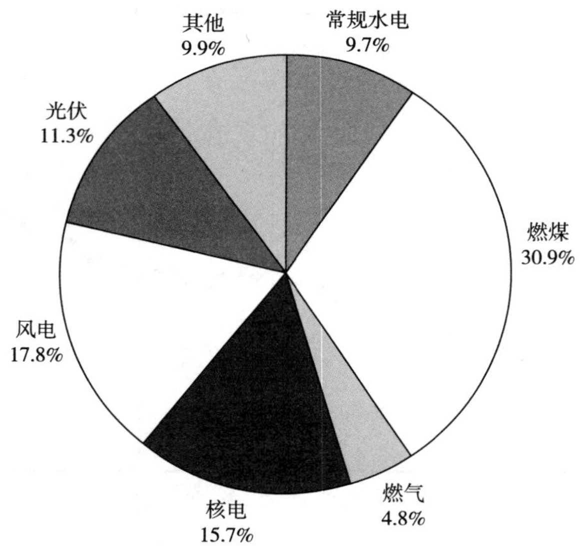


**图5　2030年福建省电源结构预测**

注：其他中包含其他类型火电。

资料来源：国网福建省电力有限公司预测数据。

2031~2060年，福建省能源电力需求逐步饱和，化石能源消费稳步下降，逐步实现能源零碳化，并通过碳汇和CCUS完成零碳转型“最后一公里”。基于福建省饱和电力需求和饱和负荷预测情况，预计2060年全社会用电量将突破6500亿千瓦时，最大负荷将达到1亿千瓦以上，装机容量预计可到2.23亿~2.5亿千瓦。各类电源功能定位调整全面完成，火电担任调节电源、核电担任基荷电源、风光担任主力电源，储能成为能源电力可靠供应的重要保障。预计到2060年福建省煤电、气电装机总量不超过2000万千瓦，且全流程实施碳捕集；核电装机总量超过3000万千瓦、占比达13%以上；风电、光伏规模达1亿千瓦以上、占比超50%。

## （二）能源消费侧低碳转型预测

从全社会看，福建远期终端能源消费将以电力为主。预计2030年福建省电气化率将达到42%、2060年达到74%（见图6）。

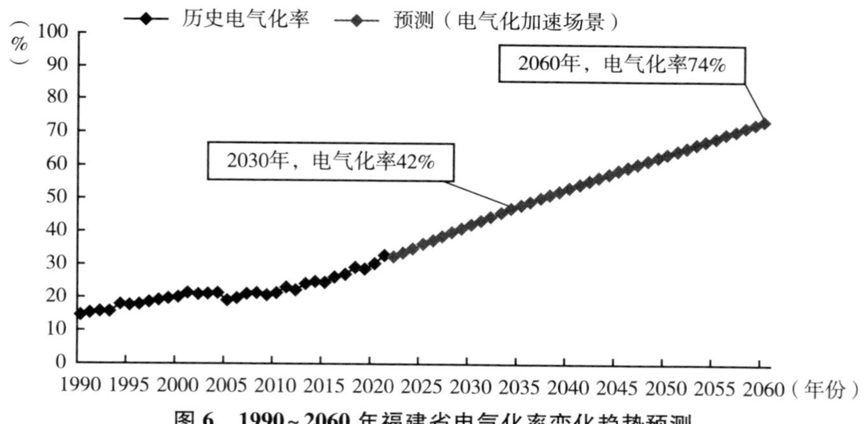


**图6　1990~2060年福建省电气化率变化趋势预测**

资料来源：根据历史数据建模测算。

分领域看，远期商业、居民生活、建筑业和农业电气化率将显著提升，工业和交通运输业则存在一定瓶颈。预计2030年商业、居民生活和工业电气化率分别达到51%、50%和48%，分别高于全省平均值9个、8个和6个百分点；农业、建筑业和交通运输业电气化率低于全省平均值，分别为36%、27%和11%。预计2060年商业、居民生活、农业和建筑业电气化率分别达到84%、80%、78%和77%，分别高于全省平均值10个、6个、4个和 3 个百分点，工业和交通运输业电气化率分别为 65% 和 47%，分别低于全省平均值 9 个和 27 个百分点（见图 7）。

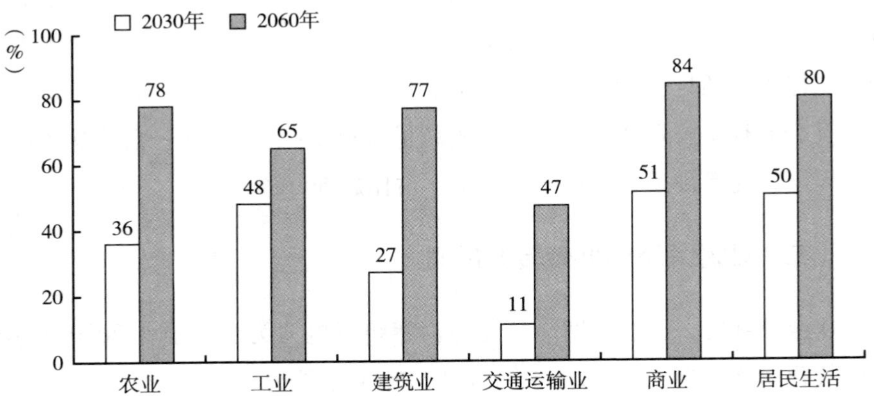


**图 7　2030 年、2060 年福建省重点领域电气化率趋势预测**

资料来源：根据 CEADs 历史数据建模测算。

## （三）能源领域碳排放趋势预测

由于未来能源结构转型态势存在较大不确定性，分别设计基准、加速转型、深度优化三个场景，研判不同假设下福建省能源领域碳排放发展趋势。在基准场景下，假定全省煤炭消费占一次能源消费的比重和终端电气化率按历史趋势外推。在加速转型场景下，假定全省煤炭消费占一次能源消费的比重和终端电气化率按“十四五”规划推进，并按此态势一直延续至 2035 年。在深度优化场景下，结合实际进一步下调非化石能源消费占一次能源消费的比重并提升终端电气化率。

基准场景下，福建省能源领域预计于 2030 年实现碳达峰，峰值水平约为 3.36 亿吨，较 2021 年增长 18.3%。加速转型场景下，预计于 2028 年实现碳达峰，峰值水平约为 3.24 亿吨，较 2021 年增长 14.1%。深度优化场景下，预计于 2026 年实现碳达峰，峰值水平约为 3.15 亿吨，较 2020 年增长 10.9%（见图 8）。

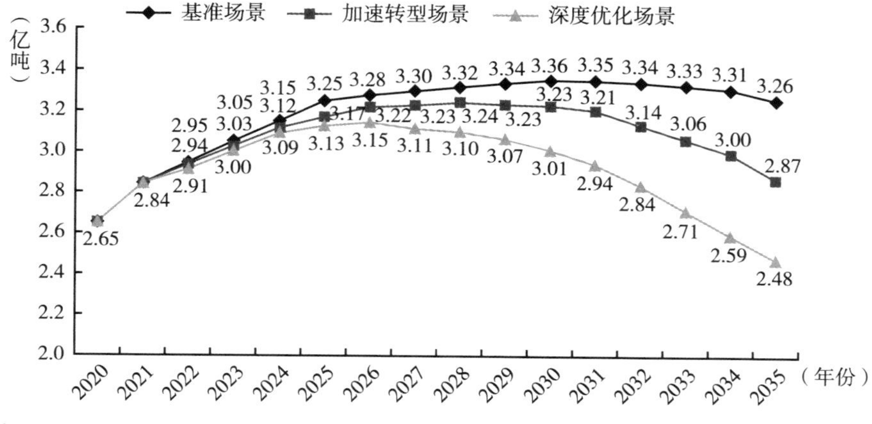


**图 8　福建省能源领域碳达峰时点预测**

资料来源：根据历史数据建模测算。

# 三　福建省能源低碳转型对策建议

## （一）加快推动风光核协同发展

一是打造国家级新能源生产基地。将海上风电作为保障福建省电力清洁供应的主力军，加快推进海上风电规模化开发，超前启动深远海海上风电选址规划，将闽南外海浅滩深远海海上风电生产基地纳入国家规划，打造国际海上风电生产基地。同时，因地制宜开发民居、工厂屋顶分布式光伏。二是巩固发展大型核电基地。紧抓优势，将核电作为煤电的主要替代电源，做好在建核电项目推进和储备厂址保护，加快推进规模项目报批和新增布点论证，将新增大规模机组纳入国家规划，推动核电成为未来能源供应新的“压舱石”。

## （二）统筹建设可调节资源库

一是加快建设抽水蓄能电站。尽可能提高蓄能库容，优先开发大库容抽水蓄能电站。二是支持新型储能规模化应用。因地制宜发展电化学储能、压缩空气储能、飞轮储能、氢储能等新型储能，深入研究关键场景储能配置模式，落实风电、光伏等新能源配建储能要求，风电按不低于装机容量10%配置，鼓励用户侧特别是有大型保电需求的公共场所配置电化学储能。三是推进火电、核电灵活性改造。明确改造规模、具体项目和进度安排，力争火电调峰能力提升至70%，核电逐步提升调峰深度、适时拓展应用场景。四是深挖需求侧响应潜力。大力建设虚拟电厂，聚合电动汽车、用能终端等，形成规模效应，构建可中断、可调节大规模多元负荷资源库，共同参与电网运行控制。

### （三）持续健全完善制度机制

一是完善价格机制。按照“谁受益、谁承担”原则，由源网荷储等各市场主体共同承担能源转型成本，通过输配电价合理疏导电网建设运营成本，通过容量电价疏导煤电、气电、抽水蓄能等机组成本。二是完善市场机制。构建全国统一电力大市场，尽量少以能源价格作为宏观调整的工具，以长期稳定的市场价格信号引导能源转型。推动电力市场和碳市场协同，推动碳成本与电力成本合理传导；以绿电交易机制为抓手，逐步扩大市场规模，形成市场化消纳机制。三是完善能耗控制机制。逐步扩大省内用能权交易覆盖范围及规模市场，推动高耗能行业、传统行业等全面加快节能降耗；探索建立省内设区市间能耗指标调配交易机制，优化全省能耗指标资源配置，以能耗控制机制推动各地区优化产业结构。

## 参考文献

邹才能等：《碳中和目标下中国新能源使命》，《中国科学院院刊》2023年第1期。

辛保安等：《“双碳”目标下“能源三要素”再思考》，《中国电机工程学报》2022年第9期。

苏铭：《“双碳”目标下能源转型发展研究》，《中国能源》2022年第4期。

舒印彪等：《碳中和目标下我国再电气化研究》，《中国工程科学》2022年第3期。

刘吉臻等：《海上风电支撑我国能源转型发展的思考》，《中国工程科学》2021年第1期。

# B.14

# 推动福建省海上风电高质量发展的对策建议*

杜 翼 陈柯任 陈晚晴 陈文欣**

**摘 要：** 海上风电被公认为是实现能源转型与“双碳”目标的重要载体，大力发展海上风电是深入贯彻落实能源安全新战略、实现碳达峰碳中和的重要举措，也是福建省打造海洋优势产业集聚区和新兴产业集群的关键手段。福建省做大做强海上风电产业具有“资源储备大、发展空间广、经营效益好”三大核心优势，但也面临“资源开发不够快、产业发展不够强、服务保障不到位”等制约因素。下一步，建议福建省从推进海上风电资源开发、壮大海上风电产业集群、优化政策服务保障、加强消纳能力建设四个方面着手，推动海上风电高质量发展。

**关键词：** 福建省 海上风电 高质量发展

## 一 国内外海上风电发展总体情况

### （一）从全球范围来看，海上风电被公认为是实现能源转型与“双碳”目标的重要载体，多数沿海国家加快布局、提速发展

装机容量方面，全球海上风电规模保持强劲增长态势。海上风电开发始

* 本文涉及的福建省电力数据均来自国网福建省电力有限公司。

** 杜翼，工学硕士，国网福建省电力有限公司经济技术研究院，研究方向为能源经济、电网规划、能源战略与政策；陈柯任，工学博士，国网福建省电力有限公司经济技术研究院，研究方向为能源经济、低碳技术、战略与政策；陈晚晴，工学硕士，国网福建省电力有限公司经济技术研究院，研究方向为综合能源、能源战略与政策；陈文欣，工学硕士，国网福建省电力有限公司经济技术研究院，研究方向为战略与政策、能源经济。

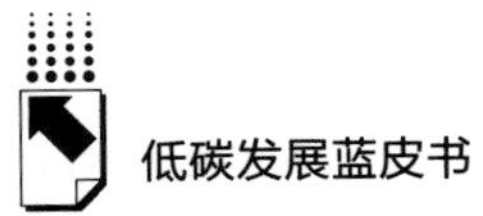


于 1991 年，历经三个发展阶段，目前全球累计装机容量达 5700 万千瓦。受能源危机、“双碳”政策等影响，近几年各国持续加快海上风电开发步伐，2022 年全球海上风电新增装机容量 880 万千瓦，新增容量位居历史第二，仅次于 2021 年的 2110 万千瓦。[①] 区域分布方面，欧亚已成为海上风电发展的主导地区。欧洲是海上风电的起源地，海上风电产业发展和技术研发长期保持领先，截至 2022 年底总装机容量达 3030 万千瓦，占全球的 47.1%，主要集中在英国、德国、荷兰等国。亚洲海上风电开发起步较晚、后来居上，截至 2022 年底总装机容量约 3370 万千瓦，占全球的 52.5%，九成以上位于我国。

发展趋势方面，未来 5~10 年甚至更长时间内海上风电仍将延续高速增长态势。全球风能理事会预测，2023~2027 年全球海上风电新增装机容量将超 1.3 亿千瓦；新增风电装机中，海上风电装机比重将从 2022 年的 11%提升至 2027 年的 23%。其中，英国、德国、丹麦等均提出到 2030 年新增数千万千瓦的海上风电装机容量。有关报告显示，风力发电有望成为美国最大的电力来源，满足全国 1/3 以上的电力需求，到 2030 年美国海上风电计划装机容量达 3000 万千瓦，预计每年可带动超过 120 亿美元的项目投资；韩国、日本、越南等到 2030 年海上风电装机容量合计将超 2500 万千瓦。

### （二）从全国范围来看，海上风电历经十余年时间已实现规模化开发，且未来一个时期国家部委相关政策导向明确、鼓励发展

海上风电现有开发基础良好，相关配套产业较为完备。至 2022 年底，全国累计装机容量达 3051 万千瓦，居全球首位；江苏、广东、福建、浙江、辽宁等 5 个沿海省份装机容量均超百万千瓦，总规模约占全国的 92%。我国初步建立从核心零部件、整机装备制造到基础施工、风机吊装等的成熟产业链，苏浙沪主要从事海上风电零部件和整机制造，粤闽以海上风电整机研发

① 《全球风能报告 2023》，全球风能理事会，2023 年 3 月 27 日，https：//gwec.net/globalwindreport2023/。

制造、风电场运营等为主，东北地区侧重生产主控系统、发动机等零部件，可支撑每年千万千瓦级海上风电产业发展。

“十四五”时期政策优势凸显，海上风电迎来规模化集群化发展难得机遇。国家发改委等九部委印发的《“十四五”可再生能源发展规划》提出，“十四五”期间风电发电量实现翻倍，明确推动近海规模化开发、深远海示范化开发；国家能源局印发的《“十四五”现代能源体系规划》，明确“十四五”期间重点建设广东、福建、浙江、江苏、山东等海上风电基地。从国家能源局批复的“十四五”期间新增并网装机规模看，广东高达1700万千瓦，浙江、福建超400万千瓦，江苏、广西超300万千瓦，竞相发展态势明显。

## 二　福建省做大做强海上风电产业的优势

### （一）资源储备方面，福建省海上风电资源量大质优

一是省属海域条件居全国前列。福建省海域面积居全国首位，省辖海域面积较陆地面积多11.5%；[①] 大陆海岸线长3752公里，占全国总长的18.3%，仅次于广东，居全国第二位；拥有海岛2215个，海岛岸线总长2275公里。其中，深水岸线长201.9公里，海岸线曲折率为1∶5.7，两者均居全国之首。

二是海上风能优质且储量丰富。受季风气候和台湾海峡“狭管效应”影响，福建省海域平均风速较大，呈现中部沿海风速大于南北两地的现象。其中，福州以南至厦门位于台湾海峡中部，年平均风速为9.5~10.25米/秒，是省内风资源最丰富的地区；厦门以南及福州以北地区近海风资源基本相当，年平均风速为7.5~9.5米/秒，可利用价值较大。2017年中国水利水电科学研究院测算，福建省海上风电在单机容量为10兆瓦情况下储量超过

① 《福建省海上风电场工程规划报告》（内部文件）。

1.23 亿千瓦，若单机容量达到 30 兆瓦则储量可达 2 亿千瓦，海上风电资源储备量国内领先。

### （二）规划发展方面，福建省海上风电发展空间广阔

福建省早在 2009 年便启动开展了近海海域风电规划工作，2017 年国家能源局批复《福建省海上风电场工程规划报告》，共规划 17 个海上风电场址、规模 1330 万千瓦。2020 年福建省正式启动海上风电规划修编，2022 年获得批复，此轮规划福建省近海海上风电规模扩大至 1890 万千瓦，其中宁德海域规划 11 个场址、910 万千瓦，福州海域规划 9 个场址、360 万千瓦。

### （三）经营效益方面，福建省海上风电经济性较好

一是福建省海上风电平均利用小时数全国领先。福建省风电平均利用小时数已连续 11 年居全国前三，且持续保持 100%全额消纳。2020 年，福建省风电平均利用小时数为 2880 小时，位居全国第一，海上风电平均利用小时数高达 4042 小时；2021 年受来风较少及海上风电集中下半年投产影响，福建省风电平均利用小时数为 2702 小时，依然排名全国第一，海上风电平均利用小时数为 3344 小时；2022 年，福建省风电平均利用小时数为 3132 小时，海上风电平均利用小时数为 3617 小时。总体上，福建省海上风电具有较好的经济效益。

二是福建省海上风电市场需求较大。从自身需求看，福建省常规水电已基本开发殆尽，光伏受光照、土地资源制约开发潜力相对较小，生物质发电缺少燃料来源，陆上风电开发受到林地生态等因素制约，海上风电具有资源丰富、发电利用小时数相对较高的特点，集中连片区域海上风电的规模化开发将成为福建省清洁能源发展的主要方向。从外部需求来看，福建省东邻宝岛台湾、西通华中腹地、南接粤港澳、北连长三角，是多个区域协同发展战略的交汇点，且福建省周边省份均为电力缺口大省，用电增速较快，苏浙粤全社会最高用电负荷均已突破 1 亿千瓦，浙江省外来电占最高负荷比例持续

保持约 1/3，江苏省接近 1/4，为福建省海上风电外送消纳提供广阔市场。同时，浙福特高压、闽粤电力联网已建成，闽台、闽赣电力联网方案初步形成，为福建省海上风电外送提供充分支撑。

## 三 福建省海上风电发展面临的主要制约因素

### （一）从资源开发看，海上风电发展速度慢于行业整体增速，规模化集约化发展不够充分

一是资源释放供不应求。并网规模方面，到 2022 年底全省并网海上风电 321 万千瓦，仅为江苏的 27%、广东的 41%；预计到 2025 年底并网规模不到 600 万千瓦，远少于广东的 2350 万千瓦、江苏的 1500 万千瓦。竞配方面，2022 年全省共 100 万千瓦海上风电项目启动竞配，却吸引多达 18 家企业报名参与。二是半数项目“规而未建”。2017 年国家能源局批复福建省海上风电规划 1330 万千瓦，受海域功能区划、“双十”规定、航道、军事等因素影响，近一半不具备开发条件或推进受阻。例如，宁德霞浦 A 区不符合国家“双十”规定、C 区与习惯性航道存在冲突，致使项目搁置；漳州六鳌 6 个规划场址涉及军事问题，审批进展缓慢。三是“度电成本”相对较高。据测算，2022 年福建省海上风电投资成本约为 1.5 万元/千瓦，而江苏、广东仅分别为 1.3 万元/千瓦、0.9 万元/千瓦，“国补”取消后海上风电企业生存压力较大；现有主流 8 兆瓦机型的发电成本约为 0.4 元/千瓦时，与 0.3932 元/千瓦时的标杆电价相当，基本处于“零利润”状态。

### （二）从产业发展看，关键链条缺失与重复布局并存，高端化集群化趋势尚未形成

一是全产业链条不够完整。福建省海上风电装备产业发展起步较晚，以整机制造、风电场运营等中下游环节为主，电控、轴承等产业链关键环节缺失，部分核心零部件对外省依存度较高。以福清三峡产业园内企业为

例，金风科技、东方电气所需的轮毂、叶片、机舱罩等零部件均从江苏、广东等地采购，一定程度上增加了生产成本；艾尔姆风能叶片公司发票数据显示，2021 年企业进项中有 86.9%来自省外，说明其上游生产设备供应端在省外。二是重复布局导致产能过剩。目前省级层面尚未编制海上风电产业发展专项规划，对漳州、莆田、宁德等资源较好区域的发展定位不够明晰，而各地竞相布局建设产业园区的意愿较为强烈，如不加以合理引导或将造成重复布局，激化竞争。如整机制造领域，福建省内现有金风科技、东方电气、上海电气 3 家企业，年产能最高可达 500 万千瓦，完全可以满足“十四五”期间新增装机需求，一旦其他地方再引进类似企业，势必造成整体产能过剩。三是本土企业参与度较低。目前，福建省尚无涉足整机、电机、叶片、轴承的本土企业，仅有极少数风电零部件生产商，且整体实力不够强。例如，福船一帆以生产塔筒、塔架、运维船等为主，处于产业链相对低端；南平太阳电缆于 2023 年 6 月 7 日才成功试产首条海底电缆。

### （三）从服务保障看，基础设施、运维管理等配套较为滞后，支撑作用发挥不够到位

一是交通配套不够完善便捷。目前福建省内由于专业码头缺乏，综合运输成本过高，一定程度上削弱了产品竞争优势。例如，江阴港设备装卸需要与集装箱共用泊位，每套风机的短倒和码头综合成本为 35 万~50 万元，是广东、江苏的 4 倍左右。二是送出消纳能力较为薄弱。不考虑外送、新增海上风电等因素，“十四五”末福建省电源可发电量达 4000 亿千瓦时以上，省内用电需求则仅为 3436 亿千瓦时，电力资源总体富余，给消纳工作带来一定挑战。加上受用地、审批等制约，福建省海上风电集中地区外送通道紧张，大规模集中送出能力不足。例如，莆田秀屿海上风电配套送出工程的输送能力为 200 万千瓦，已接入 173 万千瓦，处于饱和临界状态。三是运维管理存在不少短板。“抢装潮”期间部分项目建设周期缩短，个别新研发的大容量机组测试时间较短即投入使用，一定程度上提高了设备故障率。由于福

建省海上风电运维管理不够完善，缺乏规模化专业化的运维公司、运维船只及技术人员，一旦厂商提供的5年质保期到期，短期内的运维能力不足或将拉高运维费用，甚至出现“带病运行”风险。

## 四　推动福建省海上风电高质量发展的几点建议

总的来看，加快发展海上风电已经成为国内外的普遍共识。“十四五”时期，我国海上风电进入规模化高速发展阶段，建议福建省紧盯当前的重要窗口期，把握积极稳妥的主基调，发挥资源禀赋、产业配套等有利条件，分析厘清生态约束、消纳能力等制约因素，加强宏观统筹和整体规划，既保证一定的市场规模又控制好开发节奏，推动资源利用、产业发展、企业培育协同共进。

### （一）统筹近中远期规划，积极有序推进海上风电资源开发

一是适当加快近中期开发进度。由于海上风电项目从竞配、核准、建设到并网需要2~3年时间，按照现有资源释放与开发强度，实现“十四五”时期新增开发规模1510万千瓦的预期目标仍有一定难度。未来2年半时间，建议省级层面进一步加大资源释放力度，督促各地加快项目建设进度，形成每年竞配一批、核准一批、开工一批、并网一批的滚动发展格局。二是超前布局深远海资源开发。福建省深远海风电资源可开发量超5000万千瓦，规模化开发优势突出，是未来海上风电发展的主要阵地。建议以“十四五”时期示范化开发闽南外海浅滩480万千瓦为契机，尽快落地深远海风电资源的开发计划，优先实施若干水浅、资源好、送出条件完备的示范项目，为后续开发打下基础。三是切实提高资源开发效益。加强技术创新方面，可依托2021年成立的国家级海上风电研究与试验检测基地，积极开展大容量海上风电机组、远海柔性直流输电等技术研发和创新，尽快实现由近海向深远海应用。促进融合发展方面，积极推动海上风电项目开发与海洋牧场、海洋制氢、观光旅游等相结合，进一步增强产业协同效应。例如，莆田龙源电力研

发试验“深远海养殖融合浮漂式示范项目”，创新“以渔养电、以电养鱼”模式，值得推广。

### （二）紧盯产业链关键环节，培育壮大海上风电产业集群

一是聚焦“省内空白”，着力增链补链。福建省海上风电装备制造企业主要集中在整机制造、塔筒、桩基等领域，产业发展起步晚、规模小、链条短，且关键环节有待填补空白。建议围绕电控系统、变流器、海缆等产业链高端环节，精准开展招商引资，加快推动企业转型升级。例如，南平太阳电缆已具备海底电缆生产能力，企业初步意向在漳州建立生产基地，应鼓励企业加强研发、尽快达产，填补福建省海底电缆生产制造领域空白。二是避免“同质竞争”，形成错位发展格局。省内各地普遍“以资源换产业”，纷纷提出建设海上风电产业园，一定程度上导致重复布局、激化竞争。建议统筹考虑资源开发和产业发展协同，重点在福州、漳州建设“一北一南”两个产业基地，福州基地（福清）以整机制造、组装及叶片生产等为主，漳州基地（漳浦）以塔筒、桩基、海底电缆生产及运维为主，形成优势互补、差异化发展格局。

### （三）优化政策服务保障，为海上风电发展提供强有力支撑

一是建立省级层面统筹机制。海上风电开发建设涉及资源、技术、政策、管理等多方面，需要跨部门、跨领域、跨区域的协调衔接。建议参照外省做法，成立由省政府领导挂帅的领导小组，负责统筹推进全省海上风电开发、建设、运营等工作，定期组织召开专题会议，协调解决用海、涉军、生态等方面难题。二是研究出台过渡期补贴政策。由于海上风电项目建设成本较高，“国补”取消后实现平价有难度。为推动海上风电有序开发和相关产业可持续发展，一些省份已出台过渡性“省补”政策。例如，广东对2023年、2024年并网的海上风电项目分别给予每千瓦1000元、500元补贴，山东的补贴金额则约为广东一半，福建省可借鉴相关做法。三是完善临港基础设施配套。海上风电对临港配套的依存度高，建议在海上风电发展较为集中

的地方，规划建设专用码头、泊位或母港，高效集中仓储、转运、检测等环节，切实降低企业成本。例如，江苏建成国内首个海上风电母港，可满足大型风电设备 24 小时出运需要，有效解决了出海难、转运多、成本高等问题。

### （四）加强消纳能力建设，促进海上风电大规模高效利用

一是探索推动海上风电参与绿电交易。据国网福建电力调研预测，到“十四五”末福建省绿电交易需求将达 374 亿千瓦时。目前，福建省已发布绿电交易试点方案，仅陆上风电纳入交易范畴，建议加快研究海上风电参与绿电交易的可行性，适时出台具体的实施细则，争取将海上风电纳入绿电范围并优先组织开展交易。二是积极畅通海上风电外送消纳渠道。针对福建省海上风电通道紧张的问题，结合项目建设情况提前规划配套并网接入工程，实现同步投运。当前，重点推进福州—厦门特高压工程等建设，为海上风电外送奠定通道基础。针对福建省电力资源总体富余的实际，重点面向珠三角、长三角等周边区域，探索建立跨省域电力互济机制，持续扩大海上风电外送消纳规模。三是加快推进海上风电侧配置储能。“海上风电+储能”模式既有利于提升海上风电消纳利用水平，又可带动储能产业发展壮大。建议省级层面尽快研究出台相关政策，明确海上风电侧配置储能的具体要求和补偿机制。例如，对配套建设新型储能或以共享模式落实新型储能的海上风电项目，可在竞争性配置、项目核准、并网时序、保障利用小时数、电力服务补偿等方面优先考虑。

## 参考文献

雒德宏：《对比欧洲海上风电解析我国产业发展的短板和问题》，《中国电力企业管理》2023 年第 13 期。

任艳、夏婷：《中欧海上风电对标分析及启示》，《水力发电》2023 年第 7 期。

刘玉新、郭越、黄超：《中外海上风电发展形势和政策比较研究》，《科技管理研究》2023 年第 8 期。

司纪朋：《海上风电发展概况及我国面临的形势挑战》，《中国电力企业管理》2023年第10期。

张平、鞠劭芃、江波：《科学有序发展海上风电产业的思考与建议》，《中国国土资源经济》2023年第6期。

林晨：《发展福建省海上风电的几点思考》，《福建农机》2022年第4期。

顾云娟等：《江苏海上风电产业创新发展路径与对策研究》，《海洋开发与管理》2023年第4期。

# B.15

# “电动福建”建设情况及相关建议

项康利　蔡建煌　陈晚晴　陈劲宇*

**摘　要：** 福建省作为我国首个国家生态文明试验区，电气化建设走在全国前列。2017 年，福建率先启动“电动福建”建设，将其作为深化生态文明试验区建设、助力实现“双碳”目标的重要抓手，一张蓝图绘到底，坚持不懈纵深推进。福建省电气化率位于全国第一梯队，省内重点电动产业发展势头迅猛，逐渐形成以新能源汽车、电动船舶、储能电池为代表的产业集群。“电动福建”建设下，福建省电动产业机遇与挑战并存，在拥有良好的政策环境和发展空间的同时，面临部分关键技术落后、产业竞争压力大等问题。下一步，福建省需加快构建产业体系，积极打造技术高地，健全完善服务体系，培养壮大人才队伍，多措并举推动“电动福建”建设。

**关键词：** 电动福建　电气化率　电动产业

作为全国首个国家生态文明试验区，福建省先行先试，在全国率先启动“电动福建”建设，聚焦新能源汽车、电动船舶、储能电池等重点电动产业发展，明确培育壮大新能源汽车产业链、加大新能源汽车推广应用

---

* 项康利，工学硕士，国网福建省电力有限公司经济技术研究院，研究方向为能源经济、战略与政策；蔡建煌，工学学士，国网福建省电力有限公司经济技术研究院，研究方向为企业战略、企业管理、能源经济；陈晚晴，工学硕士，国网福建省电力有限公司经济技术研究院，研究方向为综合能源、战略与政策；陈劲宇，工学硕士，国网福建省电力有限公司经济技术研究院，研究方向为能源战略与政策、低碳技术。

力度、推动电动船舶全产业链发展、促进动力电池产业链高质量发展等重要任务。

总体来看，随着“电动福建”建设的纵深推进，福建省内重点电动产业呈现加快向好的发展态势，电气化率实现稳步提升。目前，福建新能源汽车全产业链体系基本建立，新能源客车、动力电池、永磁电机等关键产品技术跻身全国前列，建立了以宁德时代为龙头、全球最大、技术领先的新能源动力电池产业基地和研发创新中心。2021 年福建省电气化率达到 32.9%，[①] 已位于全国第一梯队，超过日本、韩国、美国等发达国家电气化水平。

## 一 “电动福建”重点产业发展情况

### （一）新能源汽车产业

从产业发展看，福建省新能源汽车全产业链体系基本建立，形成涵盖上游“三电”（电池、电机、电控）领域、中游整车制造领域、下游新能源汽车充换电及电池回收等配套服务领域的全产业链条（见图 1）。截至 2023 年 6 月，福建省存续、在业的新能源汽车产业链企业数量超 2.7 万家。在动力电池方面，福建省已成为全球最大、技术领先的新能源电池产业基地，产品涵盖正极、负极、隔膜、电解质等关键配套装备及材料。传统汽车零部件方面，福建省拥有福耀玻璃、厦门正新、正兴车轮、莆田佳通等汽车零部件龙头企业，其中福耀玻璃汽车玻璃产量全球第一，正兴车轮产量全球第二，厦门正新和莆田佳通轮胎产量继续保持国内领先。

从技术实力看，福建省动力电池、燃料电池等关键产品技术已处于全国前列。动力电池方面，2022 年宁德时代发布 CTP3.0 麒麟电池，电池系统重量、能量密度及体积能量密度继续引领行业最高水平，助力纯电新能源车的

---

① 根据能源统计历史数据推算。

续航里程首次达到1000公里级别；2023年宁德时代进一步推出行业首创的磷酸铁锂4C电池，实现安全、成本和性能的全面突破。燃料电池方面，雪人股份通过海外并购和自主研发，基本掌握了氢燃料电池电堆、双极板、膜电极、空气压缩机、循环泵及加氢站设备等产品研发技术，亚南电机初步拥有涵盖电堆、膜电极、系统集成等的研发制造技术，正加快推进相关项目产业化。

从推广应用看，新能源汽车推广应用情况较好，示范带动效应明显。2022年，福建省新能源汽车产销量合计9.4万辆，分别增长45.3%和47.0%。到2022年底，全省共推广新能源汽车38.0万辆，新能源汽车渗透率达25.9%，高于全国平均水平。福建省注重在公交车、出租车、物流车、公务车等公共领域推广使用新能源汽车，持续提高公共领域车辆电动化占比，2022年，全省城市公交车基本替换为新能源汽车。

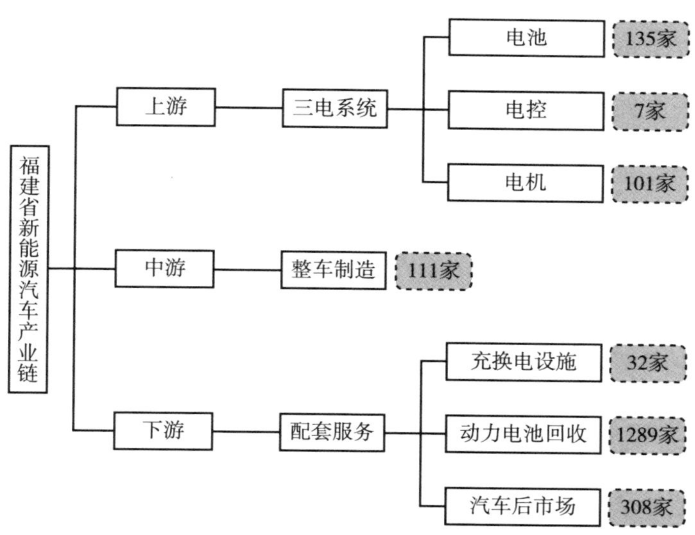


**图1　福建省新能源汽车产业链**

资料来源：前瞻产业研究院。

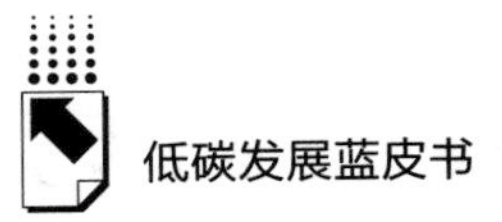


## （二）电动船舶产业

从产业发展看，福建省初步形成涵盖研发设计、船舶建造、“三电”系统研制的电动船舶产业链。在研发设计方面，福建省绿色智能船舶研究分院、福建省船舶及海洋工程设计研究院、近海小型绿色智能船舶系统工程研究中心等研究机构先后落地，有力支撑省内电动船舶的研发设计。在船舶建造方面，福建省船舶集团实力强劲，年造船能力达240万载重吨，产品销往英国、西班牙、德国、荷兰、瑞典、希腊等世界各地。在“三电”系统方面，宁德时代、时代电机两家企业的船用产品已通过中国船级社认可、检验，2022年宁德时代船用动力电池出货量约为60MWh，同比增长87.5%，国内市场占有率达40%。

从技术实力看，福建积极引进国内高水平电动船舶研制单位，积极合作开展电动船舶及其动力电池等关键领域技术研究。早在2020年，宁德时代就下线了首套海洋船舶动力电池系统，近三年来，船用动力电池技术实现迭代更新，在能量密度、安全性、可靠性等性能方面具有全球领先优势。2023年5月，国内首艘新能源混合动力港作拖轮在福建东南造船厂下水，是我国首次将全电力混合推进、锂电池组作为辅助动力源的串联式混合动力技术应用于拖轮，相比常规拖轮，投产后年综合节能率达26%。

从推广应用看，福建省已开展电动船舶多场景示范。针对不同应用场景，福建省先期重点打造10种电动船舶示范船型。2022年12月，闽江流域闽江首艘电动货船——“武夷2号”顺利投用，首个电动船舶示范应用场景正式落地。截至2023年1月，已落地6型近20艘电动船舶，具体情况如表1所示。除了持续推进电动船舶示范船型建设外，福建省正逐步拓展、丰富电动船舶示范应用场景，形成差异化电动船舶示范应用场景布局，翠屏湖、大金湖等将重点打造内湖电动游览船艇示范应用场景；福安赛江重点打造电动渔业辅助船示范应用场景；闽江流域重点打造换电货船、内河电动游览船示范应用场景；鼓浪屿、湄洲岛、三都澳重点打造沿海电动旅游观光船示范应用场景。

表 1　截至 2023 年 1 月福建省电动船舶示范应用情况

| 船型 | | 落地示范项目 | 备注 |
|---|---|---|---|
| 货船 | 闽江货船 | "武夷 2 号" | 闽江首艘电动货船 |
| | 千吨级闽江货船 | 暂无 | — |
| 客船 | 电动游艇 | "时代创新号" | 国内首艘入籍 CCS 的纯电动游艇 |
| | 内河游船 | "福舟""两江四岸"项目等 | — |
| | 闽江游船 | "闽江会客厅"项目 | — |
| | 大金湖游船 | 暂无 | — |
| | 智能商务旅游渡轮 | 暂无 | — |
| | 沿海旅游观光船 | 暂无 | — |
| 工作船 | 港作拖轮 | "厦港拖 30" | 国内首艘 5000 马力绿色智能混动拖轮 |
| | 渔业辅助船 | "白海豚 1 号" | — |

资料来源：根据公开资料整理。

## （三）储能电池产业

从产业结构看，福建省储能电池产业已经涵盖正极材料、负极材料、隔膜、电解液四大关键材料，储能电池系统及梯次利用等所有环节，基本形成了产业集群化发展格局，产业实力居全国前列。在材料设备方面，厦钨新能源拥有海璟、海沧、三明、宁德等 4 个生产基地，正极材料出货量及市场占有率连续 3 年居国内首位；福鼎凯欣、宁德国泰华荣等 5 家电解液企业规划产能超过 100 万吨，福州连江县申远新材料一体化产业园成为全球规模最大、品种最全的锂电池电解液添加剂生产基地之一。在电池制造方面，福建省储能电池及系统的产能丰富，宁德锂电新能源车里湾基地、福鼎时代锂离子电池生产基地规划产能分别达到 45GWh、120GWh。在应用方面，福建时代星云的储能应用技术覆盖光储充检一体化充电站、工商业储能以及大型电力储能等。

从技术实力看，福建省储能电池研发创新能力全球领先，在电池材料、电池系统、电池回收等产业链关键领域拥有核心技术优势及可持续研发能力。宁德时代和宁德新能源两家龙头企业已建成全国唯一、亚洲最大的电化学储能技术国家工程研究中心等研发创新平台，拥有涵盖材料研发、产品开发、工程设计、测试验证、生产制造等行业领域的研发团队，形成了“材料—工艺—设备—电芯—模组—电池包—电池管理系统—电池回收拆解—材料循环再生”的全产业链技术布局。[①]

从推广应用看，福建省储能电池出货量持续保持高位，2022 年动力和储能电池省内出货量共计 226GWh，同比增长 70%，产值达 1809 亿元。但储能电池产业下游发展条件较差，受储能电池采购成本上涨影响，储能市场投资收益率变低，且无法通过输配电价、电力现货等方式产生收益，储能应用规模扩大受限，福建省内储能产业下游应用总体规模小。

## 二 “电动福建”发展形势分析

### （一）政策支持力度空前

近年来，福建省坚持统筹协调，加大“电动福建”建设政策支持力度。政策接续平稳有力，2017 年以来福建省共启动了三轮“电动福建”建设。2023 年，福建省工信厅等十部门联合印发《全面推进“电动福建”建设的实施意见（2023—2025 年）》，启动最新一轮“电动福建”建设，强调支持产业链延伸和应用场景拓展，旨在巩固福建锂电新能源产业优势，促进新能源汽车、电动船舶、新能源工程机械、新能源农用机械等全产业链高质量发展，政策覆盖面进一步拓宽。工作部署重点突出，福建省聚焦新能源汽车、电动船舶等重点领域发力，在全国率先出台新能源汽车推广应用和产业发展实施意见、电动船舶产业发展试点示范实施方案等多项政策措施，支持新能源汽车、电动船舶等产业加快发展。资金保障不断强化，为助力新能源汽车、电动船舶起步发展，福建省安排“电动福建”建设专项资金，不断加大对“电动福建”发展中的新产品、新技术、新

① 《锂电新能源产业成宁德第二个千亿产业集群》，福建省人民政府网站，2021 年 11 月 10 日，http：//www.fj.gov.cn/zwgk/ztzl/gjcjgxgg/xld/202111/t20211110_ 5770577.htm。

业态的资金支持力度，如对于标准“光储充检”示范站建设，给予业主单位单站补助 50 万元；对电池租赁企业进行补助，全省三年补助资金安排最高可达 1 亿元。

## （二）企业技术创新能力有限

福建省电动产业总体研发创新能力有限，除宁德时代、宁德新能源等龙头企业的研发投入远超行业平均水平外，大部分产业链上中游企业的研发投入处于或落后于行业平均水平，导致全省电动产业拳头产品输出数量不足、迭代速度缓慢。在新能源汽车产业方面，新能源汽车整车系统集成和研发设计能力不强，智能底盘等创新产品处于起步阶段，与省外知名企业差距明显。例如，广东比亚迪长期重视科技创新，先后自主研发电池车身一体化、易四方等颠覆性新能源汽车技术。在电动船舶产业方面，船用电池系统等核心部件产品技术难以突破，导致电动船舶开发相对滞后，2022 年 1 月福建省才自主研制出首艘电动船舶，且仅为小型渔业辅助船舶，总长不到 8 米。在储能电池产业方面，仅宁德时代技术领先，其他企业未掌握电池封装技术、电池管理技术、储能系统集成技术等核心技术，大量企业的技术缺失不利于储能电池产业整体发展。

## （三）电动产业竞争能力较弱

“双碳”目标大背景下，电动产业竞争升温。从产业布局看，目前国家层面对于重点电动产业尚未出台整体规划，多个具备优秀生产条件的地区加速布局新能源汽车、电动船舶等项目，电动产业竞争激烈。福建省除储能电池产业以外，其他电动产业的市场竞争力总体较弱，例如新能源汽车产业，广东凭借中国最大的新能源车企比亚迪以及埃安汽车等一众龙头，成为国内新能源汽车产业链的核心地区，占据市场领先地位。2022 年，广东新能源汽车产量排名全国第一，在全国占比 18%，而福建新能源汽车产量仅排名第 15，市场竞争力有限。

### （四）产业人才需求缺口较大

从事电动产业相关领域的领军人才、高级管理人员、研发人员供给不足，人才供需不平衡成为限制福建省电动产业发展的主要因素之一。在自主培养人才方面，福建省设立新能源汽车、电动船舶、储能电池相关专业的高等院校和技能学校偏少，少量设立车辆工程专业的院校实力相对一般，人才供给能力不足。在吸引外部人才方面，受长三角和珠三角引才“虹吸效应”影响，福建省电动产业人才吸引力相对较低、人才引进难度较大。且目前福建省仍未正式出台新能源汽车等产业的高端人才引进政策，重点电动产业人才储备不足现象或将长期存在。

## 三　加快“电动福建”建设的对策建议

### （一）加快构建产业体系

新能源汽车方面，持续壮大新能源汽车产业链，进一步扩大宁德时代省内布局和配套规模，通过“龙头招商”“产业链招商”等方式，延伸和壮大福建省新能源汽车产业链。电动船舶方面，持续对接中船集团、招商局集团、中远海运集团等央企，进一步深化合作交流，加强产业项目对接，着力引进电动船舶电控系统、EPC 项目总承包等优势企业，增强本地配套及服务能力，进一步提升产业链完整度。储能电池方面，稳固储能电池产业链优势，支持省内储能电池生产龙头企业持续提升储能电池研发和制造能力，带动储能电池商业化应用。

### （二）积极打造技术高地

新能源汽车方面，支持省内新能源汽车产业相关企业设立研发中心，鼓励金龙集团等龙头企业牵头建立产业联盟，主动对标国内外先进企业并持续提高研发创新能力，力争在全新一代模块化高性能整车平台等核心技术上取得突破。电动船舶方面，积极推进中国船舶科学研究中心电动船舶研究中心等研究平台建设，加快培育国家级、省级企业技术中心和工程中心，争取国家级船舶海工专业研发机构和相关重点实验室、检测机构等公共服务平台落户，推进电动船舶自主化研发及设计制造。储能电池方面，加快布局建设锂电新设备新工艺开发与验证中心，积极构建联合省内龙头企业、重点实验室、制造业创新中心的高精尖技术开发平台，突破锂电池循环再制造技术并打造全球最大锂电池绿色循环利用基地。

### （三）健全完善服务体系

针对重点电动产业，建立服务专班，加强与企业负责人及有关业务人员的联系沟通，有针对性地研究出台配套支持政策。做好电动产业相关企业资金补贴、专项奖励申报和服务工作，推动企业与政策精准对接，保障惠企政策有效落实。鼓励各类金融机构建立适应“电动福建”建设和市场消费特点的信贷管理和融资评审制度，面向新能源汽车等重点电动产业，开通金融服务绿色通道。持续优化“电动福建”专项基金管理运营，合理疏导产业关键核心技术开发的资金压力，形成一套保障电动产业发展的配套金融服务体系。

### （四）培育壮大人才队伍

鼓励高等院校、技能学校等优化专业设置，建设电动产业实训基地，重点培育电控系统、电机电器等关键学科研究和应用人才，推动电动产业专业队伍本土化。加大力度引进电动产业领军人才和关键岗位、技术高端人才，重点解决福建省电动产业发展“卡脖子”关键核心技术问题，以人才推动技术和产业高质量发展。

## 参考文献

李希南、韩超：《北京市提升终端用能电气化水平的路径及建议》，《节能与环保》

2023 年第 3 期。

舒印彪等：《碳中和目标下我国再电气化研究》，《中国工程科学》2022 年第 3 期。

李骁：《基于 SWOT 分析的福建省电动船舶产业发展研究》，《海峡科学》2022 年第 11 期。

王海燕等：《四川电气化水平及提升路径分析》，《中国电力企业管理》2021 年第 34 期。

张运洲等：《能源安全新战略下能源清洁化率和终端电气化率提升路径分析》，《中国电力》2020 年第 2 期。

# 国际借鉴篇

International References

## B.16 国外典型能源强国经验对福建省统筹能源安全与转型的启示

李益楠　郑 楠　杜 翼*

**摘　要：** 处理好能源安全与能源转型关系是稳妥推进碳达峰碳中和的关键。为提升能源安全保供能力、服务能源强国建设，本文重点分析了以美国、沙特阿拉伯为代表的资源型国家及以德国、日本为代表的非资源型国家能源发展先进经验。在此基础上，综合考虑资源禀赋、能源消费及技术产业等能源发展基础，明确福建省应以发展清洁能源为着力点、以建设新型电力系统为抓手，主动发展清洁能源，全面提升能源综合实力。为此，建议福建省可着力打造海上风电强省"一大名片"，突出抓好电力网架建设和市场机制优化"两大要点"，用好"三大技术孵化平台"，助力我国

* 李益楠，工学硕士，国网福建省电力有限公司经济技术研究院，研究方向为能源经济、战略与政策；郑楠，工学硕士，国网福建省电力有限公司经济技术研究院，研究方向为战略与政策、能源经济；杜翼，工学硕士，国网福建省电力有限公司经济技术研究院，研究方向为能源经济、电网规划、能源战略与政策。

统筹推进能源安全与能源转型。

**关键词：** 能源安全　能源转型　能源强国

俄乌冲突以来，欧洲对俄化石能源的依赖导致其能源危机加剧，部分国家不得不增加煤炭等化石能源消费量，能源转型进程出现回摆现象，为我国统筹推进能源安全与转型敲响了警钟。2022 年 5 月 16 日，习近平总书记在《求是》发表署名文章，明确指出要确保能源供应，实现多目标平衡，加快建设能源强国。受制于能源资源条件，我国在油气等化石能源领域对外依存度高、竞争力提升空间有限，但在清洁能源赛道上大有可为。福建省“能情”与全国能源发展方向高度匹配，应充分发挥清洁能源领域突出优势，服务我国能源安全与转型，争当能源强国建设“排头兵”。

## 一　全球能源强国发展路径分析

石油、天然气作为当前全球主要能源来源，一直都是各国能源外交关注的焦点。由于油气资源分布不均，各国能源发展基础差异较大，因此，按照油气资源水平，可将世界能源强国划分为资源型强国和非资源型强国。

资源型强国以美国、沙特阿拉伯为代表，它们依托丰富的油气资源为本国能源安全和经济社会发展提供强大动力，并通过成立油气输出国组织、长期大量出口资源等获得较强的国际能源影响力。近年来，随着新能源技术兴起，资源型强国积极布局清洁能源资源开发，进一步巩固本国能源安全主导权、持续拓展能源外交实力。其中，沙特阿拉伯提出要成为未来全球最大的氢能供应商，2021 年开展 Jafurah 天然气田蓝氢生产基地和新未来城绿氢生产枢纽等大型制氢项目建设，并与韩国、德国等签订了氢能使用谅解备忘录，预计到2030年可向全球出口400万吨氢能。[①] 2022年2月，美国能源部提出向能源领域投资620亿美元，[②] 用以加强风机、光伏、电动汽车等新能源产业链建设，并计划投入80亿美元建设至少4个区域性清洁氢能中心，[③] 保障美国能源供应链安全。

非资源型强国以德国、日本为代表，由于化石能源资源匮乏，这类国家重点发展新能源技术，以科技创新引领能源清洁低碳转型，抑制能源对外依存度上升趋势，提升在新兴能源领域的影响力。其中，德国以海上风电为主，在全球范围内率先布局深远海海上风电，2020年海上风电装机容量为7.7吉瓦，[④] 占全球风电总装机容量的22.0%。受俄乌形势影响，2022年3月，德国发布“复活节一揽子计划”草案，将“100%可再生能源供电”目标实现时间由2040年提前至2035年，再次强调要以加速可再生能源建设摆脱对化石能源进口的严重依赖。日本氢、氨等新型燃料技术全球领先，氢能和燃料电池技术专利数全球第一，燃料电池汽车和家用热电联供系统已实现大规模商业化推广，2021年点火启动首个氨能掺烧发电示范项目，明确提出2030年氢能占终端能源比重达11%，氢/氨发电占比达1%。[⑤]

综合来看，全球能源发展的竞争焦点正从油气等化石能源向风光氢等清洁能源转变。我国“富煤少气贫油”特征显著，油气产业起步晚、开发条件差，与资源型强国存在较大差距；但在清洁能源领域，水电、风电、光伏装机规模等多项指标保持世界第一，特高压电网、核电、储能等技术

---

① 《沙特望成为全球最大氢能供应商，10年内出口400万吨氢气》，“新浪财经”百家号，2021年10月25日，https://baijiahao.baidu.com/s?id=1714563111638225288&wfr=spider&for=pc。

② 《美国能源部发布全面战略以确保美国清洁能源领域的安全》，中国航空新闻网，2022年3月18日，https://www.cannews.com.cn/2022/0318/340196.shtml。

③ 《国际氢能丨美国能源部追加投资推进清洁氢发展和电网脱碳》，“氢能联盟CHA”百家号，2022年9月3日，https://baijiahao.baidu.com/s?id=1742876544626607633&wfr=spider&for=pc。

④ 《2020年全球新增海上风电6GW　中国占一半》，新浪网，2021年3月3日，http://k.sina.com.cn/article_2275380050_879f8b5200100s0cj.html。

⑤ 《日本能源政策发生重大调整：氢能转向，氨能登场》，“财经杂志”企鹅号，2022年1月11日，https://new.qq.com/rain/a/20220111A09ESK00。

均位于全球领先水平。因此，我国在清洁能源赛道上大有可为，可以此为突破口，提升国内能源安全主导权，引领清洁能源技术发展，形成雄厚的能源综合实力，并依托大国外交，将能源实力转化为全球能源影响力，打造“能源强国”。

## 二 福建省服务能源强国战略的基础分析

一是化石能源依赖外送，但清洁能源资源充沛。福建省是“贫煤无油无气”的一次能源（包括煤炭、石油、天然气和一次电力）匮乏省份，2021年能源自给率仅为27.1%，[①] 国外进口和外省调入占比分别达54.8%、18.1%，其中，原煤占比达60.3%，原油基本完全依赖进口，受外部市场产能和价格波动影响较大。但福建省地处我国东南沿海，核、风等清洁能源富裕充足，核电占总发电装机比重排名全国第一，风电利用小时数连续10年居全国前列。为强化福建省能源安全主导权，亟需加快风、核等清洁能源开发。

二是能源消费结构偏重，但电能替代步伐加速。福建省一次能源消费仍以化石能源为主，占比超七成，但终端用能电气化率持续提升，2020年达30.5%、[②] 居全国第5位、高于全国水平2.8个百分点。为降低福建省对化石能源的依赖，需要加快推动工业、建筑、交通等领域电气化、智能化发展，推进重点领域“煤转电”“油转电”，持续提升终端电气化水平。

三是新能源技术全球领先，低碳产业持续布局。福建省风光储制造实力强劲，截至2022年底，16兆瓦风电机组在福清三峡海上风电国际产业园下线，刷新亚洲单机容量纪录；福建钜能电力HJT电池转化效率达25.31%，[③]

① 本文涉及的福建省能源消费数据来源于《福建统计年鉴（2022）》。

② 本文涉及的电力数据来自国网福建省电力有限公司。

③ 《25.31%！钜能刷新量产HJT电池效率纪录，通威爱旭电池出货前两位，晶澳与福莱特签订46亿元光伏玻璃采购协议，协鑫进军氢能》，KE科日光伏网，2021年7月30日，https：//www.kesolar.com/headline/168430.html。

宁德时代钠离子电池能量密度达160瓦时/千克，[①] 均达到当前全球最高水平。《深化生态省建设　打造美丽福建行动纲要（2021—2035年）》明确提出，要加快新能源技术研发应用，打造具有国际影响力的沿海新能源产业创新走廊和输出高地。

综合来看，福建省应以发展优势清洁能源为着力点，以发展新型电力系统为抓手，主动“追风去”“保核上”，助力我国能源安全与能源转型协同并进，引领全球可再生能源发展。一方面，加快风电规模化开发，稳妥推进大型核电基地建设，探索“风电+新型储能”等综合供能模式，推动供需两侧可再生能源多元化开发和有序替代，补强能源供给短板；在此基础上，依托跨省跨区电力网络，发挥省间互济互备功能，支撑风光规模并网，保障电力安全可靠供应。另一方面，进一步扩大风光核储等领域技术优势，加快推动氢、氨等新型能源技术突破，提升产业国际竞争力。

## 三　对策建议

一是打造“一大名片”，实施海上风电强省战略。充分挖掘海上风电对补齐福建省能源供给短板、扩大清洁资源优势的重要价值，将打造海上风电强省作为提升能源安全主导权的“福建路径”。加快出台海上风电专项规划，明确福建省海上风电开发“立足全省、面向华东和粤港澳、辐射全国”的发展定位，优化福州、漳州两个海上风电“发展极”的产业链布局，加快建成千万千瓦级海上风电基地和万亿级风电产业集群。

二是聚焦“两大要点”，健全清洁能源消纳体系。夯实网架“硬基础”，加速推进闽粤、闽赣联网，尽快畅通北电南送通道，补强电网基础设施薄弱环节，保障大规模清洁能源安全并网接入，把沿海核电风电“搬到内陆”“送到外省”。优化运行“软机制”，用好福建用能权、碳排放权交易“双试

① 《宁德时代正式推出钠离子电池，能量密度达到160Wh/kg》，“乐居财经”百家号，2021年7月30日，https：//baijiahao. baidu. com/s? id=1706678355533113318&wfr=spider&for=pc。

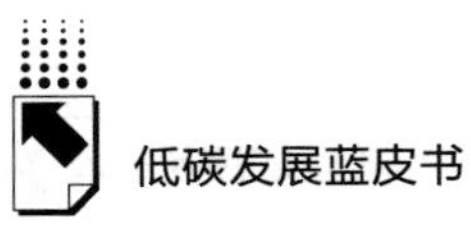


点叠加”优势，统筹推进市场机制间的衔接与协调，将能源价格与碳排放成本有机结合，进一步提高清洁能源的市场竞争力，促进清洁能源消纳。

三是用好“三大平台”，培育能源技术原创成果。依托福清国家级海上风电研究与试验检测基地，积极攻克大功率海上风电机组制造、漂浮式海上风电等关键技术；依托宁德时代电化学储能技术国家工程研究中心，大力发展大规模、高安全性电化学储能技术；依托金石能源高效太阳电池装备与技术国家工程研究中心，持续提高光伏电池转化效率，力争更多产品纳入国家能源领域首台（套）重大技术装备项目。

## 参考文献

周守为等：《科学稳妥实现“双碳”目标，积极推进能源强国建设》，《天然气工业》2022 年第 12 期。

李晓华、刘吉臻、魏琪峰：《“双碳”目标下中国建设现代能源体系的思考与建议》，《石油科技论坛》2022 年第 1 期。

于宏源：《迈向全球能源强国的可持续路径——学习习近平总书记关于能源安全的讲话》，《人民论坛·学术前沿》2018 年第 8 期。

# B.17

# 典型国家碳达峰进程中经济发展与电力消费特点及启示

陈晚晴　蔡期塬　林晗星*

**摘　要：** 截至2022年底，全球已有54个国家实现碳达峰，占全球碳排放总量的40%。不同国家实现碳达峰的路径与其经济社会发展模式、产业结构、资源禀赋相关。分析美国、日本、德国、韩国、英国、法国、意大利、巴西8个典型国家的碳达峰情况发现，在碳达峰过程中存在经济增长与碳排放逐步实现脱钩、平台期长度与人均碳排放相关性较强、提高城镇化率对实现碳达峰存在“效益递减”作用、电力行业低碳发展方式需基于资源禀赋、工业强国存在经济服务化和新型工业化两条控碳路径等特点。下一步，福建省应促进能源领域减排增效，夯实能源基础设施，加强碳达峰状态监测，推动高质量平稳达峰。

**关键词：** 碳达峰　经济发展　电力消费　产业结构

## 一　世界各国碳达峰现状

世界资源研究所（WRI）认为，碳达峰指二氧化碳排放量达到历史最

* 陈晚晴，工学硕士，国网福建省电力有限公司经济技术研究院，研究方向为综合能源、能源战略与政策；蔡期塬，工学硕士，国网福建省电力有限公司经济技术研究院，研究方向为战略与政策、改革发展；林晗星，工学硕士，国网福建省电力有限公司经济技术研究院，研究方向为能源经济、战略与政策。

高值，经历平台期[①]后持续下降的过程。截至2022年底，全球已有54个国家实现碳达峰，占全球碳排放总量的40%，其中发达国家占比达56%。[②] 碳达峰是经济发展阶段和政策引导共同作用的结果，不同国家实现路径不尽相同，但在经济发展与电力消费方面存在共性规律。本文综合考虑碳排放量、GDP、工业实力等因素，选取美国、日本、德国、韩国、英国、法国、意大利、巴西8个典型国家进行对比分析（见表1）。[③]

**表1　典型国家碳达峰情况**

| 国家 | 峰值年 | 平台期（年） | 达峰年碳排放（百万吨） | 达峰年人均碳排放（吨） | 达峰年前10年碳排放平均增速（%） |
|---|---|---|---|---|---|
| 英国 | 1973 | 1 | 634.2 | 11.28 | 0.5 |
| 法国 | 1979 | 2 | 474.6 | 8.7 | 2.9 |
| 德国 | 1979 | 3 | 1099.0 | 14.07 | 5.4 |
| 美国 | 2000 | 12 | 5729.8 | 20.29 | 1.3 |
| 意大利 | 2005 | 5 | 456.4 | 7.84 | 1.9 |
| 日本 | 2013 | 4 | 1236.0 | 9.71 | 0.5 |
| 巴西 | 2014 | 2 | 481.6 | 2.38 | 4.6 |
| 韩国 | 2018 | 5 | 605.9 | 11.74 | 2.4 |

资料来源：世界资源研究所、经济合作与发展组织（OECD）。

20世纪，英国、法国、德国是最早一批实现碳达峰的国家。以英国为例，英国于1973年达到碳排放峰值6.3亿吨。从经济增长情况来看，英国的GDP增速波动明显，在1973年碳达峰时迎来阶段性高点，为6.5%，在1974年跌至-2.5%，随后开始震荡回升。碳达峰前、后5年，英国GDP平均增速分别为4.3%、1.1%，分别高于同时期碳排放增速3.4个、4个百分

① 平台期一般指碳排放为峰值95%~100%的阶段。

② 本文碳达峰统计数据来自世界资源研究所（WRI）；碳排放量数据来自经济合作与发展组织。

③ 选取达峰时碳排放量大于4亿吨、GDP达到2000亿美元且工业实力较强的部分国家进行分析，考虑已达峰的工业强国均为发达国家，同时选取了属于发展中国家、工业实力一般的巴西。

点。从城镇化程度看，英国城镇化率在20世纪70年代就已达到77%，城镇化水平在欧洲国家中居前列。从产业结构看，英国的第二产业占比相对较高，一直处于35%以上，在1990年首次降至30%以下。

21世纪初，美国、意大利等国家逐步实现碳达峰。以美国为例，美国于2000年实现碳达峰，达峰时二氧化碳排放量为57.3亿吨。从经济增长情况来看，碳达峰前美国保持年均4%的GDP增长率，2001年美国GDP增长率达到低值1%，随后逐步回暖，碳达峰后5年，年均GDP增长率为2.6%。从城镇化程度看，美国的城镇化率处于稳步提升阶段，2000年达到79%，于2003年突破80%。从产业结构看，1981年美国第二产业占比为34.11%，此后持续下降，直至2000年碳达峰时占比降至22.5%，且近年来占比均低于20%。

近年来，日本、巴西、韩国等国家开始积极采取措施来减少碳排放并实现碳达峰目标。日本通过广泛使用可再生能源以及逐步启用核电，于2013年实现了碳达峰。从经济增长情况来看，2013年日本GDP增速为2%，实现碳达峰后5年GDP增速窄幅震荡，平均增速为1%，碳达峰后经济增速未见明显下滑（见图1）。从城镇化程度看，早在2002年，日本的城镇化率就已突破80%，随着经济恢复回升，2013年碳达峰时城镇化率已高达91.2%。从产业结构看，由于日本早在20世纪90年代就已实现产业现代化和高端化，碳达峰前后产业结构未明显变化。2012年，日本服务业增加值占比为71.59%，是有史以来的最高值，工业增加值占比在碳达峰前后均维持在27%左右（见图2）。

巴西于2014年实现碳达峰。从经济增长情况来看，巴西作为发展中国家，其碳达峰时的人均GDP为1.2万美元，远低于发达国家实现碳达峰时的水平。巴西实现碳达峰当年的GDP增速为0.5%，而此后5年的平均增速为-0.5%，存在小幅回落（见图3）。从城镇化程度看，20世纪80年代中期以来，巴西的城镇化率一直上升，2014年实现碳达峰时的城镇化率已达到85.5%。从产业结构看，2014年实现碳达峰后，巴西工业增加值占GDP比重进一步下行，且于2015年首次跌破20%（见图4）。2014年，巴西服

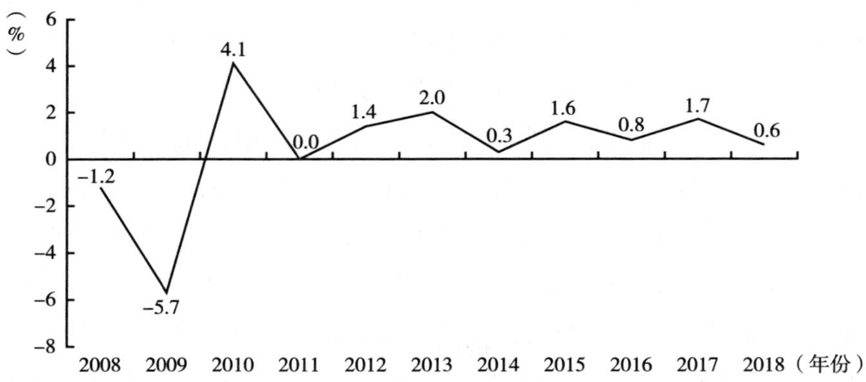


**图 1　2008~2018 年日本 GDP 增长率**

资料来源：世界银行。

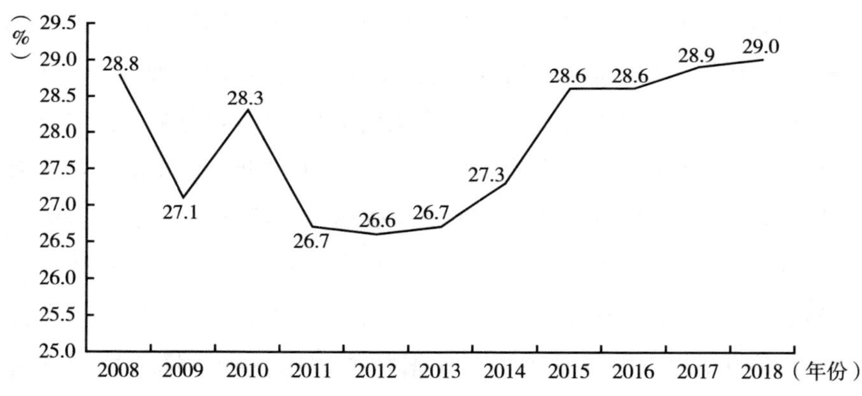


**图 2　2008~2018 年日本工业增加值占比**

资料来源：世界银行。

务业增加值占比为 61.3%，虽小于美国、英国等发达国家实现碳达峰时服务业占比，但仍呈现稳步提升态势。

韩国碳排放于 2018 年达到峰值。从经济增长情况来看，2012 年以后，韩国碳排放增长率持续低于 GDP 增长率，温室气体排放与经济增长初步脱钩，2019 年温室气体排放总量同比下降 3.5%，GDP 同比上升 2.2%（见

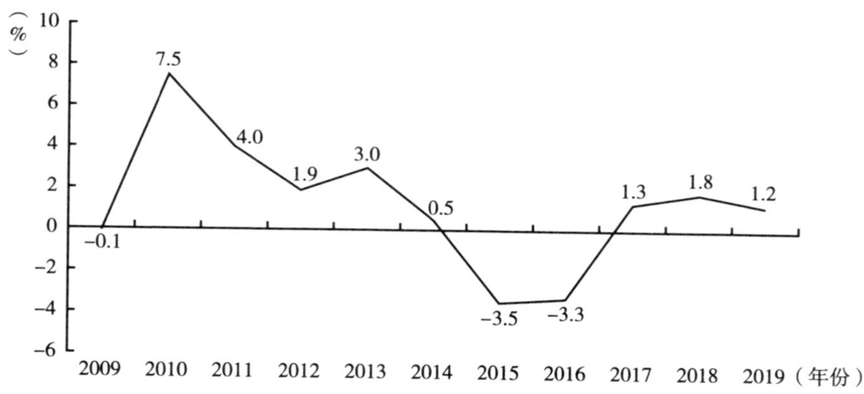


**图 3　2009~2019 年巴西 GDP 增长率**

资料来源：世界银行。

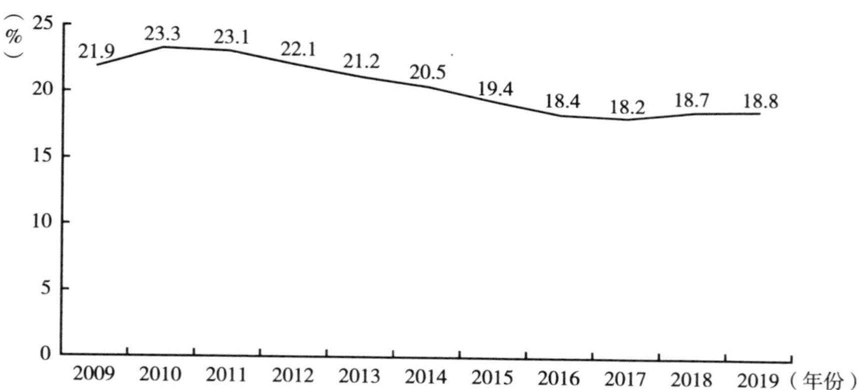


**图 4　2009~2019 年巴西工业增加值占比**

资料来源：世界银行。

图 5）。从城镇化程度看，韩国城镇化水平高，2018~2022 年始终维持在 81%（见图 6）。从产业结构看，韩国在碳达峰后亦表现出工业增加值占比逐步下降的特征，2018 年工业增加值占比为 34%，2022 年降至 31.8%（见图 7）。

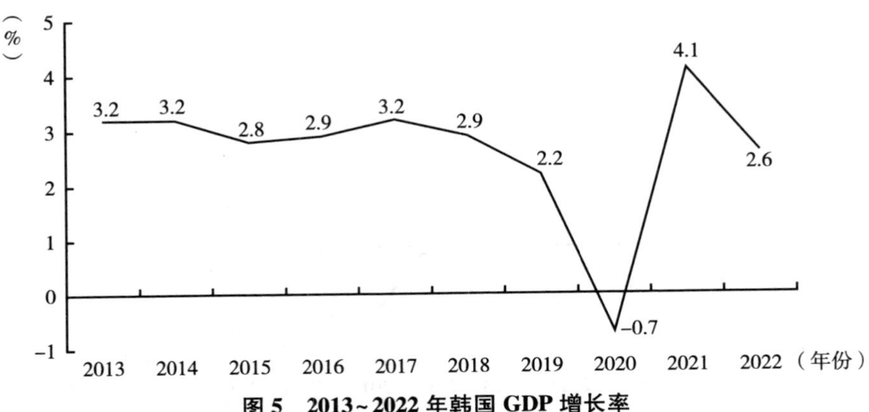


**图 5　2013~2022 年韩国 GDP 增长率**

资料来源：世界银行。

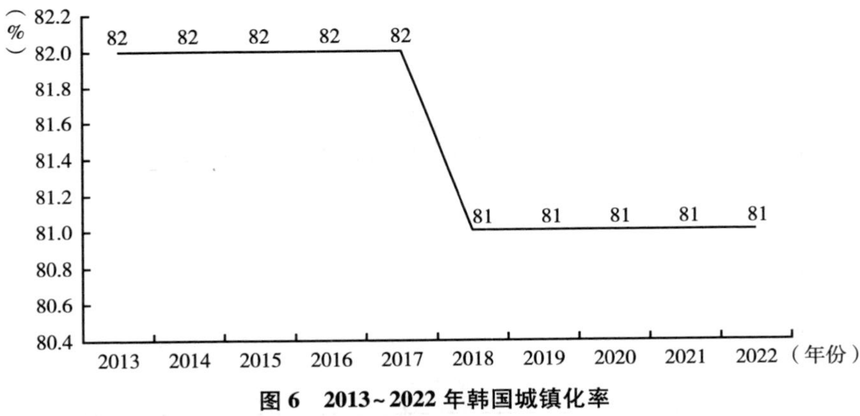


**图 6　2013~2022 年韩国城镇化率**

资料来源：世界银行。

## 二　典型国家碳达峰进程中经济发展与电力消费特点

### （一）经济增长与碳排放实现脱钩，我国可优化经济结构以降低碳减排对经济增速影响

典型国家碳达峰前、后 5 年，GDP 平均增速分别高于同时期碳排放增速 1. 1 个、3. 4 个百分点，说明碳达峰进程中经济发展与碳排放逐步实现脱

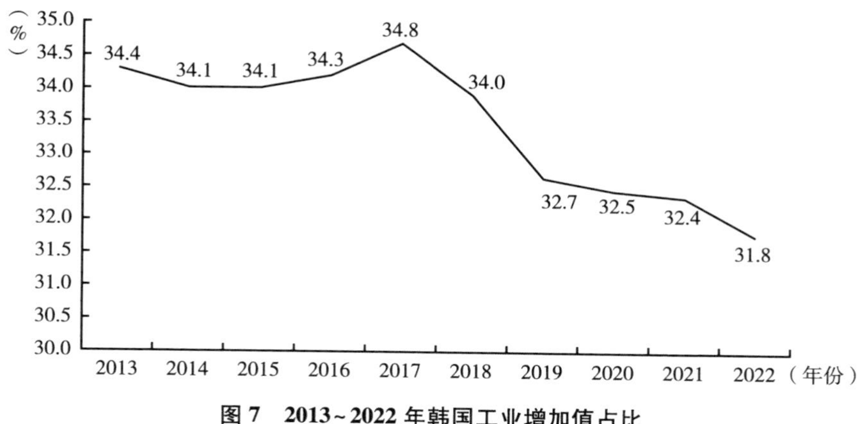


**图 7　2013~2022 年韩国工业增加值占比**

资料来源：世界银行。

钩，碳减排不会对经济增长产生过多负面冲击。2017~2021 年，我国 GDP 增速高于碳排放增速，且差值呈增加趋势，在加快经济绿色低碳转型大背景下，应优化经济结构，在较优碳效水平下实现合理的经济增长。以福建为例，2017~2021 年福建地区生产总值、碳排放平均增速分别为 7.1%、5.8%,[①] 经济发展与碳排放初步脱钩，同时预计碳达峰时人均地区生产总值为世界平均水平的 1.6~1.8 倍,[②] 超出一般发展中国家碳达峰时经济水平。

### （二）平台期长度与人均碳排放相关性较强，我国碳达峰平台期长度总体可控但省间差异性较大

典型国家中，21 世纪碳达峰国家平台期长度与人均碳排放呈正相关，如美、日、意碳达峰时人均碳排放分别为 20.29 吨、9.71 吨、7.84 吨，平台期分别为 12 年、4 年、5 年。说明在较低的人均碳排放下实现碳达峰，将有利于控制平台期长度。2020 年我国人均碳排放为 7 吨且近年来增速仅为 1%，预计

① 福建省碳排放相关数据来自笔者测算，其中能源碳排放系数来源于中国碳核算数据库（CEADs），能源消费数据来源于《福建能源平衡表（实物量）》。

② 人均地区生产总值根据福建省“十四五”规划测算；全球人均 GDP 根据伦敦经济咨询机构经济与商业研究中心、联合国《世界人口展望》数据测算。

碳达峰平台期约5年；西北省份人均碳排放为东部沿海省份的2~4倍，预计各省份平台期长度差别较大。以福建为例，按相关规划推演碳达峰路径，碳达峰时人均碳排放约为8.1吨，与日、意水平相当，预计平台期为4~5年。

### （三）典型工业强国分经济服务化和新型工业化两条路径控碳，我国应立足国情推动工业高质量发展

典型工业强国碳达峰时，产业结构较为不同。美、日、意着力向服务业转型，碳达峰时服务业增加值占比均超过66%，工业增加值占比低于27%；韩国着力发展技术密集型产业，工业增加值占比保持在34%左右，而服务业就业人员占比由28%下降到25%。[①] 说明碳达峰并非等同于简单地去工业化，经济服务化或推动工业从劳动密集型向技术密集型转变均有助于实现碳达峰。我国处于工业化后期，今后工业仍将保持较高占比，应加快工业数字化转型，控制和降低生产过程中的碳排放。2021年，福建工业增加值占比排名全国第六，劳动密集型传统工业占比较高，考虑到传统工业优化升级和战略性新兴产业培育尚需时间，福建工业碳达峰应有序推进，不宜过度超前。

### （四）提高城镇化率对实现碳达峰存在“效益递减”作用，我国需协调推进新型城镇化

典型国家碳达峰时，城镇化率普遍达到较高水平，除意大利外均超70%，其中日本达91%。但对于高城镇化国家，碳达峰前城镇化率增速与碳排放增速相关性不强。说明虽然较高的城镇化率意味着较好的资源集约利用水平，利好碳达峰，但城镇化率达到一定阈值后对碳减排贡献趋缓。我国城镇化率已达到较高水平且平稳增长，应转变依赖土地扩张、化石能源消耗的高碳城镇化发展模式。2021年，福建城镇化率为69.7%，已达到较高水平，

---

① 各国服务业增加值占比及服务业就业人员占比数据来自世界银行，但仅有1991~2019年数据，因此未分析1991年前碳达峰的英、德、法等国数据。

下阶段应在城镇化建设中更加关注碳达峰碳中和工作，深入推进新型城镇化。

### （五）典型国家根据资源禀赋不同差异化推动电力行业低碳发展，我国需立足以煤为主的国情，抓好煤炭清洁高效利用

典型国家碳达峰时，化石能源发电量占比基本为60%~80%，但结构差异较大。21世纪碳达峰国家中，意、巴、韩、日等煤资源不丰富的国家通过能源清洁化推动电力行业降碳，气电占化石能源发电量比例均超47%；美国等富煤国家则通过推广应用清洁煤技术减少行业碳排放，碳达峰时煤电发电量占比仍保持在50%以上。说明电力行业低碳化有助于实现降碳，但应根据资源禀赋选择合适的推进方式。我国富煤、贫油、少气，化石能源发电仍以煤电为主。2021年，福建化石能源发电量占比为61%，其中煤电占比为96%，考虑天然气发电成本高及能源安全等因素，煤炭在较长的一段时间里仍会保持电力行业主体能源的地位。

## 三　相关建议

### （一）促进能源领域减排增效

一是加强能源行业碳达峰顶层设计。发挥政府主导作用，由主管部门会同省电力公司及其他能源行业主体开展能源行业发展现状、降碳潜力、技术条件、市场机制等综合评估，发布省级能源行业降碳行动方案。二是低碳和零碳并行调整能源结构。明确煤炭“兜底”保障地位，出台正向激励和反向倒逼政策推进煤炭清洁高效利用；指导电网企业根据负荷预测、消纳能力和并网效益等因素，测算各地新能源并网经济容量，按照经济容量指导新能源有序开发。三是加快建设清洁能源基地。发挥规模化、集约化优势，加快海上风电资源竞争性配置，大力推动闽北、闽南海上风电基地建设，积极安全有序建设福建沿海核电基地，稳步提高清洁能源装机量及发电量占比。

## （二）夯实低碳发展基础

一是提升电网发展能级。持续推进城乡电网改造升级及能源基础设施建设，特别是巩固提升脱贫地区、革命老区、电网薄弱地区电力保障水平，助力新型能源体系、新型电力系统建设，满足城市用电潜能释放、农村用能低碳转型需求。二是深度推进电能替代。结合产业结构转型升级、新型城镇化、乡村振兴战略，出台建筑、农业农村等电能替代“深水区”领域的优惠补贴政策。三是推动电网互联互通和坚韧灵活。加强跨省跨区电网建设，加大储能等灵活性资源建设力度，促进新能源在更大范围内消纳，助力电力系统安全稳定运行。

## （三）加强碳达峰状态监测

一是推动碳数据集成及综合分析。筹建区域性碳计量中心，全面汇聚和开发能碳行业相关数据，打通碳数据链条，形成以电力数据为主导的能碳大数据库，提供能效分析服务，摸清碳排放家底。二是着重推动工业领域碳达峰。持续优化产业结构和用能结构，立足福建实际，出台建筑、产业、交通等行业碳排放核算标准，明确减碳、降碳措施，指导行业高效开展节能降碳工作。三是协同推进城乡碳达峰。研究城镇化率上升引发的城乡生产与消费行为变化及农村新碳排问题，推动形成农村领域减排时间表、路线图，实现碳达峰与新型城镇化和乡村振兴战略的有机融合。

## 参考文献

蔡浩、李海静、刘静：《从国际比较看碳达峰对中国经济的启示》，《新金融》2021年第5期。

裴庆冰：《典型国家碳达峰碳中和进程中经济发展与能源消费的经验启示》，《中国能源》2021年第9期。

李媛媛等：《碳达峰国家特征及对我国的启示》，《中国环境报》2021年4月13日。

# Abstract

From 2022 to 2023, China's carbon peaking and carbon neutrality goals has gradually deepened from top-level design to on-the-ground initiatives in various industries. National and ministerial committees have intensively issued " carbon peaking and carbon neutrality " policy documents in various fields, and important deployments have been made for realizing the goal of carbon peak and carbon neutrality. In January 2022, the Political Bureau of the Central Committee of the Communist Party of China (CPC) held a collective study on realizing the goal of carbon peak and carbon neutrality. General Secretary Xi Jinping emphasized the importance of an in-depth analysis of the situation and tasks facing the promotion of carbon peak and carbon neutrality work, and stressed the importance of solidly implementing the decision-making and deployment of the CPC Central Committee; in October, General Secretary Xi Jinping emphasized once again in his report to the 20th CPC Central Committee that it is necessary to promote carbon peak and carbon neutrality in a positive and steady manner, and that it is also necessary to implement carbon peaking actions in a systematic and step-by-step manner, so as to accelerate the planning of building a new type of energy system. On July 11, 2023, the Central Deep Reform Commission considered and passed the Opinions on Promoting the Gradual Shift from Dual Control of Energy Consumption to Dual Control of Carbon Emissions; on July 18, General Secretary Xi Jinping reiterated at the National Conference on Ecological Environment Protection that "our commitment to the carbon peaking and carbon neutrality goals is certain, however, the path and way, the pace and intensity of achieving this goal should and must be decided by ourselves, and will never be dictated by others"; on August 15, General Secretary Xi Jinping once again pointed out on the first National Eco-Environment Day that the comprehensive promotion of the construction of a beautiful China should be guided by the work of "carbon peaking and carbon neutrality".

Annual Report on Fujian Carbon Peak and Carbon Neutrality (2023) is the achievement of the research on carbon peak and carbon neutrality carried out by State Grid Fujian Economic Research Institute. The book focuses on the development goal of carbon peak and carbon neutrality and summarizes the overall situation of "carbon peaking and carbon neutrality" work in Fujian Province from 2022 to 2023. It also analyzes and researches the current state and trend of the development of carbon emissions and carbon sinks in Fujian, combs through the state of low-carbon technology, carbon market mechanism, carbon control policy, and low-carbon transformation of energy sources in Fujian. The book explores the impacts of the transition from the energy consumption dual-control mechanism to the carbon emission dual-control mechanism, the strategy of electricity-carbon market synergistic development, and the countermeasures for the high-quality development of offshore wind power, etc. It addresses key and challenging issues, offers an international perspective on the typical experiences of building a powerful nation through energy construction, and analyzes the characteristics of the economic development and electricity consumption in the process of carbon peaking in typical countries as well as the relevant insights, so as to provide the support of think tank for the advancement of the carbon peak and carbon neutrality goals in Fujian. The book is divided into seven parts: a general report, carbon source and carbon sinks, low-carbon technology, market price, low-carbon policy, energy transition, and international reference.

This book points out that in 2021, the total carbon emissions of Fujian climbed rapidly, with a year-on-year growth of 8.2 percent, of which four sectors, namely, electric and thermal production, manufacturing, industry, residential consumption and transportation, are the largest sources of carbon emissions in the province. In the baseline scenario, accelerated transition scenario and deep optimization scenario, Fujian will achieve carbon peaks in 2030, 2028 and 2026, with emissions peaks of 345 million tons, 329 million tons and 319 million tons, respectively. In 2022, cities in Fujian took forestry carbon sinks and ocean carbon sinks as the starting point, and made efforts in various aspects such as carbon sink pilots, carbon sink reforms, and new carbon sink trading scenarios to consolidate and improve the ecosystem's capacity of carbon sinks. Three cities in Fujian have been selected as national forestry carbon sink pilot cities, which carried out natural forest carbon sink reform, which has realized the first marine fishery carbon sink transaction in China, and has also piloted the issuance of agricultural carbon stamps and landed on the agricultural carbon sink insurance, to enhance the development of carbon sinks through practical actions.

Low-carbon technology is a key means to promote carbon peak and carbon neutrality. This book focuses on analyzing the development of technologies such as carbon capture, utilization and storage (CCUS), hydrogen energy, green and low-carbon buildings and the whole life cycle emission reduction of transmission and substation projects. The book points out that CCUS technology is one of the important strategic technologies to realize the development of decarbonization of the coal-based energy system, but the current CCUS technology is still facing the challenges of high economic costs, insufficient support policies, high environmental costs, and technological bottlenecks that have not yet been broken through. Fujian has a huge potential for hydrogen production from offshore wind power and abundant hydrogen resources from industrial by-products. Fujian's hydrogen fuel cell vehicle market share is among the highest in China, and the research and application of hydrogen energy technology has accumulated a certain foundation. However, compared with other provinces in China, it is necessary to accelerate the improvement of the top-level macro design, and promote the high-quality development of the hydrogen energy industry from the whole chain of hydrogen energy preparation, storage, transportation, and application. The carbon emission of the whole cycle of power transmission and substation projects in Fujian is in the order of 10, 000 tons, and the proportion of carbon emission in the operation and maintenance stage is more than 90 percent. At present, substation projects can only realize zero carbon "station load" through coal reduction technology, and the whole cycle of zero carbon still needs to be explored and researched.

The carbon market is an important mechanism to stimulate the enthusiasm of market players to reduce carbon emissions. This book points out that the Fujian pilot carbon market adjusted the market access standards in 2022, and the number of emission-control enterprises increased from 284 to 296. The annual cumulative turnover reached 21.24 million tons, and the cumulative turnover amounted to 450 million yuan, both of which had a substantial increase compared with the last year. However, problems such as insufficient legal basis for carbon financial products and imperfect carbon market information disclosure systems still exist. Electricity-carbon market has a coupled relationship among the participants, trading prices, and trading products. Through the three synergies of market transaction varieties, electricity-carbon market data and price transmission space, energy prices and carbon emission costs can be combined organically. Its electricity market is running smoothly and the market rules system is becoming complete, which lays the foundation for allocating the costs of energy transition under the carbon peaking and carbon neutrality goals.

The carbon peaking and carbon neutrality policy system has been improved gradually. This book points out that Fujian has further introduced a series of carbon control and carbon reduction policies, including measures to promote the optimization and upgrading of the industrial structure, strengthen the top-level design of energy transformation, strengthen the monitoring and safeguarding of dual-control of energy consumption, consolidate and enhance the capacity of the ecosystem as a carbon sink, and deepen the mechanism of environmental trade and the green financial system in the province since 2022. The dual-control mechanism of energy consumption and carbon emissions in Fujian adopts the principle of "turning a blind eye", in which the assessment target of dual-control of energy consumption is relatively clear, and its decomposition mechanism is perfect. The constraint target of dual-control of carbon emissions only specifies the intensity reduction value, and its decomposition mechanism has not yet been established. The transfer of the dual-control mechanism from energy consumption to carbon emission will drive the further development of the economy and renewable energy, and accelerate the rate of terminal electrification in Fujian. However, it will bring higher requirements to carbon emission data at the same time.

Energy is a major aspect of carbon reduction. This book points out that Fujian has the characteristics of total carbon emission growth in the energy sector, continuous optimization of the energy supply structure, better control of total energy consumption, and a significant decrease in the intensity of energy consumption. The total carbon emissions from all types of energy combustion in Fujian in 2021 is approximately 263 million tons, with the power system as its main source. Under the three scenarios of baseline, accelerated transition and deep optimization, the energy sector in Fujian will achieve carbon peak in 2030, 2028 and 2026, respectively. By the end of 2022, Fujian has installed 3.21 million kilowatts of offshore wind power, only 27% of Jiangsu and 41% of Guangdong. The utilization hours of offshore wind power is 3, 617 hours, ranking first in China. The development of offshore wind power is faced with insufficient resource exploitation speed, insufficient industrial development intensity, insufficient service guarantee, etc. It is necessary to further promote the exploitation of offshore wind power resources, develop offshore wind power industry clusters, optimize the policy and service guarantee, and strengthen the capacity of consumption and storage. The electrification rate of Fujian has reached 32.9% by 2021, exceeding the developed countries such as Japan, South Korea and the United States. The development basis of Fujian's electric industry, including new energy vehicles, electric ships and lithium-ion new energy, is sufficient to build "Electric Fujian".

The international community has accumulated a wealth of experience in carbon peak, carbon neutrality and energy construction. This book points out that resource-based countries such as the United States and Saudi Arabia have gained strong international energy influence by relying on abundant oil and gas resources, while non-resource-based countries such as Germany and Japan have led the clean and low-carbon energy transition with scientific and technological innovations, and curbed the rising trend of energy dependence on foreign countries. Fujian can learn from the relevant practices to promote energy security and energy transition. By the end of 2022, 54 countries in the world have already achieved carbon peak, of which eight typical countries, namely, the United States, Japan, Germany, South Korea, the United Kingdom, France, Italy and Brazil, showed a decoupling of economic growth and carbon emissions, and a strong correlation between the length of the plateau period and per capita carbon emissions in the process of achieving carbon peak. And it is found that increasing the urbanization rate has "diminishing benefits" for achieving carbon peak. There is a significant difference between countries in the low-carbon development of the power sector. Typical industrial countries can control carbon by two paths, namely, economic serviceization and new-type industrialization, and the practice of promoting carbon peaking in various countries can bring rich experience for Fujian's carbon reduction work.

This book suggests that dealing with the relationship between energy transition and energy security, and accelerating the construction of a new type of energy system is the key to steadily promoting the work of "carbon peaking and carbon neutrality" at this stage. Fujian should take the needs of economic and social development into account, focus on both energy supply and consumption, strengthen technological innovation, improve market mechanisms, and strengthen multi-party cooperation. Fujian should focus on the "five efforts". First, integrating traditional energy and new energy, helping smooth the transition of coal power, promoting the construction of large-scale nuclear power, guiding the orderly development of new energy, promoting the construction of regulatory resources, and focusing on optimizing the supply structure. Second, Fujian needs to pay attention to structural optimization and efficiency improvement, promote the proportion of terminal electric power rising steadily, strengthen the comprehensive utilization of energy and the potential exploitation of energy efficiency in production and life, and strive to improve the quality of consumption. Third, Fujian should focus on carbon abatement at the source and carbon capture at the end, develop new energy technologies, strengthen research on key technologies of new power systems, tackle CCUS technologies, and strive to realize technological breakthroughs. Fourth, focusing on clean consumption and comprehensive utilization, focusing on constructing and improving the mechanism of clean energy power generation and consumption, the mechanism of resource synergistic regulation and control, and the synergistic mechanism of carbon market and power market, and focusing on improving the construction of the market. Fifth, strengthening resource sharing and industrial cooperation, accelerating the formation of the southeast energy hub linking the Yangtze River Delta, docking Guangdong,

Hong Kong and Macao, and radiating the hinterland of central China, promoting inter-provincial mutual assistance, playing to the advantages of the BRICS Innovation Base in Xiamen, Fujian Province, and strengthening international cooperation to realize win-win collaboration.

**Keywords**: Fujian Province; Carbon Peak; Carbon Neutrality

# Contents

## Ⅰ General Report



**Abstract**: Since 2022, under the influence of geopolitics, the COVID-19, extreme weather and other factors, the global energy supply and demand situation was complicated and severe, and the speed of some countries to achieve carbon peak and carbon neutrality slowed down. China's deployment of "carbon peaking and carbon neutrality" emphasizes safety and order. The report of the 20th CPC National Congress emphasizes the necessity to actively and steadily promote carbon peak and carbon neutrality, deeply promote the energy revolution, accelerate the planning and construction of a new energy system, and ensure the energy security. Fujian has made good progress in the clean supply, green consumption and efficient utilization of energy, but also faces new problems and challenges. Fujian should take the needs of economic and social development into account, focus on both energy supply and consumption, strengthen technological innovation, improve market mechanisms, strengthen multi-party cooperation and focus on the "five efforts" as the next step, to help Fujian's carbon peaking and carbon neutrality goals realized.

**Keywords**: Carbon Peak; Carbon Neutrality; Green Transformation; New Energy System

# Ⅱ Carbon Source Carbon Sinks



**Abstract**: In 2021, the total carbon emissions in Fujian Province rose rapidly, with a year-on-year growth of 8.2%. The four sectors of electricity and heat production, manufacturing, transportation and residential are the largest sources of carbon emissions in the province, which account for 49.0%, 37.7%, 8.6% and 2.5% of the overall carbon emissions in the province respectively. Considering the uncertainty of future energy transformation, this report predicts the trend of carbon emission changes in Fujian Province. Under the scenarios of baseline, accelerating transformation and deep optimization, Fujian Province will reach carbon peak in 2030, 2028 and 2026 respectively, with peak emissions of 345 million tons, 329 million tons, and 319 million tons, respectively. In addition, to contribute to achieving the long-term goal of carbon neutrality, this report summarizes the current carbon neutral pilot initiatives in Fujian Province in the fields of tourism islands, industrial parks, large-scale events and conferences, and buildings. It provides recommendations for carbon reduction in key fields such as electricity and heat production, manufacturing and transportation, and residential life.

**Keywords**: Carbon Emissions; Carbon Peak Prediction; Carbon Neutral Pilot



**Abstract**: Enhancing the development of carbon sinks is crucial to the realization of the carbon peaking and carbon neutrality goals. Fujian Province has attached great importance to addressing climate change. Consolidating and upgrading the capacity of carbon sinks and exploring the realization of the value of carbon sinks have been taken as important measures to promote the construction of the national ecological civilization pilot area, implement the strategy of revitalizing the country-side, and promote high-quality development. Fujian Province has made all-round efforts in forestry carbon sinks, marine carbon sinks, agricultural carbon sinks, etc. Three cities have been selected as pilot cities for national forestry carbon sinks, the first compensation mechanism for forestry carbon sinks has been created, the first two fishery carbon sink transactions in China have been completed, the first agricultural carbon stamps have been innovated, and the first agricultural carbon insurance policy has been completed, so as to enhance the level of development of carbon sinks through practical actions. Next, Fujian Province will take multiple measures to improve the increase of sinks and the application of value-added carbon sinks, conduct in-depth research on carbon sinks, and continue to strengthen and improve the capacity of carbon sinks.

**Keywords**: Forestry Carbon Sinks; Marine Carbon Sinks; Agricultural Carbon Sinks

## Ⅲ Low Carbon Technology

### **B**.4 CCUS Technology Development Situation Analysis Report



**Abstract**: CCUS technology is one of the important strategic technologies to realize the low-carbon development of Chinese coal-based energy system. It can be used in electric power, cement, iron and steel, chemical industry and other industries, which is an important means to build an ecological civilization society and achieve carbon neutrality in the future. China has incorporated CCUS technology into the strategic emerging technology catalog, the national key research and development program and the science and technology innovation 2030 "clean and efficient utilization of coal" major projects and other support categories. Currently, CCUS technology is still confronted with challenges such as high economic costs, insufficient supporting policies, high environmental costs, and technological bottlenecks that have not yet been broken through. It is recommended that Fujian Province actively carry out CCUS integrated demonstration applications, focus on the key common technologies of CCUS, and improve CCUS supporting incentive policies to promote the further development of CCUS technology.

**Keywords**: CCUS; Coal Electric Industry; Resources Extraction Industry; Chemical and Biological Utilization



**Abstract**: Hydrogen energy is regarded as the most promising clean energy in the 21st century, because of its cleanliness and efficiency, wide range of sources, flexibility and large storage capacity. Developed countries and advanced energy equipment enterprises have accelerated the layout of the hydrogen industry, Europe, the United States, Japan and other regions of hydrogen energy "production, storage, transportation and utilization" of the various aspects of technological development and application have made breakthroughs. The USA is No. 1 in the world in the number of kilometers for hydrogen transportation pipelines, Korea is No. 1 in the world in the number of hydrogen fuel cell vehicles owned, and Japan is No. 1 in the world in the number of hydrogen fuel cell vehicles sold. Chinese hydrogen energy storage and transportation technology still lags behind the international level, electrolysis hydrogen technology is in the global leading ranks, the rapid development of hydrogen fuel cell vehicle ownership, the scale of the world's third. Fujian Province is rich in industrial by-product hydrogen resources, offshore wind power hydrogen production has great potential, the market share of hydrogen fuel cell special purpose vehicles in the forefront of the country, hydrogen energy technology research and application has accumulated a certain foundation. Next, Fujian Province should grasp the strategic window of hydrogen energy development, accelerate the improvement of the top-level macro design, and promote the high-quality development of hydrogen energy industry by starting from the whole chain of hydrogen energy preparation, storage and transportation, and application.

**Keywords**: Hydrogen Technology; Hydrogen Industry; Hydrogen Applications

## **B**.6 Research and Practice of Key Technologies for Low Carbon Construction Design



**Abstract**: The construction industry is one of the industries with the highest energy consumption and carbon emissions in China. The research of construction low-carbon technology and its development is favorable to promote the construction industry to low-carbon transformation, in line with the carbon peaking and carbon neutrality goals. In the background, this paper proposes environmentally low carbon design technologies applicable to the construction field based on the climate zone in Fujian, including passive energy-saving technologies such as site environ-ment design, shape and graphic design, retaining structure design, sunshade and ventilation design. Also including active energy-saving technologies such as HVAC system energy-saving, energy saving of lighting system, energy saving and control of water supply system, integrated building service system, building energy consumption and carbon emission monitoring, intelligent ventilation shading control technology, etc. As well as key technologies for carbon reduction in the utilization of renewable energy for construction, such as photovoltaic construction integration, optical storage straight soft construction system, wind-generated electricity, soil source and seawater source heat pump systems, etc. Finally, based on the current situation of Fujian Province, the suggestions for the development of low-carbon technologies in construction are proposed, including promoting the greening of additional and reserve construction, strengthening the monitoring of energy consumption and carbon emissions in the construction field, vigorously researching, developing and applying low-carbon technologies in construction.

**Keywords**: Low Carbon Construction Design; Passive Energy Saving Technology; Active Energy Saving Technology



**Abstract**: With the deep promotion of low-carbon transformation of the power system, carbon emission accounting and low-carbon technology research and application of transmission and substation engineering have become hotspots. This paper establishes a carbon emission model for the whole life cycle of transmission and transformation projects, and measures the typical projects in Fujian Province. The results show that the carbon emissions of the whole life cycle of transmission and transformation projects are at the level of 10000 tons, and the operation and maintenance stage have the largest carbon emissions, accounting for more than 90%. Meanwhile, this paper analyzed the application and measured the carbon reduction benefits of major carbon emission reduction technologies in power transmission and transformation projects. It is suggested that the most potential technologies for carbon reduction are photovoltaic, $SF_6$ gas substitution and energy saving technologies. In addition, this paper analyzed the effectiveness of carbon reduction in typical demonstration substations. The results show that the current substation project can only realize zero carbon in "station load", and zero carbon in "whole life cycle" still needs to be explored and researched. Finally, in order to further promote the "zero-carbon" construction of transmission and substation projects, this paper proposed the establishment of green star evaluation standards for transmission and transformation projects, the popularization and application of photovoltaic technology in substations, and the normalization of the carbon emission evaluation for transmission and transformation projects, and so on.

**Keywords**: Power Transmission and Transformation Projects; Carbon Emissions; Carbon Emission Reduction; Low Carbon Technology; Zero Carbon Construction

# Ⅳ Market Price

## **B**.8 Analysis Report on Fujian Carbon Market in 2023

*Cai Jianhuang, Chen Han, Lin Xiaofan and Li Yinan* / 107

**Abstract**: In 2022, the Fujian carbon market adjusted the market access standards, increased the number of emission control enterprises from 284 to 296, and further perfected the quota allocation mechanism. By the end of 2022, the cumulative transaction volume of the Fujian carbon market reached 21.24 million tons and the cumulative transaction value reached 450 million yuan, both of which have increased significantly over the previous year. However, Fujian carbon market still has limitations such as insufficient legal basis for carbon financial products and imperfect carbon market information disclosure regime. In the next stage, Fujian needs to explore a flexible and efficient quota allocation model, establish a sound mechanism to link the carbon markets, accelerate the integrated development of the electricity and carbon markets, so as to contribute to reducing emissions as an effective market.

**Keywords**: Carbon Market; Carbon Quota; Carbon Trading; Electro-Carbon Synergy

**Abstract**: With the promotion of the "carbon peaking and carbon neutrality" work, as an important market mechanism for carbon emission reduction of electricity market and carbon market pressed the reform "accelerator button". Power market initially form "the provincial market as the main, interprovincial market as a complementary" pattern, many provinces launch green power trading pilot. The carbon market has entered a new phase of the dual track system of "national carbon market and local pilot carbon market". It has been repeatedly pointed out in Chinese documents related to the promotion of carbon peaking and carbon neutralization that it is necessary to integrate power trading and carbon trading, meanwhile, it is important to strengthen the articulation and coordination of market mechanisms. Considering the coupling relationship between the main participants, trading prices and trading products in the electricity-carbon market, this can be a breakthrough. Through the "three coordinated" coordinated market trading varieties, electric-carbon market data coordinated, price conduction space coordinated, the energy price and carbon emission cost will be organically combined to promote clean energy consumption, industrial structure adjustment, contribute to the realization of the carbon peaking and carbon neutrality goals.

**Keywords**: Power Market; Carbon Market; Electricity-Carbon Coordination; Green Power Trading

## B.10 The Development of the Electricity Market and Pricing Mechanism in Fujian Province under the Carbon Peaking and Carbon Neutrality Goals

*Ye Yingjin, Han Yaru, Ruan Di and Zhang Chengsheng* / 122

**Abstract**: In order to achieve the carbon peaking and carbon neutrality goals, energy should be regarded as the main battlefield, with electricity serving as the main force. Following the proposal of the carbon peaking and carbon neutrality goals, based on the new round of power system reforms in 2015, China has deepened energy price reforms and accelerated the establishment of an market structure and system with effective competition, providing crucial support for accelerating the planning and construction of a new energy system. With a reasonable power supply structure and abundant clean energy resources such as offshore wind power and nuclear power, Fujian Province has become one of the pioneering regions in the establishment of a spot electricity market, exhibiting stable market operations and gradually improving market rules and systems. Given these advantageous conditions, future endeavors should focus on implementing the requirements of power system reforms. Relying on effective markets and proactive government roles, it entails expediting the improvement of the electricity market mechanisms and pricing systems while exploring integration paths for Fujian's participation in the national unified electricity market. Emphasis should be placed on unleashing the decisive role of the market in resource allocation and the pivotal role of prices in resource allocation, thereby creating favorable conditions for the smooth realization of the carbon peaking and carbon neutrality goals.

**Keywords**: Agent Purchasing Electricity Price; Power Transmission and Distribution Price; Selling Price of Electricity; Electricity Market

# V Low Carbon Policy



**Abstract**: As a practical roadmap for achieving carbon peaking and carbon neutrality, policies on carbon control and reduction are conducive to better guiding, advancing, and safeguarding carbon emissions reduction in Fujian Province. Since 2022, Fujian Province has further implemented a series of carbon control and reduction policies, proposing to continuously promote the optimization and upgrading of industrial structure in line with the trend of digital transformation and foster a group of emerging industries. Furthermore, it aims to enhance the top-level design of energy transformation, construct a comprehensive blueprint and development pathway for the green and low-carbon transformation of Fujian Province, as well as accelerate the establishment of green and low-carbon standards, and improve the measurement and monitoring system to strengthen the monitoring and safeguarding of dual-control over energy consumption. Moreover, it endeavors to consolidate and enhance the capacity building of ecosystem carbon sequestration from the perspectives of forestry, agriculture, and marine carbon sinks. Simultaneously, there is a continuous drive to deepen the construction of environmental rights trading and green financial system mechanisms within the province to reasonably convert ecological value into economic value. A strong advocacy for a green production and lifestyle is emphasized, creating a social trend of cultivating a low-carbon and energy-saving society. It is anticipated that in the next stage, Fujian will accelerate the formation of a systematic and comprehensive carbon control and reduction policy system throughout the province, promoting the efficient transformation of traditional industries and digital emerging industries, advancing the development of the green trading market, and deepening

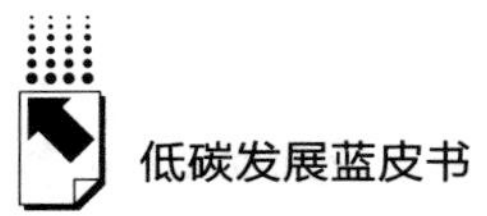


multidimensional low-carbon pilot projects. It is recommended that Fujian Province collaboratively promotes digital industrialization and industrial digitization, and accelerates the establishment of a carbon emissions statistical accounting system, to strengthen high-quality data support, and ensure the detailed implementation of policy deployment in market construction.

**Keywords**: Carbon Control and Reduction; Carbon Market; Ecological Carbon Sinks

## B.12 Analysis on the Transition from Dual-Control of Energy Consumption to Dual-Control of Carbon Emissions

*Chen Bin, Chen Simin and Xiang Kangli* / 170

**Abstract**: On July 11, 2023, Commission for Further Reform under the CPC Central Committee deliberated and approved the "Opinions on Promoting the Transition from Dual-Control of Energy Consumption to Dual-Control of Carbon Emissions". The document reiterates the importance of "establish first, then break", and emphasizes the need to enhance the control of total energy consumption and intensity while gradually transitioning towards a dual control system for total carbon emissions and intensity. The energy consumption control system in China continues to be optimized and improved, providing a favorable environment for the implementation of dual-control for carbon emissions. This paper provides a comprehensive summary of the current implementation status of the dual-control policies on energy consumption and carbon emissions in Fujian Province. It further analyzes that the transformation to a dual-control mechanism will facilitate greater opportunities for economic development, accelerated growth of renewable energy sources, a faster increase in the electrification rate, and also sets higher demands for data performance of carbon emission. To further promote the transition from dual-control of energy consumption to dual-control of carbon emissions, it is recommended to optimize the control of energy consumption in terms of quantity and intensity based on the specific circumstances of Fujian Province. Furthermore, efforts should be made to enhance the supporting framework for dual-control regulations on carbon emissions, solidify the foundation for carbon emission accounting and statistical data, and accelerate the development and utilization of renewable energy sources in a rational manner.

**Keywords**: Dual-Control of Energy Consumption; Dual-Control of Carbon Emissions; Renewable Energy; Carbon Emission Accounting

## Ⅵ Energy Transition



**Abstract**: Energy is an essential material foundation that supports economic and social development, and low-carbon transformation of energy is crucial for green development of the economy and society. In recent years, carbon emissions in the energy sector have shown an overall growth trend. The structure of energy supply continues to improve, with a significant increase in the cleanliness of the power source. The total energy consumption is being well controlled, and the energy intensity has noticeably decreased. Under the scenario of deep optimization, this report predicts that Fujian Province will achieve carbon peaking in the energy sector by 2026. To effectively promote the low-carbon transformation of energy in Fujian Province, precise efforts should be made in promoting the coordinated development of wind, solar, and nuclear energy, establishing adjustable resource reserves, and improving institutional mechanisms.

**Keywords**: Low-carbon Transformation of Energy; Carbon Emissions; Energy Supply; Energy Consumption

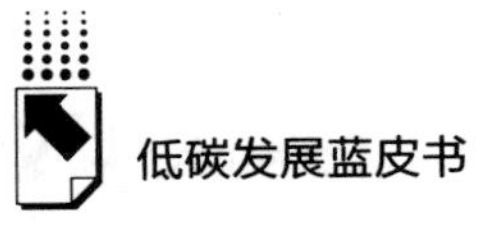



**B**.14 Strategies and Suggestions for Promoting High-Quality Development of Offshore Wind Power in Fujian Province



**Abstract**: Offshore wind power is widely recognized as an important vehicle to achieve energy transition and the goal of "carbon peaking" and "carbon neutrality". The vigorous development of offshore wind power is not only the implementation of the new strategy for energy security, but also a crucial measure to achieve carbon peaking and carbon neutrality. Furthermore, it serves as a key approach for Fujian Province to build a marine advantageous industrial cluster and an emerging industry cluster. The development of offshore wind power industry in Fujian Province enjoys three core advantages: abundant resource reserves, extensive development space, and favorable operational benefits. However, there are constraints, such as insufficient speed in resource exploitation, inadequate industrial development, and inadequate service support. Moving forward, it is recommended that Fujian Province focuses on promoting offshore wind power resource development, strengthening the offshore wind power industry cluster, optimizing policy and service support, and enhancing the construction of grid integration capacity. These measures will facilitate the high-quality development of offshore wind power in Fujian Province.

**Keywords**: Fujian Province; Offshore Wind Power; High-quality Development

**B**.15 Status of the Construction of "Electric Fujian" and Related Suggestions



**Abstract**: Fujian Province, as China's first national pilot zone for ecological civilization, has been leading the country's electrification development. In 2017, Fujian Province launched the "Electric Fujian" initiative, playing a vital role in deepening the construction of the ecological civilization pilot zone and achieving the carbon peaking and carbon neutrality goals. With unwavering commitment, the province has consistently propelled this initiative forward. Fujian Province ranks among the top in terms of electrification rate nationwide, and its key electric vehicle industries have shown rapid growth, gradually forming an industry cluster represented by new energy vehicles, electric ships, and energy storage batteries. The development of the "Electric Fujian" campaign brings both opportunities and challenges to the province's electric industry. Despite having a favorable policy environment and ample space for development, Fujian Province faces issues such as lagging behind in critical technologies and fierce industry competition. Moving forward, Fujian Province needs to expedite the construction of an industrial system, actively establish technological innovation hubs, improve the comprehensive service system, cultivate and expand the talent pool, and implement various measures to promote the success of the "Electric Fujian".

**Keywords**: Electric Fujian; Electrification Rate; Electric Vehicle Industry

## Ⅶ International References



**Abstract**: Handling the relationship between energy security and energy transition is the key to steadily promoting carbon peaking and carbon neutrality. In order to enhance energy security and support the construction of an energy strong nation, this work focuses on analyzing the advanced experiences in energy development of resource-based countries represented by the United States and Saudi

Arabia, as well as non-resource-based countries represented by Germany and Japan. Based on this analysis, taking into account factors such as resource endowment, energy consumption, and technological industries, it is clarified that Fujian Province should prioritize the development of clean energy and focus on the construction of New Type Power System in order to comprehensively enhance its energy comprehensive strength. Consequently, it is recommended that Fujian Province should strive to become a leading province in offshore wind power, emphasizing the construction of the power grid and the optimization of market mechanisms as "two key points", and making use of "three major technology incubation platforms" to support China's overall promotion of energy security and energy transition.

**Keywords**: Energy Security; Energy Transition; Energy Powerhouse

## B.17 Characteristics and Implications of Economic Development and Electricity Consumption in the Process of Carbon Peaking in Typical Countries

*Chen Wanqing, Cai Qiyuan and Lin Hanxing* / 219

**Abstract**: By the end of 2022, a total of 54 countries worldwide have successfully achieved carbon peaking, representing 40% of the global carbon emissions. The pathways adopted by different countries to attain carbon peaking are related to their respective economic and social development patterns, industrial structures, and resource endowments. Through an analysis of the carbon peaking situations in eight representative countries, namely the United States, Japan, Germany, South Korea, the United Kingdom, France, Italy, and Brazil, several key characteristics have been identified. Firstly, a gradual decoupling of economic growth from carbon emissions is observed during the carbon peaking process. Secondly, there exists a strong correlation between the duration of the plateau period and per capita carbon emissions. Thirdly, there is a "diminishing benefit" of increasing the urbanization rate to achieve carbon peak. Additionally, Low-carbon development of the power industry should be based on regional resource endowments, while industrialized countries pursue two distinct paths for carbon control: economic service-oriented development and new industrialization. As a next step, it is recommended that Fujian Province promotes emission reduction and efficiency improvement in the energy sector, strengthens energy infrastructure, enhances monitoring of carbon peaking status, and facilitates a high-quality and steady peaking process.

**Keywords**: Carbon Peaking; Economic Development; Electricity Consumption; Industrial Structure

# 皮书

## 智库成果出版与传播平台

### 皮书定义

皮书是对中国与世界发展状况和热点问题进行年度监测，以专业的角度、专家的视野和实证研究方法，针对某一领域或区域现状与发展态势展开分析和预测，具备前沿性、原创性、实证性、连续性、时效性等特点的公开出版物，由一系列权威研究报告组成。

### 皮书作者

皮书系列报告作者以国内外一流研究机构、知名高校等重点智库的研究人员为主，多为相关领域一流专家学者，他们的观点代表了当下学界对中国与世界的现实和未来最高水平的解读与分析。截至 2022 年底，皮书研创机构逾千家，报告作者累计超过 10 万人。

### 皮书荣誉

皮书作为中国社会科学院基础理论研究与应用对策研究融合发展的代表性成果，不仅是哲学社会科学工作者服务中国特色社会主义现代化建设的重要成果，更是助力中国特色新型智库建设、构建中国特色哲学社会科学“三大体系”的重要平台。皮书系列先后被列入“十二五”“十三五”“十四五”时期国家重点出版物出版专项规划项目；2013~2023 年，重点皮书列入中国社会科学院国家哲学社会科学创新工程项目。

# 皮书网

（网址：www.pishu.cn）

发布皮书研创资讯，传播皮书精彩内容
引领皮书出版潮流，打造皮书服务平台

## 栏目设置

◆ **关于皮书**

何谓皮书、皮书分类、皮书大事记、
皮书荣誉、皮书出版第一人、皮书编辑部

◆ **最新资讯**

通知公告、新闻动态、媒体聚焦、
网站专题、视频直播、下载专区

◆ **皮书研创**

皮书规范、皮书选题、皮书出版、
皮书研究、研创团队

◆ **皮书评奖评价**

指标体系、皮书评价、皮书评奖

◆ **皮书研究院理事会**

理事会章程、理事单位、个人理事、高级研究员、理事会秘书处、入会指南

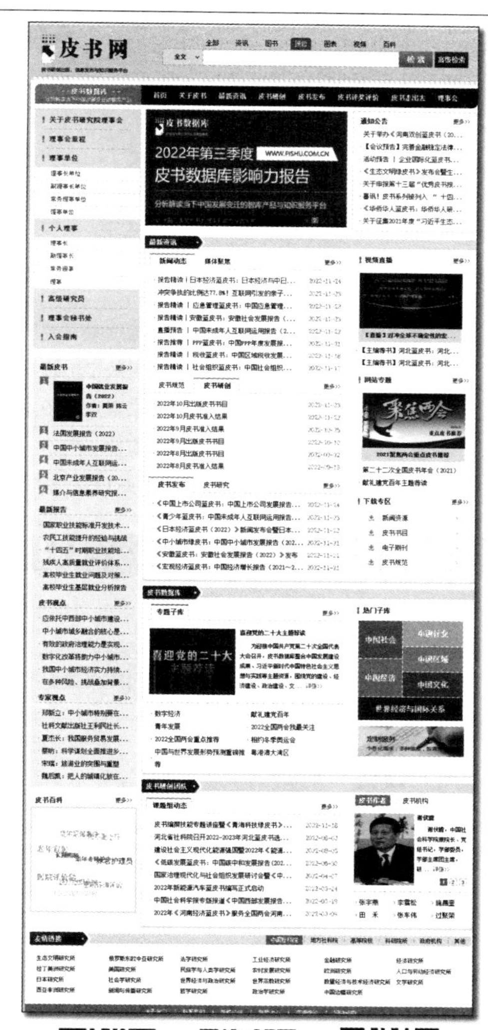


## 所获荣誉

◆ 2008 年、2011 年、2014 年，皮书网均在全国新闻出版业网站荣誉评选中获得“最具商业价值网站”称号；

◆ 2012 年，获得“出版业网站百强”称号。

## 网库合一

2014年，皮书网与皮书数据库端口合一，实现资源共享，搭建智库成果融合创新平台。

皮书网

“皮书说”
微信公众号

皮书微博

**权威报告·连续出版·独家资源**

# 皮书数据库

**ANNUAL REPORT(YEARBOOK) DATABASE**

## 分析解读当下中国发展变迁的高端智库平台

### 所获荣誉

- 2020年，入选全国新闻出版深度融合发展创新案例
- 2019年，入选国家新闻出版署数字出版精品遴选推荐计划
- 2016年，入选“十三五”国家重点电子出版物出版规划骨干工程
- 2013年，荣获“中国出版政府奖·网络出版物奖”提名奖
- 连续多年荣获中国数字出版博览会“数字出版·优秀品牌”奖

皮书数据库

“社科数托邦”微信公众号

### 成为用户

登录网址www.pishu.com.cn访问皮书数据库网站或下载皮书数据库APP，通过手机号码验证或邮箱验证即可成为皮书数据库用户。

### 用户福利

- 已注册用户购书后可免费获赠100元皮书数据库充值卡。刮开充值卡涂层获取充值密码，登录并进入“会员中心”—“在线充值”—“充值卡充值”，充值成功即可购买和查看数据库内容。
- 用户福利最终解释权归社会科学文献出版社所有。

社会科学文献出版社 SOCIAL SCIENCES ACADEMIC PRESS (CHINA) 皮书系列

卡号：938748979125

密码：

# S 基本子库
# UB DATABASE

## 中国社会发展数据库（下设 12 个专题子库）

紧扣人口、政治、外交、法律、教育、医疗卫生、资源环境等 12 个社会发展领域的前沿和热点，全面整合专业著作、智库报告、学术资讯、调研数据等类型资源，帮助用户追踪中国社会发展动态、研究社会发展战略与政策、了解社会热点问题、分析社会发展趋势。

## 中国经济发展数据库（下设 12 专题子库）

内容涵盖宏观经济、产业经济、工业经济、农业经济、财政金融、房地产经济、城市经济、商业贸易等 12 个重点经济领域，为把握经济运行态势、洞察经济发展规律、研判经济发展趋势、进行经济调控决策提供参考和依据。

## 中国行业发展数据库（下设 17 个专题子库）

以中国国民经济行业分类为依据，覆盖金融业、旅游业、交通运输业、能源矿产业、制造业等 100 多个行业，跟踪分析国民经济相关行业市场运行状况和政策导向，汇集行业发展前沿资讯，为投资、从业及各种经济决策提供理论支撑和实践指导。

## 中国区域发展数据库（下设 4 个专题子库）

对中国特定区域内的经济、社会、文化等领域现状与发展情况进行深度分析和预测，涉及省级行政区、城市群、城市、农村等不同维度，研究层级至县及县以下行政区，为学者研究地方经济社会宏观态势、经验模式、发展案例提供支撑，为地方政府决策提供参考。

## 中国文化传媒数据库（下设 18 个专题子库）

内容覆盖文化产业、新闻传播、电影娱乐、文学艺术、群众文化、图书情报等 18 个重点研究领域，聚焦文化传媒领域发展前沿、热点话题、行业实践，服务用户的教学科研、文化投资、企业规划等需要。

## 世界经济与国际关系数据库（下设 6 个专题子库）

整合世界经济、国际政治、世界文化与科技、全球性问题、国际组织与国际法、区域研究 6 大领域研究成果，对世界经济形势、国际形势进行连续性深度分析，对年度热点问题进行专题解读，为研判全球发展趋势提供事实和数据支持。

# 法律声明

“皮书系列”（含蓝皮书、绿皮书、黄皮书）之品牌由社会科学文献出版社最早使用并持续至今，现已被中国图书行业所熟知。“皮书系列”的相关商标已在国家商标管理部门商标局注册，包括但不限于LOGO（ ）、皮书、Pishu、经济蓝皮书、社会蓝皮书等。“皮书系列”图书的注册商标专用权及封面设计、版式设计的著作权均为社会科学文献出版社所有。未经社会科学文献出版社书面授权许可，任何使用与“皮书系列”图书注册商标、封面设计、版式设计相同或者近似的文字、图形或其组合的行为均系侵权行为。

经作者授权，本书的专有出版权及信息网络传播权等为社会科学文献出版社享有。未经社会科学文献出版社书面授权许可，任何就本书内容的复制、发行或以数字形式进行网络传播的行为均系侵权行为。

社会科学文献出版社将通过法律途径追究上述侵权行为的法律责任，维护自身合法权益。

欢迎社会各界人士对侵犯社会科学文献出版社上述权利的侵权行为进行举报。电话：010-59367121，电子邮箱：fawubu@ssap.cn。

社会科学文献出版社